4판

환경과 인간

Environment & Human

| 김지태 · 장순웅 지음 |

도서출판 동화기술

머리말

지구상의 다른 모든 생물체와 마찬가지로 환경은 인간이 생존하는데 필요한 모든 것을 제공합니다. 즉 지구는 어머니의 품과 같은 삶의 터전입니다. 고대 시대에는 자연의 변화에 따라 인간이 적응하는 형태의 삶을 영위했다면, 문명이 점차 발전되면서 양적 · 질적으로 환경을 이용하는 정도가 점점 커지게 되었습니다. 지구환경 상태는 자연적인 요인에 의해 변화하기도 하지만 인간의 인위적인 경제 · 사회 활동에 따라 크게 변화됩니다. 특히 산업혁명 이후 환경오염이 심화되고 광범위하게 자연이 훼손되면서 인간이 통제하기 어려울 만큼 환경질이 악화되었습니다. 삼림 파괴와 생물종의 감소, 지구온난화로 인한 기후변화, 인간 건강에 치명적인 유해화학물질의 사용 증가, 수자원의 고갈과 수질오염 등 다양한 환경문제들이 가시적으로 나타나고 있습니다. 지구가 인류 생존에 필요한 환경을 지속적으로 제공할 수 있는가 하는 의문이 제기되고 있으며, 이것이 현대 환경문제의 핵심이라 하겠습니다.

이러한 시대적 여건에서 20세기 후반에 접어들면서 인류사회의 지속적인 발전을 위해서는 반드시 환경보전이 담보되어야만 한다는 공감대가 형성되었고, 경제 · 사회 · 환경 현상을 통합적으로 접근하는 "지속가능한 발전(sustainable development)"이라는 새로운 성장 패러다임이 자리잡게 됩니다. 이 책은 이러한 인간과 환경과의 관계를 다양한 각도에서 조망하였습니다. 먼저 환경의 개념과 환경문제의 요인, 환경정책의 특성과 종류를 살펴보고 매체별 환경오염 현상, 생태계의 특성, 환경과 에너지의 관계, 인간건강과 환경오염과의 관계, 그리고 기후변화 등 지구환경문제 순으로 편제하였으며 각 분야별로 적용되는 기초적인 기술들과 우리나라에서 시행되는 각종 대책을 함께 소개하였습니다. 특히 이번 개정판에서는 분야별 최신 정책 동향을 보완하고, 21세기 들어 지구촌 사회의 주요 이슈로 대두된 기후변화와 탄소중립 분야의 현황과 주요 이론을 추가하였습니다. 대학에서 환경 관련 공부를 시작하시는 분들의 입문서로서, 교양과목의 교재로서, 또 일반인들에게 환경 문제를 이해하는데 도움을 줄 수 있는 교양서로서 활용되기를 기대합니다.

환경학은 여러 학문이 종적 · 횡적으로 연계되어 있어 매우 어렵고 복잡한 학문입니다. 저자들로서는 다양한 분야를 통찰하고 기술하는데 한계가 있어 미진한 부분이 많을 것입니다. 앞으로도 모자란 부분은 계속 채우면서 보완할 기회를 갖도록 하겠습니다. 본서를 흔쾌히 출판해 주시고 성원해 주신 도서출판 동화기술 관계자 여러분께 감사드립니다.

저자 씀

차례

PART 01

서론

학습목차

CHAPTER 01

환경의 개념과 특성

1.1 환경의 정의

환경이란 “인간을 둘러싸고 있는 모든 사물과 상태”로 정의할 수 있다. 환경의 범위를 광의적으로 보면 물, 공기, 나무와 토양 등으로 이루어진 공간적 의미의 자연환경, 인간의 거주 특성과 연계되는 주변 생활환경, 그리고 인간이 형성한 사회적 환경을 포괄한다. 환경정책기본법[1]에서는 그림 1.1과 같이 환경을 자연환경과 생활환경으로 분류하고 있으며 이 범주가 환경학이나 환경공학의 대상이 된다. 여기서 자연환경(natural environment)은 지하 · 지표(해양을 포함한다) 및 지상의 모든 생물과 이들을 둘러싸고 있는 비생물적인 것을 포함한 자연의 상태(생태계 및 자연경관을 포함한다)를 말하며 생활환경(living environment)은 대기, 물, 토양, 폐기물, 소음 · 진동, 악취, 일조(日照) 등 사람의 일상생활과 관계되는 환경을 말한다.

이밖에도 환경에 대한 분류는 여러 가지 견해가 있다. 유엔환경계획(UNEP)[2]에서는 환경 구성 요소를 그림 1.2와 같이 분류하고 있다. 여기서 생활환경은 사회 · 경제적 환경을 포괄하는 광의의 개념으로 해석하고 있다. 환경의 범주를 보다 넓게 해석하여 물리적(physical) 요소부터 자연적(natural), 사회적(social), 행위적(behavioral) 요소를 포괄하기도 한다. 어떤 분류 방식이든 환경의 개념은 인간의 시각에서 보면 인간의 활동범위 내지는 영향을 미치는 영역을 나타내며 생태계(ecosystem)의 개념을 도입하여 표현하기도 한다.

---

1) 세계 각국은 환경보전을 위해 다양한 환경관련 법률을 20세기 중반부터 제정해 왔다 우리나라도 1980년대부터 환경법률을 정비하여 현재는 70여개 환경법을 갖고 있다. 이 중 환경분야의 기본이 되는 법률이 환경정책기본법으로 환경정책의 원칙, 방향 및 기준을 제시하고 있다.

2) 유엔환경계획(United Nations Environment Programme)은 유엔 산하의 전문기구로 1972년 설립되어 각종 지구환경문제에 대한 해결책을 선도하고 있다. 본부는 케냐 나이로비에 있다.

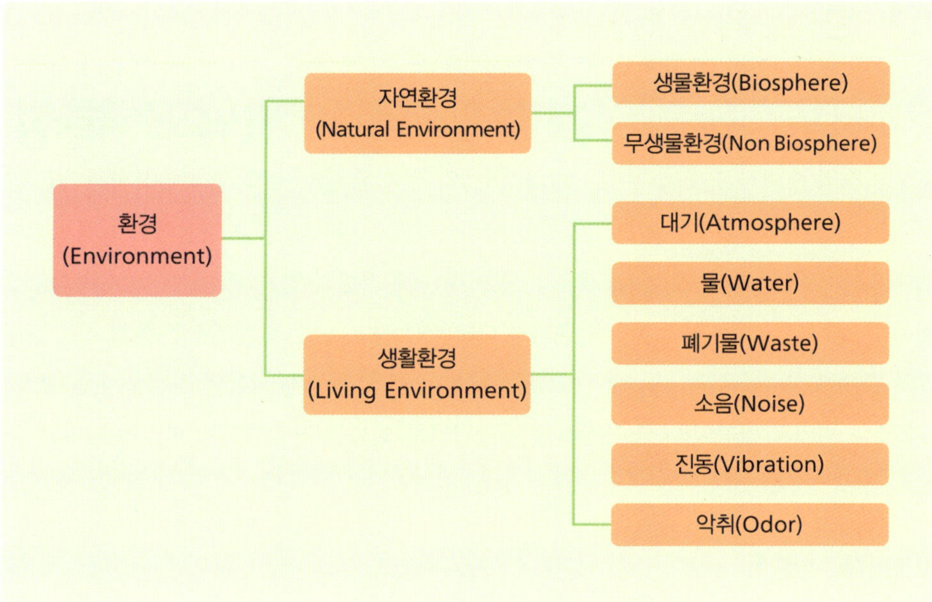

그림 1.1 • 환경정책기본법에서의 환경의 분류

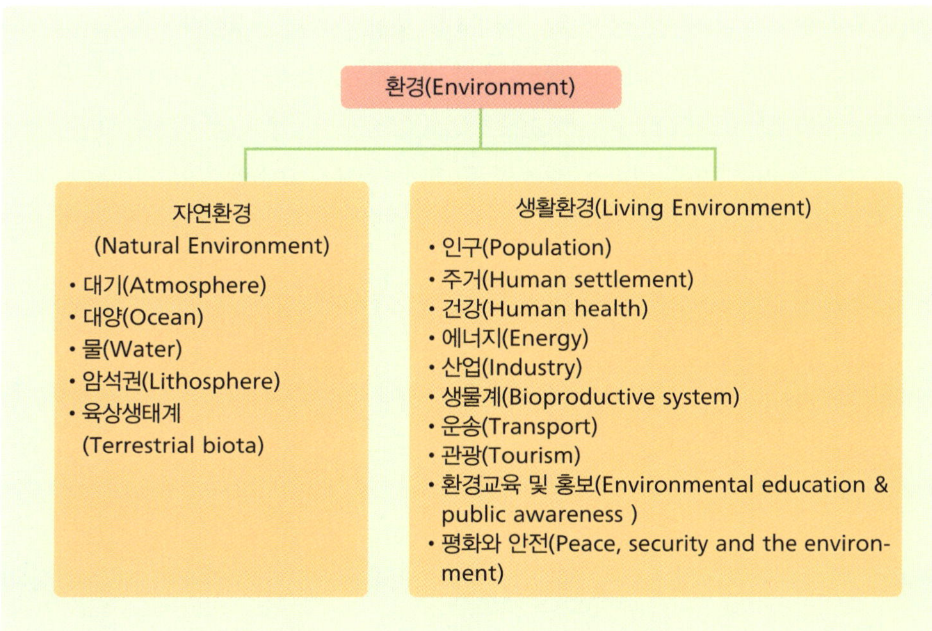

그림 1.2 • 환경의 구성 요소(UNEP 분류)

1.2 환경문제의 특성

20세기 이후 급속한 과학기술의 발달과 인구의 급증, 도시화 및 산업화로 인해 자연환경과 인간의 생태적 균형이 깨지고 있다. 인류의 생활 터전인 자연 생태계가 파괴되고 있는 것이다. 인간의 삶의 질을 높이기 위한 사회 · 경제적 활동과 각종 개발행위가 역설적으로 미래 인류의 생존기반을 허물고 있는 것이다. 근본적인 원인은 환경상태의 지속가능성(sustainability)을 고려하지 않았기 때문이다. 환경문제는 단순히 개별적인 환경오염 문제들의 혼합적 성격을 띠는 게 아니라 오염문제들이 상호 연결된 복합적 성격을 갖는다. 환경오염의 원인과 영향이 매우 복잡하게 나타나므로 인류는 아직까지도 미래에 나타날 환경과 생태 양상을 쉽게 예견하지 못하는 것이다.

가. 상호 관련성

환경문제는 상호 작용하는 여러 변수들에 의해 발생하므로 상호간에 인과관계를 갖거나 의존성을 지니고 있으며 단순한 방법으로 문제를 해소할 수 없다. 환경문제 상호간에 상승작용을 일으켜 더 심각한 현상을 나타내기도 하고 드물게는 상쇄작용을 나타내기도 한다. 예로 각 오염물질들이 화학반응을 일으켜 새로운 유독물질을 생성하여 더 큰 문제를 유발하는 것이다.

환경문제는 인구, 자본, 서비스 및 자원 등 사회 · 경제적 요소와 깊이 연관된다. 예로서 산업자본에 의하여 농기구, 관개용 수로, 화학비료와 같은 농업자본을 창출하고, 이 농업자본과 토지자원이 결합하여 식량 생산을 증가시킴으로써 인간의 건강을 증진시킨다. 그러나 이러한 자본의 순환이 한편으로 공업 · 농업 활동에서의 오염물질 배출을 증가시켜 인체 건강과 사망률에 직간접적으로 영향을 주는 것이다.

나. 광역성

대부분의 현대 환경문제는 특정 지역이나 국가만의 문제가 아니라 범지구적, 광역적 문제로서 광범위한 영향권을 형성한다. 광역화된 환경오염 피해는 국가 간의 이해관계에 따라 분쟁을 일으키기도 하고 문제 해결을 어렵게 한다. 범지구적 환경문제의 대표적인 사례가 기후변화이며 대기오염이나 산성비도 광역적 피해를 가져온다. 유럽의 경우 1970년대에 영국, 프랑스, 독일에서 발생한 대기오염물질이 북쪽 국가인 노르웨이나 스웨덴으로 이동하여 산성비를 내리고 토양이 산성화되는 원인이 되어 국가 간의 분쟁을 일으켰다. 프랑스의 석탄광산에서 배출된 폐수가 벨기에와 네덜란드에 있는 라인강 하류의 물고기를 폐사시킨 사례도 있다. 또 미국 서부의 산업단지에서 배출되는 대기오염물질이 캐나다의 산림을 파괴하고 호소를 산성화시키는 원인이 되기도 한다. 우리나라에도 중국에서 유입되는 대기오염물질이 점점 증가하고 있으나 뚜렷한 해결책을 찾기 어려운 상황이다. 환경문제 해결을 위해 지구적 차원에서, 또는 인접 국가 간에 국제환경협약을 맺어 각 국가의 권리와 의무를 명확히 하는 이유도 이러한 광역적 특성 때문이다.

다. 시차성

환경문제는 발생 시점과 오염으로 인한 영향이 가시적으로 나타나는 시점까지 상당한 시차를 가진다. 유해물질이 자연환경에 배출되면 인체로 흡수되기까지 상당한 시간이 소요되며 이를 시간적 광범위성 또는 시차성이라 한다. 미국에서 발생한 러브커넬 사건[3]은 유해폐기물을 매립한 후 30~40년이 지난 후에 지역주민에 건강 피해가 나타났으며, 일본의 공해병으로 알려진 미나마타병과 이따이이따이병도 공장에서 오랜 기간에 걸쳐 배출된 중금속이 주변 환경과 어류 등에 농축되고, 이를 인간이 섭취하면서 건강 피해로 나타난 것이다. 환경문제는 일단 피해가 발생한 후에는 원래의 환경상태로 회복하기까지 오랜 시간이 소요되며, 어떤 경우에는 회복조차 불가능한 경우도 있다. 따라서 환경문제를 해결하는데 사전오염예방원칙(Precautionary Principle)이 중요시되는 것이다.

라. 탄력성과 비가역성

환경문제는 일종의 용수철과도 같다. 어느 정도의 환경오염은 환경이 갖는 자체 정화능력 즉, 자정작용에 의하여 쉽게 원상으로 회복되는 탄력성을 갖는다. 그러나 환경의 자정능력을 초과하는 양의 오염물질이 유입되면 자정능력을 상실하게 되어,[4] 원 상태로 회복하는 정화작용이 불가능해지며 이것이 비가역성이다. 예로서 하천이나 호소의 경우 오염물질이 계속 축적되면 수질오염 현상이 일어나서 플랑크톤이 과도하게 번식하여 정화기능을 저하시킨다. 이러한 경우 생태계의 부(negative)의 기능이 강화되고, 정(positive)의 기능이 약화됨으로써 환경질이 계속 악화되고 심한 경우 원상 복원이 불가능하게 된다.

---

3) 제6장의 〈미국의 러브캐널 사건과 슈퍼펀드법〉 참조
4) 이러한 자정능력을 환경용량(Environmental Capacity)이라 한다.

마. 엔트로피 증가

열역학 제2법칙은 우주의 전체 에너지량은 일정하고 전체 엔트로피는 항상 증가한다는 내용이다. 즉, 엔트로피 증가의 법칙을 말한다.[5] 엔트로피 증가라 함은 "사용 가능한 에너지(available energy)"가 "사용 불가능한 에너지(unavailable energy)"의 상태로 바뀌는 현상을 가리킨다. 사용 가능한 에너지, 즉 천연자원의 감소를 의미하며 환경에서 어떤 변화가 발생할 때마다 얼마간의 에너지는 사용 불가능한 에너지가 된다. 이렇게 사용 불가능한 에너지가 바로 "환경오염"을 뜻한다고 할 수 있다. 대기오염, 수질오염, 쓰레기의 발생은 모두 엔트로피 증가를 뜻한다.

바. 피해의 간접성

환경오염은 많은 경우 직접적 피해보다는 간접적인 피해를 주는 특성을 가진다. 즉, 오염물질이 수용체에 직접적으로 영향을 미치는 것이 아니라 대기, 물, 토양 등과 같은 매개체를 통하여 간접적으로 피해를 일으킨다. 따라서 오염원인자, 즉 가해자를 특정하기 어려워 피해의 인과관계를 입증하기 곤란한 경우가 많다. 예로서 환경성질환에 대해 역학조사를 통해 원인물질과 발생원을 추적해야 하는데 오염물질이 다양할 뿐 아니라 이동 경로가 시 · 공간적으로 복잡하여 원인을 명확히 밝혀내기 어려운 경우가 많다.

사. 피해의 지속성

환경오염의 피해는 특수한 경우를 제외하고는 지속적으로 서서히 진행되는 것이 특징이다. 특정 시기와 지역에서 발생하는 우발적 사고로 인한 일시적인 피해와는 구별된다. 이러한 속성 때문에 초기에 오염 피해를 간과하기 쉬우며 과학적으로 입증하기도 어렵다. 현대과학으로도 장기간 노출에 의한 피해를 명확히 규명하지 못하여 아직도 피해 실상을 정확히 모른채 사용하는 물질들이 많이 존재하는 것이다.[6]

5) 엔트로피는 1864년 독일의 물리학자인 클라우지우스(Rudolf Clausius)에 의해 최초로 창안되었으며 에너지의 상태를 나타내는 척도이다.

6) DDT가 발명되면서 인류는 식량생산을 획기적으로 증산시켜 인류 복지에 기여하는 것으로 생각했으나 불과 수십년 후 인간 건강에 치명적인 독성물질로 밝혀져 생산이 금지되었다. 이와 같이 인간의 주변에 우리가 알지 못하는 수많은 환경 위협요인이 존재하고 있다.

1.3 지구환경의 구성

지구환경은 하나의 시스템(Earth System)으로서 상호 작용(interaction)하는 아래의 네 가지 하위시스템인 권역(spheres)으로 구성된다. 각 권역 간에는 평형상태를 지향하면서 끊임없이 에너지와 질량의 흐름에 의한 상호작용이 일어난다. 20세기의 폭발적인 인구 증가와 과도한 자원 사용이 이러한 평형상태를 파괴하여 지구환경문제를 야기하는 것이다. 즉 인간 활동에 의해 지구시스템을 구성하는 각 권역 사이의 물질과 에너지 흐름의 균형이 깨지면서 발생하는 현상들이 현대의 지구환경문제로 해석할 수 있다.

① 대기권(Atmosphere)
② 수권(Hydrosphere)
③ 생물권(Biosphere)
④ 고체 지구권(Solid earth, Geosphere; 지권): 암석(rock, Lithosphere)과 토양(soil, Pedosphere)

대기권은 지구를 둘러싸고 있는 약 1,000 km 두께의 대기층으로 대기의 순환을 통해 탄소와 산소 등을 공급하고 있다. 수권은 지구 전체 표면의 약 71%를 덮고 있는 바닷물을 비롯하여 지구상에 존재하는 모든 물을 포함한다. 생물권은 동식물, 미생물 등의 생물뿐 아니라 생물들이 살고 있는 지구의 표층 부분까지도 포함하며, 대기권, 수권 및 암석권에 의해 큰 영향을 받는다. 고체 지구권(지권)은 암석, 퇴적물, 화산재, 토양 등으로 구성되며 지구환경에서 가장 큰 부피를 차지한다. 바깥쪽에 위치한 대기권과 수권, 그리고 생물권과 끊임없는 상호작용을 통해 변화하고 있으며 지구환경의 구성 요소 중 변화가 가장 느리지만, 다른 환경 구성 요소에 대한 영향이 매우 크다.

지구의 하위시스템은 표 1.1과 같이 상호 영향을 주고받으며 끊임없이 변화한다. 예를 들어 물은 바다에서 증발되어 수증기가 된 후 공기 중에 포함되었다가(수권 → 대기권), 비나 눈이 되어 다시 육지로 떨어지고(대기권 → 고체 지구권), 이 물의 일부는 동식물에 흡수된다(고체 지구권 → 생물권). 이렇게 지구의 하위시스템은 상호 의존적이기 때문에 어느 한 곳에서 문제가 발생하면 나머지 시스템에서도 문제가 발생하게 된다. 이것이 지구를 커다란 하나의 시스템으로 고려해야 하는 이유이다.

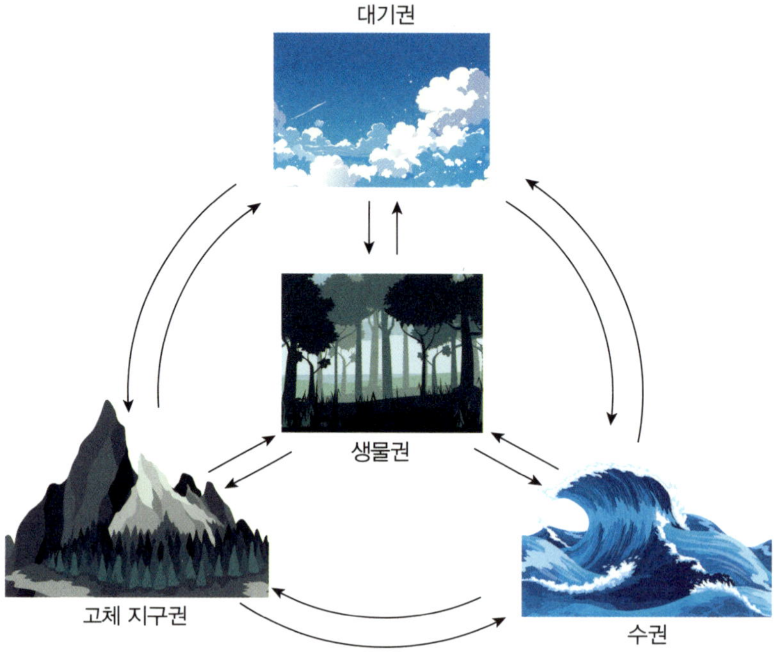

그림 1.3 • 지구시스템의 네 영역

표 1.1 • 지구의 하위시스템 간의 상호작용

하위시스템	대기권	수권	생물권	암권
대기권	기단간의 상호작용	물의 증발, 해류 영향	호흡을 위한 기체 공급, 화분과 씨의 운반	풍화침식, 침전의 매체
수권	수증기의 공급, 태양열의 저장소	해수의 혼합, 심층수의 순환	생물체의 물 공급원	빙하 침식, 물의 공급원
생물권	호흡에 의한 공기의 공급	유기물에 의한 용해 물질 제거	먹이사슬에 의한 상호작용	토양 생성의 매체
암권	저장된 태양열공급, 기단의 이동방향 조정	퇴적물의 공급원, 용해물질의 공급원	광물 영양소의 공급원	판구조론에 의한 지각의 이동

1.4 지구환경의 변화요인

지구환경은 표 1.2와 같이 자연적 재해요인 또는 인간 활동으로 인한 인위적 요인에 의해 변화된다. 지구가 46억년 전 탄생한 이래 지구환경은 대부분의 시간동안 자연적 재해요인에 의해 변화되어 왔다. 현생 인류의 기원인 호모사피엔스 중 가장 유명한 네안데르탈인(Neanderthal man)이 약 20만년 전 출현한 이후 인류는 오랜기간 주로 수렵 · 채집생활을 하며 생명을 유지해 왔다. 신석기 시대에 농경생활이 시작된 이래 근대 시대에 이르기까지 인류 문명이 지속적으로 발전해 오는 과정에서 지구환경 변화의 주요 요인은 자연적 요인이었다.

문제는 이러한 자연적 변화요인이 아니라 인간 활동으로 인하여 지구환경이 변화하고 있다는 것이다. 지구환경의 인위적인 변화는 산업혁명 이후 급속히 확대되고 있다. 폭발적인 인구 증가와 급격한 산업화로 천연자원이 고갈되고 생태계가 파괴되면서 기후변화, 생물종의 멸종 · 저감, 환경성질환의 증가 등 다양한 피해가 나타나고 있다.

표 1.2 • 지구환경의 변화요인

변화요인	변화인자
자연적 재해	지진(Earthquake), 화산분출(Volcanic Eruption), 쓰나미(Tsunami), 산사태, 지반침하, 홍수, 기상재해, 운석충돌 등
인위적 요인	화석에너지의 개발과 사용, 광물자원의 개발, 도시개발, 교통시설, 댐 건설, 농토조성 등의 개발행위, 대기오염물질, 수질오염물질 및 폐기물의 배출, 토양오염 등

CHAPTER 02

현대 환경문제와 환경정책

2.1 지구환경문제의 배경과 원인

18세기 산업혁명을 계기로 과학기술이 크게 발전하고 인류의 생활양식이 급격히 변화하였다. 인류는 비로소 물질적 풍요로움을 기반으로 편리한 생활을 한껏 누리게 된 것이다. 문제는 이러한 혜택들이 환경과 자원의 희생을 대가로 하고 있다는 점이다. 수 십억 년간 인위적 요인에 의해 변화되지 않았던 지구환경의 상태가 현대사회에 접어들면서 불과 2~3백년 만에 심각한 변화 양상을 보이고 있는데 그림 2.1과 같이 지구의 온도변화를 보면 쉽게 알 수 있다. 마지막 빙기는 약 1만년 전에 끝났으며 이후 크게 변하지 않던 지구 온도가 급격히 상승하는 소위 지구온난화 현상이 나타나고 있다. 즉 인간의 활동이 지구환경을 인위적으로 변화시키는 것이다.

더욱이 20세기 중반 이후에는 전 세계로 산업화가 확산되면서 인류가 배출하는 오염물질이 빠른 속도로 다량화 · 악성화되고 있다. 대량 생산 · 소비 방식의 경제구조를 기반으로 하는 현대 산업화 방식은 자원 · 에너지의 과도한 소비가 불가피하고, 필연적으로 자연환경의 자정작용을 크게 초과하는 오염물질을 배출하게 된다. 도시화와 각종 개발사업이 진행되면서 삼림, 초지, 습지, 수자원 등 생태자원은 물론 석탄, 석유, 금속 등 천연자원이 크게 감소되고 있다.

이러한 인류의 사회 · 경제활동으로 환경용량을 초과하여 배출되는 각종 오염물질로 인해 수 억년간 유지해온 지구 생태계의 균형과 질서가 깨지고 있으며 예기치 못한 각종 환경문제들이 발생하고 있다. 더욱이 환경파괴의 규모가 점차 확대되면서 지역적, 국지적 문제에서 지구 차원의 문제로 확대되는 추세이다. 이러한 지구환경문제는 삼림의 대규모 감소, 생물종의 급속한 멸종, 지구온난화에 의한 기후변화와 기상이변, 오존층 감소, 심각한 대기오염과 수질오염, 수자원의 감소 등 다양한 형태로 나타나고 있다.

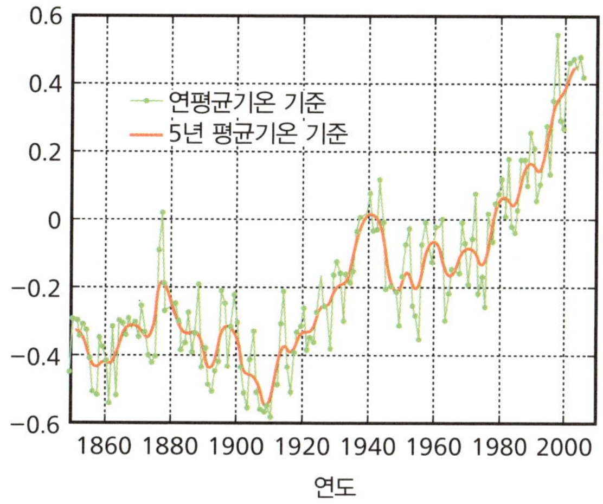

그림 2.1 • 1850년~2000년간 평균기온을 기준으로 한 온도변화

(자료: 2013, NASA GISS)

온실가스 배출증가	지구온도 상승, 수면 상승 (지난 100년 약 1°C)
에너지 · 자원 사용 급증	가용자원 급감
생물다양성 감소	향후 50년내 지구생물종의 1/4 멸종위기
물 부족 및 사막화	1인당 가용 담수량 급감, 중국(27%) 및 북아프리카 등의 사막지역 확대
유해화학물질 사용증가	전 세계 화학물질 사용 증가(10만종), 내분비계 장애물질 및 독성물질의 증가

그림 2.2 • 21세기 지구촌 환경문제

2.2 환경문제의 주요 원인

가. 인구 증가와 환경문제

인구 증가는 현대 환경문제와 직접 연계된다. 인구가 증가하면 식량 수요가 늘고, 주거지역 및 산업규모가 팽창하며 비례적으로 오염물질 배출량이 증가하기 때문이다. 세계 인구는 중세시대까지 2~3억명 수준을 유지하였다. 근대시대 들어 서서히 인구가 증가하

여 그림 2.3과 같이 1804년에 10억명을 돌파했고 1927년 20억명, 1987년 50억명, 그리고 2011년에 70억명, 2022년에 80억명을 넘어섰다. 유엔인구기구(UNFPA)에 따르면, 인구 증가 추세가 현 속도로 지속될 경우 2057년에는 100억 명을 돌파할 것으로 예상된다.

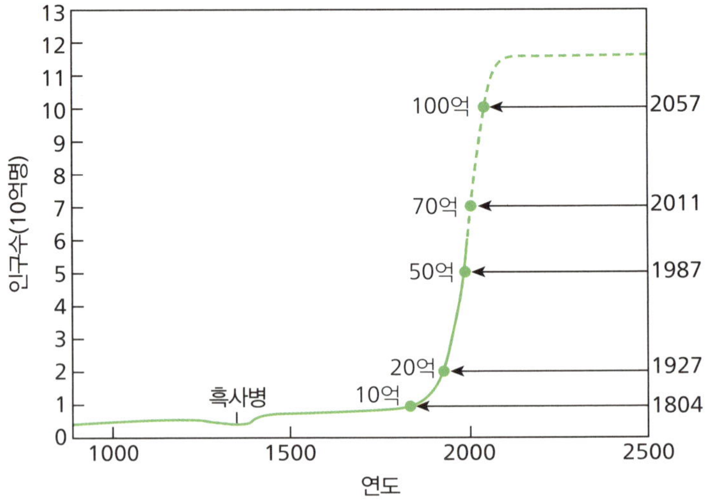

그림 2.3 • 세계 인구의 변화

현대 과학기술이 발전되기 전까지는 식량 기근, 전염병, 전쟁 등이 빈번히 발생하여 사망률이 매우 높았기 때문에 평균수명이 짧고 인구가 대단히 느리게 증가하였다. 농업기술의 발달로 식량생산이 크게 증가하고 의학의 발달로 인해 평균수명이 크게 연장되어 인구 폭발현상이 가속화되기 시작하였다. 인구 문제의 심각성은 현재의 증가 추세가 산술적 성장이 아니고 지수적 성장추세를 보이고 있다는 점이다.[1] 1798년 출판된 맬더스의 '인구론'에서 "인구는 제한하지 않으면 기하급수적으로 증가하고 식량은 산술급수적으로 증가한다."고 주장하면서 필연적으로 인구 과잉현상이 나타날 것이라고 예측한 것 이상으로 인구가 증가하고 있다.

인구(population) 문제는 오염(pollution), 빈곤(poverty)과 함께 3P로 요약되는 현대 사회의 주요 현안으로써 식량문제, 자원문제, 환경오염 문제와 밀접한 관계를 가진다. 환경측면에서 보면 인구 증가로 인간활동의 영향이 지구의 환경용량 범위를 초과하는 근본적인 문제를 야기한다.

첫째, 식량문제의 경우 현대사회에서 인구 증가와 단순히 비례하여 식량 수요가 늘어

1) 지수적 성장이란 어떤 양이 일정기간 동안에 그 총량에 대해서 일정한 비율로 증가하는 것이다.

나는 것이 아니다. 곡물위주의 소비형태에서 축산물 소비가 늘어나면서 곡물의 수요가 인구증가 속도 이상으로 급속히 늘어나고 있다.[2] 또 식량 증산을 위해 많은 초지와 삼림이 사라질 수밖에 없고 비료 · 농약의 사용량이 증가하여 토지가 더욱 황폐해지고 있다.

둘째, 인구증가는 매장량이 한정되어 있는 대부분의 천연자원을 고갈시키게 된다. 더욱이 고도 산업화가 진행되면서 1인당 자원소비량이 더욱 커지고 있어 문제가 더욱 심각해지고 있다.

셋째, 오염물질의 배출량이 늘어나게 되어 자연 정화용량을 훨씬 초과하는 현상이 나타나고 있다. 현대기술과 자본으로 하수처리장, 대기정화시설과 같은 환경기초시설을 확충하여 오염영향을 어느 정도 상쇄하고는 있으나, 환경오염물질의 총량을 저감하는데 한계가 있다.

우리나라는 세계적으로 인구밀도가 가장 높은 국가 중 하나이다. 인구증가 추세를 보면 출산율이 1960년대에는 매우 높았으나 정부의 적극적인 출산 억제 정책으로 1980년대 중반에 인구대치 출산수준에 이른 후 현재까지 대치수준 이하를 유지하고 있다. 인구성장률은 1960년대 초의 3% 수준에서 1990년대부터 1% 이하로 낮아졌고 2022년에는 (−) 성장률을 나타내었다. 낮은 출산율이 지속되면서 유소년 인구비율이 감소하고 인구의 노령화가 빠르게 진행되고 있다. 이로 인해 노동력이 감소되고, 노인 인구의 증가에 따라 복지 수요가 늘어나는 등 국가 전체의 부담을 가중시키게 된다는 점에서 출산율을 높여야 한다는 의견이 사회적 공감을 얻고 있다. 그러나 환경적 측면에서 보면 환경부하가 커지는 문제를 안고 있다. 따라서 인구 증가로 인한 환경부하의 문제와 인구 감소로 인한 성장의 한계 사이에서 접점을 찾아야 한다.

표 2.1 • 우리나라 인구 및 인구성장률 추이

(단위: 천명, %)

구분	1970	1980	1990	2000	2010	2020	2022
총 인구	32,241	38,124	42,869	47,008	49,554	51,836	51,628
인구성장률*	2.21	1.57	0.99	0.84	0.50	0.14	−0.23
인구밀도(명/km^2)	328	385	432	473	495	516	514

※ 인구성장률은 전년대비 인구증가율임
(자료: 통계청, 2021, 장래인구추계: 2020~2070)

2) 축산업은 막대한 곡물을 소비할 뿐 아니라 넓은 목초지를 필요로 하고 축산분뇨로 인한 수질오염, 온실가스 배출 등이 심화되어 일반 농업에 비해 환경부담이 훨씬 크다.

나. 도시화와 환경문제

도시화는 제조업 · 서비스업의 비중이 확대되고 농어업 비중이 축소되는 산업화 시대에 접어들면서 두드러지게 나타난 현상이다. 한 국가의 도시화 추세는 대체로 3단계로 구분되며, S자형의 성장 곡선이 된다. 도시화 수준이 낮고 도시화율의 증가 속도도 매우 완만한 초기 단계에서 도시화가 급속히 진행되는 가속화 단계를 거친다. 도시가 포화상태가 되면 도시화율의 증가 속도가 정체되거나 소폭 저하되는 종착 단계에 이른다. 선진국의 경우 산업혁명으로 제조업이 급성장했던 19세기 초부터 농촌 인구가 도시로 대거 유입되어 도시화가 진행되어 왔고 20세기 중반에는 거의 종착단계에 이르렀다. 오히려 도시에서 농촌으로 인구가 이동하는 역도시화 현상도 일어나고 있다.

대도시는 사회적 · 경제적 필요에 따라 형성되었으며, 규모경제를 지향하는 산업구조와 밀접한 연관을 갖는다. 밀집된 경제 활동은 많은 노동력을 필요로 하고 이에 따라 인구가 좁은 지역에 집중하게 된 것이다. 이렇게 인구가 집중되어 새로운 일자리가 생기고 주택, 학교, 도로 등이 확장되면서 도시가 팽창된다. 이러한 인구의 밀집현상은 오염물질 발생을 집중시켜 지역 환경용량을 크게 초과하는 주요 원인이 된다. 따라서 체계적인 도시계획을 통해 오염물질을 효과적으로 통제 · 처리해야 하며, 도시계획을 통한 녹지의 확보와 환경 인프라의 구축, 그리고 산업구조의 조정[3]이 도시의 영속성을 위해 매우 중요한 요소이다. 대부분의 개발도상국들은 제2차 세계대전 이후 급속한 도시화가 진행되었다. 우리나라의 경우 고도 경제성장을 이루면서 도시화의 초기 단계에서 종착 단계에 이르는 기간

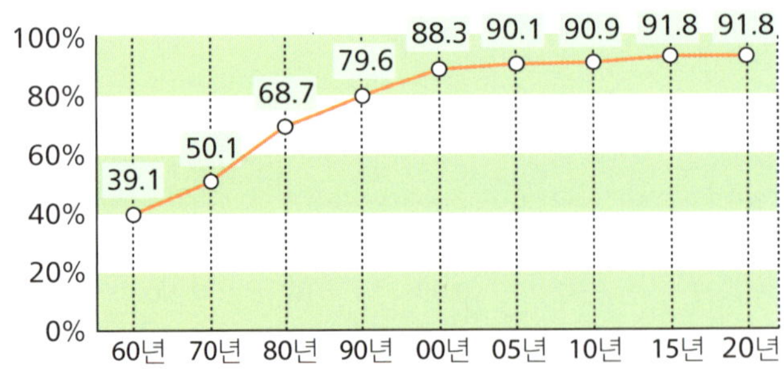

※ 도시화율은 토지관련 법령상 용도지역 기준으로 산정한 것임

그림 2.4 • 우리나라의 도시화율 변화추이

3) 대도시 지역은 각종 오염물질 발생량이 증가하는데 소득이 높아지면 환경질을 고려하게 되고 자연히 오염물질 집약도가 높은 제조업은 외곽으로 이전하거나 쇠퇴하는 산업구조 조정이 이루어진다.

이 매우 짧게 진행되었다. 그림 2.4와 같이 도시화율은 1960년 39.1%에서 2005년 90.1%로 급증하였고 이후 정체상태를 보이고 있다.

다. 농업과 환경문제

현대사회 이전의 농업은 대부분 자급자족을 위한 것으로, 자연 조건에 맞춰 농작물을 생산하고 수확하였다. 과학기술이 발전하면서 생산성을 높이기 위해 비료와 농약을 다량 사용하게 되었고 작물 생산방식도 인위적으로 바뀌면서 획기적인 식량증산을 성취하였다. 반면에 이러한 인위적 행위들로 면적당 환경부하가 커지면서 농업으로 인한 환경 · 생태 훼손이 가속화되었다. 최근에는 환경오염을 최소화 하면서 작물의 안전성을 높이는 친환경 농업이 확산되고 있으나 전체적으로는 아직 미미한 수준이다. 농업으로 인해 나타나는 환경문제의 범주는 다음과 같다.

① 토양침식: 토양 양분의 유실

② 농약 피해: 토양오염과 생태계 피해, 인체건강 피해, 천적 감소, 저항성 증가

③ 화학비료 피해: 토양내 유기물 감소와 산성화, 수질 · 대기 · 토양 오염

④ 가축분뇨 피해: 수질 · 토양 및 대기오염

⑤ 폐기물 문제: 영농쓰레기, 폐비닐, 농약빈병 발생

라. 산업화와 환경문제

산업혁명 이전의 산업구조는 1차 산업을 중심으로 대부분의 생활필수품을 자급자족하는 형태로 일부 산업 활동에서 배출되는 폐수나 폐기물은 소량이기 때문에 환경의 자정능력에 의해 정화되었다. 현대 산업화가 진행되면서 인류의 생활 편의성은 크게 신장한 반면 생산물의 생산 · 유통 및 소비과정에서 막대한 양의 오염물질을 배출하게 되었다. 또 경제규모가 커지면서 더욱 많은 재화를 생산하고 소비하게 되어 자원의 수요가 급증하였고 에너지 · 자원의 고갈 현상이 나타나게 되었다. 표 2.2와 같이 세계 경제규모는 1998년 기준으로 산업혁명 직전인 1820년 대비 약 50배 커졌다. 세계 각국이 공장을 건설하고 철도와 도로, 항만 · 공항, 댐과 운하 등 각종 사회기반시설을 확충하면서, 이를 기반으로 경제성장과 생활수준의 향상을 가져오는 자원소비형 경제구조가 발전해온 것이다.

이러한 경제구조는 생태계 파괴의 주요한 원인이 되었고, 다양한 합성물질의 생산에 많은 에너지를 필요로 하게 되었다. 화석연료의 사용과 자동차 증가로 대기 오염이 심화되

고, 유해 폐기물이 대량으로 배출되는가 하면 화학물질의 사용 증가에 따라 독성물질 배출이 늘어나고 원전 확충에 따라 핵폐기물 문제가 대두되는 등 지구의 자연환경은 날로 악화되고 있다.

한번 파괴된 환경을 복원하기 위해서는 고도의 정화기술과 막대한 자본이 필요하다. 많은 개도국의 경우 기술력도 부족하고 자본도 없어 오염물질의 확산에 적절히 대응하지 못하고 있어 생태계 훼손과 건강 피해가 가속화되고 있는 상황이다.

표 2.2 • 세계 경제규모의 변화(연간 GDP와 성장률) (단위: 10억불, %)

지역	연간 GDP(10억불, 1990년 국제달러)				연간 GDP 성장률(%)		
	0년	1000년	1820년	1998년	0~1000년	~1820년	~1998년
선산업화지역	12.8	14.1	198.0	17,998	0.01	0.32	2.57
후산업화지역	89.7	102.7	496.5	15,272	0.01	0.19	1.96
계	102.5	116.8	694.4	33,726	0.01	0.22	2.21

※ '선산업화지역'은 서유럽, 신대륙국가(미국, 호주, 뉴질랜드), 일본을 포함하고 '후산업화지역'은 기타지역이다.
(자료: Madison and Angus, 2006, The World Economy, OECD)

2.3 지속가능한 발전

지구환경문제에 관하여 국제사회에서 논의하기 시작한 최초의 국제회의는 1972년 6월 스웨덴의 스톡홀름에서 열린 유엔인간환경회의(UNCHE)[4]로 볼 수 있다. 이 회의에서 채택된 '인간환경선언'에서는 환경이 인간의 복지와 기본적 인권, 나아가 생존권 자체의 본질이라고 선언하였다.[5] 같은 해에 UN에서는 환경문제를 전담하는 산하 전문기구로 유엔환경계획(UNEP)을 케냐 나이로비[6]에 설립하였다.

UN은 1983년에 환경과 발전에 관한 세계위원회(WCED)[7]를 구성하였으며, 이 위원회는 1987년에 "우리 공동의 미래(Our Common Future, 일명 Brundtland 보고서)"를

4) United Nations Conference on Human Environment

5) Declaration of the United Nations Conference on the Human Environment, 1972

6) United Nations Environment Programme. UN산하 전문기구 중 UNEP과 UNCHS만이 개도국에 본부를 두고 있다. 이들 두 기구는 1972년에 설립되었는데 1960년대부터 아프리카 국가들이 독립하고 UN내에 발언권이 커지면서 케냐에 유치한 것이다.

7) World Commission on Environment and Development

출간하였다. 이 보고서에서 환경문제를 해결하는 개념으로 "지속가능한 발전(sustainable development)"[8]을 제시하였고 "미래 세대가 그들의 필요를 충족시킬 수 있는 가능성을 손상시키지 않는 범위 내에서 현재 세대의 필요를 충족시키는 발전"으로 정의하였다.

1992년 6월에는 세계 정상들이 참여한 가운데 브라질 리우데자네이로에서 "유엔환경개발회의(UNCED)[9]"가 개최되어 '환경적으로 건전하고 지속가능한 개발(ESSD)' 개념을 기초로 한 리우선언이 채택되었고 세부적인 행동강령으로 "의제 21(Agenda 21)"[10]을 제시하였다. 또한 기후변화협약, 생물다양성협약, 사막화방지협약 등 주요한 국제환경협약들이 채택되었다. 2012년 6월에는 리우데자네이로에서 Rio+20 회의가 개최되어 "빈곤탈출과 지속가능 발전을 이루기 위한 녹색경제", 지속가능발전을 구현하기 위한 "국제환경거버넌스 개편"이 주로 논의되었으며 "우리가 원하는 미래(The future we want)"라는 선언문을 도출하게 된다.

2015년 제70차 유엔총회에서는 '2030 지속가능발전의제(2030 Agenda for Sustainable Development)'를 채택하고 2030년까지 달성할 인류 공동의 17개 목표(Goals), 169개 세부목표(Targets)를 구체화한 UN SDGs(지속가능발전목표)를 제시한다. 여기에는 표 2.3과 같이 기후변화, 환경오염 등 지구환경문제 외에 빈곤, 질병퇴치 등 경제 · 사회문제를 포괄하고 있다. 우리나라는 '제4차 지속가능발전 기본계획(2021~2040)'에서 상기 UN-SDGs의 목표와 내용을 우리 여건에 맞도록 수정 · 보완한 K-SDGs를 제시하였다.

이러한 지속가능한 발전은 기본적으로 현세대의 개발 욕구를 충족시키면서도 미래 세대의 개발 역량을 저해하지 않는 발전양식을 의미한다. 즉 경제성장, 사회안정과 통합, 환경보전의 조화와 균형 속에서 지속가능성[11]을 담보할 수 있는 경제 · 사회구조를 지향하며, 지속적인 인류 발전을 위한 새로운 패러다임이라 하겠다.

---

8) ESSD, Environmentally Sound and Sustainable Development

9) United Nations Conference on Environment and Development, 일명 리우환경정상회의라 불린다.

10) "의제 21"은 21세기 지구환경보전을 위한 실천계획으로 부문별 구체적 실천방안을 제시한 행동지침이다. 전문과 4부 39개 과제로 구성되어 있다.

11) 지속가능발전기본법에서는 지속가능성을 '현재 세대의 필요를 충족시키기 위하여 미래 세대가 사용할 경제 · 사회 · 환경 등의 자원을 낭비하거나 여건을 저하시키지 아니하고 서로 조화와 균형을 이루는 것'으로 정의하고 있다.

표 2.3 • UN-SDGs와 우리나라 K-SDGs의 목표

UN-SDGs		K-SDGs	
목표	내용	목표	내용
1	모든 형태의 빈곤종결	1	빈곤감소와 사회안전망 강화
2	기아해소, 식량안보와 지속가능한 농업	2	식량안보 및 지속가능한 농업 구현
3	건강보장과 모든 연령대 인구의 복지증진	3	건강하고 행복한 삶 보장
4	양질의 포괄적 교육과 평생학습기회 제공	4	모두가 누리는 교육증진
5	성평등 달성과 모든 여성의 역량강화	5	함께하는 성평등 보장
6	물과 위생의 보장 및 지속가능한 관리	7	건강하고 안전한 물관리
7	적정가격의 지속가능한 에너지 제공	8	에너지의 친환경적 생산과 소비
8	지속가능한 경제성장 및 양질의 일자리와 고용보장	12	일자리 확대화 경제성장
9	사회기반시설 구축, 지속가능한 산업화 증진	13	사회기반시설 구축 및 R&D 확대
10	국가내, 국가간의 불평등 해소	6	소외없는 사회를 위한 불평등해소
11	지속가능한 도시와 인간거주	14	포용적이며 안전한 도시와 주거지 조성
12	지속가능한 소비와 생산 구조	15	지속가능한 소비, 생산 증진
13	기후변화에 대한 영향방지와 조치	9	기후변화 대응
14	해양, 바다, 해양자원의 지속가능한 보존	10	해양생태계 보전
15	육지생태계 보존과 삼림보존, 사막화방지, 생물다양성 유지	11	육상생태계 보전
16	평화적 · 포괄적 사회, 모두 접근가능한 사법 및 행정제도	16	범죄감소, 여성 · 아동대상 폭력대응, 남북 평화 구축 및 협력증진
17	목표의 이행수단 강화, 기업 · 의회 · 국가간의 글로벌파트너십 활성화	17	개발원조 확대, 개도국 SDGs 이행지원 등 글로벌 파트너십 확대

※ UN-SDGs와 K-SDG의 목표별 세부내용에는 일부 차이가 있으며, K-SDG의 목표 순서는 UN목표와 관련된 순서로 표시하였다.

2.4 환경정책의 개념과 종류

가. 환경정책의 특성과 원칙

환경정책은 국가적 공공정책의 하나로 환경문제를 해결하고 환경 상태를 보전 · 개선하기 위한 방법과 수단의 총합으로 정의할 수 있다. 환경정책의 근본적인 목표는 양호한 환경

질을 유지하여 국민건강과 쾌적한 생활여건을 보장하는 것이다. 환경정책은 아래 표와 같이 규제적 성격을 띠며 불특정 다수와 지역공간를 대상으로 하는 등의 특성을 나타낸다.

표 2.4 • 환경정책의 주요 특성 예시

환경정책의 특성	내용
규제적 속성	외부 오염정도 규제, 사회약자 및 공공이익 보호
예측 불확실성	미래예측의 어려움, 정보범위가 광대하여 수집 · 분석 난이
타 정책과의 상충성	개발정책과 갈등, 사적 욕구 제한이 불가피
수요자의 불명확성	수요자 요구는 피동적 (가해자의 이해관계가 큼)
효과의 비가시성	장기간 효과 지속, 측정 · 분석의 어려움
지역 및 공간 대상	대상지역이 다양, 지역간 이해조정이 중요

환경정책의 공공성과 효율성을 담보하기 위해서는 양호한 환경질의 지속성을 유지한다는 전제하에 "지속가능 발전"의 틀 안에서 대표적으로 다음과 같은 원칙이 적용된다.

(1) **순환 및 지속성의 원칙:** 생산 · 소비 · 유통 · 폐기 활동 전과정에 걸쳐 환경오염을 최소화하여 사회 · 경제시스템의 지속적인 순환성을 유지한다. 즉 개발행위시 미래의 지속가능성을 고려하여 미래세대에 훼손되지 않은 환경을 유지하도록 한다.

(2) **오염자 부담원칙(PPP, Polluter Pays Principle):** 오염원인자(발생자)가 환경오염을 예방 · 통제(처리) · 감소시키는 비용을 지불한다는 원칙이다. 경제적으로는 환경비용을 내부화한다는 개념[12]으로 20세기 후반부터 환경정책에서 광범위하게 적용되고 있으며 국내에서 쓰레기수수료 종량제, 오염물질 배출부과금, 생태계보전협력금 등이 대표적인 사례이다.

(3) **사전오염예방의 원칙(회피의 원칙):** 환경오염 우려가 있는 경우 위해요인을 사전에 제거 · 저감하여 환경오염을 사전에 차단하는 원칙으로 환경문제의 불가역성(inreversibility), 환경오염 또는 훼손 효과가 상당기간 경과 후 나타나는 점 등을 고려할 때 환경정책에서 오염현상의 축적 또는 복합효과를 방지하기 위한 중요한 원칙이다. 대표적인 정책 사례로 환경영향평가, 개발행위를 제한하는 보호지역 설정제도, 위해물질 사

12) 환경비용의 내부화(Internalization)는 특정 제품의 생산 · 소비과정에서 발생하는 환경비용을 시장 가격구조에 반영하는 것이다. 즉 환경자원을 이용하면서 발생되는 제반 환경(오염)비용을 제품이나 서비스 가격에 반영시킴으로써 생산자 · 소비자에게 환경오염을 저감하려는 유인효과를 형성할 수 있다.

용금지제 등이 있다.

(4) **협력의 원칙:** 환경문제를 유발하거나 연관된 모든 당사자가 공동 책임하에 협력하며 해결한다는 원칙이다. 환경정책 목표 달성을 위한 과정에서 효율성을 높일 수 있는 원칙으로 통상 정부-민간부문간 협력의 형태로 적용된다. 대표적으로 오염물질 배출자와 감독자간의 자발적 협약, 수계 상 · 하류 지역간 협력, 생태계서비스지불계약제 등이 있다.

(5) **공동부담의 원칙:** 환경문제 해결에 소요되는 인적 · 물적 자원을 형평성(equity) 있게 부담하는 원칙으로 공공재정으로 환경정책 추진 비용을 조달하거나 수혜자 부담원칙(Beneficiary Pays Principle)에 따라 환경개선으로 혜택을 보는 자가 부담하는 방식 등이 있다. 정책사례로는 정부의 환경예산 투자, 수혜자의 물이용부담금 등이 있다.

(6) **환경용량 보전의 원칙:** 일정한 공간 또는 지역의 환경용량이 저하되지 않도록 유지하여 환경질을 유지하는 개념으로 사전오염예방원칙과 연계되는 원칙이다. 환경용량을 넘어서는 개발행위를 규제하기 위한 토지이용 규제나 대기 및 수질오염물질 총량제 등이 대표적인 사례이다.

(7) **중점의 원칙:** 경제적 효율성을 극대화하기 위해 환경정책 효과가 큰 지역 또는 분야에 대해 우선순위에 따라 가용자원을 투입하거나 정책역량을 집중한다는 원칙이다.

나. 환경용량(Environmental Capacity)

환경용량은 일정한 지역에서 환경오염 또는 환경훼손에 대하여 환경이 스스로 수용 · 정화 · 복원하여 환경질을 유지할 수 있는 한계를 말한다. 사회과학적으로는 일정한 공간에서 자연환경이 부양할 수 있는 거주인구, 산업규모, 주택, 도로 · 교통 등 인간활동과 수반되는 제반 환경부하량의 총합이다. 즉 가용자원과 오염정화 능력으로 부양할 수 있는 최대 지속가능 밀도를 의미하며 다음과 같이 한계용량, 수용용량, 자정용량으로 해석할 수 있다.

(1) **한계용량(Marginal capacity):** 생태계를 안정적으로 유지한다는 절대적 조건을 만족시키는 자연능력의 한계로서 최대 지속가능생산량(Maximum sustainable yield)이라 할 수 있다. 예로서 최대 자원이용량, 물공급 가능량 등으로 나타낼 수 있다.

(2) **수용용량(Carrying capacity):** 일정한 삶의 질을 유지하는 수준에서 지역공간이 지탱 가능한 인간활동의 한계, 즉 수용능력이다. 인구밀도, 개발규모, 관광객 수 등으로 나타낸다.

(3) 자정용량(Assimilative capacity): 자연이 인간활동으로 발생되는 환경오염을 정화하는 수준을 의미한다.

다. 환경기준 및 지표

(1) 환경기준

환경기준이란 국민건강 보호와 쾌적한 환경조성을 위하여 국가가 달성 · 유지하는 것이 바람직한 환경상의 조건 또는 질적인 수준을 의미한다. 국가별 법규에 따라 법적 구속력을 부여하는 경우도 있으나 통상 행정목표(지침)으로 제시하는 기준이다. 국내에서는 대기질, 소음, 수질 및 수생태계, 해역환경 등 4개 분야별로 환경기준을 설정하고 있다.

① **대기 환경기준**[13]: 8개 항목별로 연간, 24시간, 1시간 평균치로 설정하고 있다.

② **소음 환경기준**: 주간 · 야간, 도로변 · 일반지역, 용도지역별로 구분하여 설정하고 있다.

표 2.5 • 소음 환경기준

(단위: dB(A))

지역 구분	낮(6~22시)		밤		비고
가 지역	50	(65)	40	(55)	전용주거지역, 보전관리지역, 기타지역*
나 지역	55		45		일반주거/준주거지역, 생산관리지역
다 지역	65	(70)	55	(60)	상업지역, 준공업지역, 계획관리지역
라 지역	70	(75)	65	(70)	전용공업지역, 일반공업지역
	일반지역	도로변	일반	도로변	

* 기타지역은 녹지지역, 농림 · 자연환경보전지역, 종합병원/학교/공공도서관의 50 m 이내이다.

③ **수질 및 수생태계 환경기준**[14]

하천 및 호소별로 건강보호기준과 생활환경기준으로 구분하여 설정하고 있다.

– 사람의 건강보호기준: 20개 항목, Cd, As 등

– 생활환경기준: 하천은 7개 항목, 호소는 8개 항목에 대해 설정하고 있다.

13) 세부 내용은 제3장 대기오염의 표 3.9 참조

14) 제4장 수자원 및 수질오염의 표 4.10~4.13를 참조

④ 지하수 환경기준[15]

먹는물관리법에서 정하는 수질기준을 적용한다.

⑤ 해역 환경기준[16]

다음 4개 부문별로 설정하고 있다.

- 생활환경(3개 항목): pH(6.5~8.5), 총대장균군(1,000/100mL 이하), 용매추출유분(0.01 mg/L 이하)
- 생태기반 해수수질기준: 수질평가지수값(Water Quality Index) 23 이하(I등급 기준)
- 해양생태계 보호기준(6개 항목): Cu, Pb, Zn, As, Cd, 6가 Cr
- 사람의 건강보호(19개 항목): 6가 Cr, As, Cd 등

(2) 배출허용기준

배출허용기준은 오염물질을 배출하는 업소, 하수 · 폐수처리장, 자동차 등을 대상으로 정한 오염물질의 최대허용치 또는 농도를 말한다. 환경기준 달성을 위한 주요한 정책수단의 하나이며, 법적 규제기준으로 기준을 초과하여 배출시는 해당 법령에서 정하는 바에 따라 제재 조치 대상이 된다. 우리나라의 배출허용기준 종류는 다음과 같다.

① 수질오염물질 대상

- 물환경보전법: 폐수배출시설 및 폐수종말처리장 방류수수질기준
- 하수도법: 공공하수처리시설 및 분뇨처리시설 방류수수질기준
- 가축분뇨 관리 · 이용법: 정화시설 방류수수질기준

② 대기오염물질 및 소음 · 진동 대상

- 대기환경보전법: 대기오염물질 배출허용기준, 제작차 · 운행차 · 선박 배출허용기준
- 악취방지법: 악취 배출허용기준

15) 제4장 수자원 및 수질오염의 표 4.17을 참조

16) 상세한 수치는 환경정책기본법 시행령 [별표 1]을 참조. 생태기반 해수수질기준인 WQI는 용존무기질(Dissolved Inorgarnic Nitrogen), 용존무기인(Dissolved Inorgarnic Phosphorus), Chl-a, 투명도(SD), 용존산소(DO) 등 5개 항목으로 평가한 수치이다.

– 소음진동관리법: 공장소음진동 배출허용기준, 생활소음진동 규제기준, 자동차 소음허용기준

③ 폐기물 대상

– 폐기물관리법: 관리형 매립시설의 침출수 배출허용기준, 소각시설 배출허용기준

(3) 환경지표

환경상태를 가능한 정량적으로 평가하고 환경상태나 환경정책 추진상황을 측정하는 지표이다. 환경기준은 대기질, 수질 등 매체별 오염에 대한 정책 달성 여부가 명확히 표시되는 장점이 있는 반면 환경여건이 날로 복잡 · 다양해지고 있어 폭넓은 대상이나 다양한 상황에 대응하기 어려운 경우가 발생하며, 이때 적절한 환경지표를 활용한다. 주로 환경정책 · 계획에서 목표설정 및 평가, 환경현황(상태) 평가, 정보 공유 및 이해 증진을 위해 활용되며 주요 지표의 종류는 다음과 같다.

① 환경현황 파악지표

환경기초시설의 용량 · 개소수, 도시공원면적, 녹지율

② 환경오염 파악지표

오염종합지표(예 WQI, AQI), 순환시스템 평가지표

③ 자연보전 관련 지표

생태자연도, 식생보전등급, 지형보전등급

④ 환경인식 관련 지표

환경만족도, 쾌적성, 정책효율성 인식지표

⑤ 지구환경 관련 지표

지구환경부하, 온실가스 배출량

⑥ 지속가능성 관련 지표

자원이용, 재활용률, 에너지이용효율

최근에는 일반 대중이 알기 쉽도록 다음과 같이 제품 · 서비스에 소요되는 오염물질 배출량 등을 표시하는 발자국(Footprint) 지표가 많이 활용된다.

① 생태발자국(Ecological Footprint)

인간의 경제활동에 소요되는 모든 자원의 생산 · 소비 · 폐기비용을 토지 소비면적으로 환산한 지표로 지구가 감당할 수 있는 면적은 약 1.8 ha/1인으로 추산하고 있다.

② 물발자국(Water Footprint)

사람이 직접 마시고 씻는데 사용한 물과 음식, 제품 생산에 소요되는 가상수(Virtual water)를 합친 총량을 표시한 지표이다.

③ 탄소발자국(Carbon Footprint)

제품 및 서비스의 원료채취, 생산, 수송 · 유통, 사용, 폐기 등 전과정에서 발생하는 온실가스 발생량을 이산화탄소 배출량으로 환산한 지표로 국내에서는 환경성적표지[17]의 한 영역으로 활용된다.

라. 환경정책 수단

환경정책이 지향하는 목표를 효과적으로 달성하기 위해 적용되는 도구를 의미하며 특성에 따라 직접 규제 수단, 경제적 수단, 기획 수단, 자율관리 수단, 정보 규제 수단 등으로 분류할 수 있다.

a. 직접 규제 수단: 배출시설 인허가, 기준, 행위 · 입지 규제

b. 경제적 수단: 부과금, 부담금, 예치금, 배출권거래제

c. 기획 수단: 환경영향평가(EIA), 환경보전계획

d. 자율관리 수단: 자율환경관리, 자발적 협약

e. 정보 규제 · 유인 수단: 환경표지, LCA, 화학물질등록

17) 환경성적표지는 국내에서 시행하는 대표적인 환경성 정보 공개 제도이다. 제품 및 서비스의 환경성 제고를 위해 제품 및 서비스의 원료채취, 생산, 수송 · 유통, 사용, 폐기 등 전 과정에 대한 환경영향을 계량적으로 표시하는 제도이다. 강제 인증이 아닌 임의 인증제도로서 환경성적표지 인증제품은 환경성이 우수하다고 인증된 제품이다.

(1) 직접 규제 수단(Regulatory Instrument, Direct regulation, Command and Control)

환경오염 원인자에게 직접적으로 벌칙 등 불이익을 부과하여 규제하는 방식으로 규제 방법이 명확하고 즉시 규제효과가 발생하며 위반 여부와 목표 달성여부 판단이 용이한 장점이 있는 반면, 과도한 환경오염 통제비용과 중복 규제 우려가 있으며 다양한 대상을 일률적으로 규제함으로써 효과가 저하되고 기술발전을 저해할 수 있다는 단점이 있다. 정부의 규제의 타당성은 자원, 물, 공기 등 공공재의 경우 개인이 자유롭게 사용하도록 방치하면 공유지의 비극[18]을 초래한다는 개념에 기초한다. 규제 방법에 따라 다음과 같이 분류할 수 있다.

① 오염물질 배출 제한: 배출허용기준 설정, 배출시설 인 · 허가

② 특정 오염행위 금지: 불법소각, 오염물질 무단투기 금지

③ 토지이용 규제: 특정 시설물의 입지제한 또는 금지

④ 원료/제품 사용 규제: 유해물질 및 재료 규제

⑤ 기술기준 규제: 특정기술이나 설계 의무화, 생산공정 규제

(2) 경제적 수단(Economic Instrument)

시장운영 메커니즘을 활용한 시장 유인적 정책수단(market incentive)으로서 오염피해에 상응하는 비용을 오염원인자에게 부과하거나 제품 · 서비스에 환경비용을 내부화(internalization)하여 환경비용을 결과적으로 오염원인자 또는 수익자에게 부담하는 수단을 포괄한다. 최근에는 탄소국경세와 같이 국제 무역에 적용되기도 한다. 피규제자에게 경제적 동기를 부여하여 오염저감 효과가 크고 사회 규제 순응비용 최소화, 규제관리 비용 절감, 자발적 기술혁신 유도 등의 장점이 있다, 부과방법에 따라 다음과 같은 유형이 있다.

① 조세: 환경세, 탄소세

② 부과금 · 부담금(Pollution Fee, Charge): 오염물질 배출부과금, 제품(폐기물) 부담금, 생태계보전부담금

---

18) 공유지의 비극(The Tragedy of the Commons)은 개인과 공공의 이익이 충돌할 때 개인의 이기심만 추구하면 모두가 파국을 맞는다는 이론이다. 특히 지하자원, 물, 공기, 녹지, 물고기와 같이 공동체의 모두가 사용해야 할 자원(공공재)은 사적 이익을 주장하는 시장의 기능에 맡겨 두면 이를 남용하여 고갈될 위험이 있다는 개념이다.

③ 배출권거래(marketable permits)

④ 예치금(Deposit-refund): 생산자 또는 소비자 예치금

⑤ 수혜자(수익자)부담금: 물이용 부담금, 쓰레기 수수료종량제, 상하수도 요금

⑥ 보조금: 오염방지시설 설치 보조금

⑦ 생산자책임재활용제: 광의의 제품 부담금 또는 생산자 예치금

PART 02

매체별 환경오염

학습목차

CHAPTER 03

대기오염

3.1 대기의 조성 및 구조

지구는 공기로 덮여 있으며, 지구의 중력이 공기를 지구로 당기고 있다. 공기는 투명하고 냄새도 맛도 없으며 표 3.1과 같이 부피기준으로 78.1%의 질소, 21.0%의 산소, 아르곤, 이산화탄소 및 기타 미량의 많은 기체로 구성되어 있다. 대기(atmosphere)란 이렇게 지구상에 존재하는 기체상 부분을 말하며 통상 지구를 둘러싸고 있는 공기를 칭한다. 대기의

표 3.1 • 공기의 조성(부피 기준)

성분	부피 비율(ppm)	부피당 질량($\mu g/m^3$)
질소(N_2)	780,800	8.95×10^8
산소(O_2)	209,800	2.74×10^8
아르곤(Ar)	9,300	1.52×10^7
이산화탄소(CO_2)	355	5.67×10^5
네온(Ne)	18	1.49×10^4
헬륨(He)	5.2	8.50×10^2
메탄(CH_4)	1.0~1.2	$6.56～7.87 \times 10^2$
크립톤(Kr)	1.0	3.43×10^3
아산화질소(N_2O)	0.5	9.00×10^2
수소(H_2)	0.5	4.13×10^1
크세논(Xe)	0.08	4.29×10^2
유기성 증기	0.02	−

※ % 조성비는 부피비율(ppm) × 10000으로 산정(ppm은 100만분의 1)

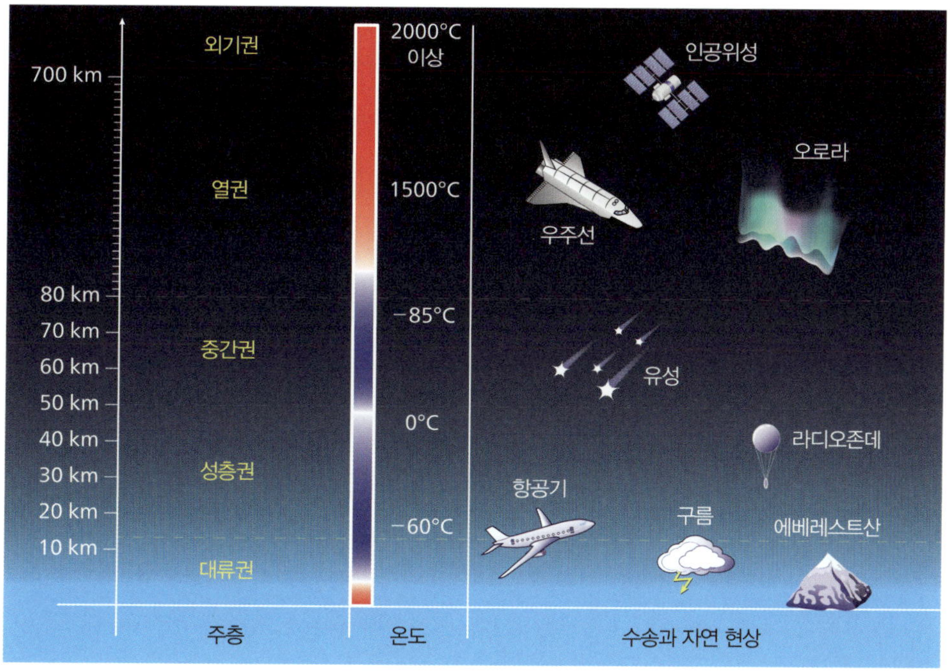

그림 3.1 • 기권의 구조

질량은 5.5 × 10^{21} g으로 지상 5 km 범위에 50%, 20 km 이하에 95%가 존재하며, 99%의 공기가 고도 40 km 내에 있다.

지구의 대기권은 그림 3.1과 같이 고도에 따른 온도 변화에 따라 4개의 구역으로 나눌 수 있다. 대류권에서는 고도가 높아짐에 따라 온도가 감소하며, 기상의 변화를 관측할 수 있다. 지표상의 위치가 극지방 또는 적도 지방인가에 따라 대류권의 높이는 다소 차이가 있으나 지상에서 대략 8~10 km까지 분포하고 있다. 성층권은 대류권 위에 존재하며, 지상에서 대략 50 km까지 분포한다. 성층권에서는 고도가 증가하면서 온도 역시 증가하며 기상의 변화가 없는 안정된 대기층이다. 대류권에서 방출된 오염물질은 성층권까지 도달하며 공기 환경이 다양하게 변화한다.

성층권 위의 중간권은 지표면으로부터 80 km 정도까지이다. 고도가 올라감에 따라 온도는 감소하며 위도 및 계절에 따라 변하기는 하지만 상부 중간권에서는 온도가 −90°C 정도이다. 하루에도 수 백만개의 유성이 중간권에서 가스 입자와 충돌하며 여기서 발생하는 열로 물체가 지표면에 닿기 이전에 태워버린다. 열권은 지표면에서 500~1000 km 정도까지이고 고도가 높아짐에 따라 온도가 올라간다. 적지만 남아있는 산소 입자가 높은 에너지를 지닌 태양 복사를 흡수하기 때문이다. 온도는 태양 활동에 따라 큰 차이를 보이는데 2,000°C까지도 올라갈 수 있다. 대기권의 상부로 올라갈수록 공기의 압력과 밀도는 떨어지고, 평균 자유행로는 길어지며, 소용돌이 확산보다는 분자 확산이 우세하게 된다.

3.2 대기오염의 발생

가. 대기오염의 정의

대기 중에는 수많은 가스상 물질과 입자상 물질들이 존재한다. 이러한 물질들이 자연적으로 존재하는 일정한 농도 이상으로 존재하여 사람의 건강이나 재산, 동·식물의 생육환경 등 생활 및 자연환경에 피해를 주는 현상을 대기오염[1]이라 정의할 수 있다. 대기오염물질은 도시나 공단 등 발생되는 지역에서 국지적 오염현상을 나타낼 뿐만 아니라 산성비, 오존층 파괴, 지구온난화와 같이 광역적·지구적 차원의 오염 원인이 되기도 한다.

세계보건기구(WHO)는 대기오염을 "대기 중으로 인위적으로 배출된 오염물질의 양과 농도, 그리고 지속되는 시간이 어떤 지역의 불특정 다수인에게 불쾌감을 일으키거나 해당지역에 공중 보건상 위해를 가함으로써 인간의 생활이나 동식물의 생존에 해를 주어 인간의 정당한 생활과 재산을 침해하는 상태"라고 정의한다.[2] 미국은 "사람, 식물 그리고 동물의 생명과 우리의 재산에 해가 될 만큼, 또는 인간이 생활과 재산을 안락하게 향유하지 못할 정도로 충분한 기간 동안 먼지, 훈연, 가스, 연무, 악취, 매연, 증기와 같은 오염물질이 한 종류 또는 그 이상이 대기에 존재하는 것"으로 규정하고 있다. 일본은 "매연, 먼지, 악취 및 가스 등의 대기오염물질로 인하여 보건위생에 미치는 위해와 생활환경에 관련된 피해가 발생하는 것"으로 대기오염을 정의하고 있다.

나. 대기오염의 발생원

대기오염물질을 발생하는 원천은 표 3.2와 같이 자연적 발생원과 인위적 발생원으로 나눌 수 있다. 황사, 산불, 화산폭발과 같이 인간의 활동과 관계없이 대기오염물질을 발생

1) 온실가스에 의하여 발생되는 기후변화 현상을 대기오염의 범주에 포함시키는 것에는 의견의 차이가 있으나 광의의 대기오염으로 포함하는 것이 타당하다.

2) 국립환경과학원, 2012.11, 대기환경연보(2011)

시키는 배출원을 자연적 발생원이라 한다. 자연적 배출원의 전형적인 예가 화산폭발이다. 시실리에 있는 화산 Aetna는 1년에 1백만톤으로 추정되는 양의 이산화황(SO_2)을 배출한다. 그러나 오염물질이 드물게 배출되고 고지대에서 일어나기 때문에 이로 인한 영향은 제한적이다. 반면에 기후변화와 사막화로 발생 빈도와 강도가 증가하고 있는 황사의 경우에는 인간생활에 미치는 직간접적 피해가 심대하다. 통상적으로 저감 관리대상이 되는 것은 이러한 자연적 발생원 보다는 주로 인간의 활동에서 비롯되는 오염물질, 즉 인위적 발생원이다.

인위적 발생원은 오염원의 특성에 따라 점오염원, 면오염원, 선오염원으로 구분할 수 있다. 점오염원은 대규모 공장, 발전소, 대형 난방시설과 같이 일정한 장소에서 지속적으로 다량의 오염물질을 배출하는 시설을 말한다. 면오염원은 소규모의 발생원이 다수 밀집해 있어 해당지역의 오염을 초래하는 것으로서 주택 또는 상가의 난방시설, 소형공장 밀집지역 등이 해당된다. 선오염원 또는 이동오염원은 자동차, 선박, 철도와 같은 교통수단으로서 이동하면서 오염물질을 배출하는 것을 말한다. 점오염원은 일반적으로 오염물질이 굴뚝을 통해 배출되어 확산 범위가 넓은 특성이 있는 반면, 면오염원이나 이동오염원의 경우 해당 시설이나 자동차에서 배출되는 오염물질의 절대량은 점오염원에 비해 적으나 배출지점이 지상에 가까워 배출되는 지역에 직접적인 영향을 미치는 특성이 있다.

표 3.2 • 대기오염 배출원의 구분

구분		주요 배출원	오염물질 발생 특징
고정 배출원	점오염원	공장, 발전소, 대형 난방시설	– 특정시설에서 다량 발생
	면오염원	취락지역, 소규모 공장 밀집지역	– 소량 발생원이 밀집
이동 배출원	선오염원	자동차, 선박, 기차, 항공기 등 교통수단	– 이동하면서 발생

다. 대기오염물질의 분류

대기오염물질은 대기환경보전법에서 “대기 중에 존재하는 물질에 대한 심사 · 평가결과 대기오염의 원인이라고 인정된 가스상 · 입자상 물질”로 정의하고 있다.[3] 대기오염은 이러한 대기오염물질이 일정 수준 이상 존재하는 상태이며 대기오염물질은 물리적 형태

3) 대기환경보전법 제2조

에 따라 입자상 오염물질과 가스상 오염물질로 구분된다. 대기 중에 존재하는 입자상 물질은 입자로서 대기 중으로 직접 배출되는 것도 있고, 가스상으로 배출된 물질이 화학적 변환과정을 거쳐 입자로 응결되는 경우도 있다. 이산화황(SO_2), 이산화질소(NO_2), 일산화탄소(CO), 오존(O_3)은 가스상 물질의 예이고, 먼지, 매연, 검댕 등은 입자상 물질에 해당된다. 대기환경보전법에서 규정한 주요 용어의 정의는 표 3.3과 같다.

표 3.3 • 대기오염물질 관련 용어의 정의

구분	정의
가스상 물질	물질이 연소 · 합성 · 분해될 때에 발생하거나 물리적 성질로 인하여 발생하는 기체상 물질을 말한다.
입자상 물질	물질이 파쇄 · 선별 · 퇴적될 때, 또는 기계적으로 처리되거나 연소 · 합성 · 분해될 때 발생하는 고체 · 액체상의 미세한 물질을 말한다.
특정대기유해물질	유해성대기감시물질의 심사 · 평가 결과 저농도에서도 장기적인 섭취나 노출에 의하여 사람의 건강이나 동식물의 생육에 직접 또는 간접으로 위해를 끼칠 수 있어 대기 배출에 대한 관리가 필요하다고 인정된 물질로서 환경부령으로 정하는 것
휘발성 유기화합물	탄화수소류 중 석유화학제품, 유기용제, 그 밖의 물질로서 환경부장관이 고시하는 것

(자료: 대기환경보전법 제2조)

인위적 대기오염물질은 생성 메커니즘에 따라 공장의 굴뚝이나 자동차 등에서 대기로 직접 배출되는 1차 오염물질(primary pollutants)과 1차 오염물질이 물리적, 화학적 변환(광화학 반응)을 거쳐 간접적으로 생성된 2차 오염물질(secondary pollutants)로 나눌 수 있다. 2차 오염물질로의 변환이 일어나면서 당초 인체에 해가 없는 물질이 화학작용에 의해 고농도의 유해한 물질로 변화하기도 한다. 일산화질소(NO)에서 이산화질소(NO_2)로 변환하는 과정이 좋은 예다.

우리나라에서는 대기환경보전법에서 일산화탄소, 암모니아, 질소산화물, 황산화물 등 64종을 대기오염물질로 지정하고 있으며, 이중에서 사람의 건강, 재산이나 동식물의 생육에 직접 또는 간접으로 위해를 줄 우려가 있는 물질은 "특정대기유해물질"로 지정되어 있다. 현재 다이옥신, 벤젠, 사염화탄소, 포름알데히드 등 35종이 지정되어 있다.

표 3.4 • 국내 법규상 대기오염물질(64종)

번호	물질	번호	물질	번호	물질
1	입자상 물질	23	이황화탄소	45	베릴륨 및 그 화합물
2	브롬 및 그 화합물	24	탄화수소	46	프로필렌옥사이드
3	알루미늄 및 그 화합물	25	인 및 그 화합물	47	폴리염화비페닐
4	바나듐 및 그 화합물	26	붕소화합물	48	클로로포름
5	망간화합물	27	아닐린	49	포름알데히드
6	철 및 그 화합물	28	벤젠	50	아세트알데히드
7	아연 및 그 화합물	29	스타이렌	51	벤지딘
8	셀렌 및 그 화합물	30	아크롤레인	52	1, 3-부타디엔
9	안티몬 및 그 화합물	31	카드뮴 및 그 화합물	53	다환 방향족 탄화수소류
10	주석 및 그 화합물	32	시안화물	54	에틸렌옥사이드
11	텔루륨 및 그 화합물	33	납 및 그 화합물	55	디클로로메탄
12	바륨 및 그 화합물	34	크롬 및 그 화합물	56	테트라클로로에틸렌
13	일산화탄소	35	비소 및 그 화합물	57	1, 2-디클로로에탄
14	암모니아	36	수은 및 그 화합물	58	에틸벤젠
15	질소산화물	37	구리 및 그 화합물	59	트리클로로에틸렌
16	황산화물	38	염소 및 그 화합물	60	아크릴로니트릴
17	황화수소	39	불소화물	61	히드라진
18	황화메틸	40	석면	62	아세트산비닐
19	이황화메틸	41	니켈 및 그 화합물	63	비스(2-에틸헥실)프탈레이트
20	메르캅탄류	42	염화비닐	64	디메틸포름아미드
21	아민류	43	다이옥신		
22	사염화탄소	44	페놀 및 그 화합물		

(자료: 대기환경보전법 시행규칙 별표1)

라. 대기오염물질의 종류와 특징

(1) 입자상 오염물질(분진: Particulate matters)

입자상 오염물질은 아주 작은 액체상 또는 고체상 물질의 부유물이다. 흔히 입자(particle)라고 부를 때는 고체물질만을 의미하지만 에어로졸(aerosol)이라고 부를 때는 고체상 및 액체상의 부유물을 총칭한다. 입자상 오염물질은 연료의 불완전 연소나 기계적 분쇄 과정, 응축 및 고온 화학반응 등을 통해 생성되며 표 3.5와 같이 먼지(dust), 매연(smoke), 검댕(soot), 훈연(fume), 안개(fog), 박무(haze), 스모그(smog) 등과 같은 상태로 존재한다.

표 3.5 • 주요 입자상 오염물질의 정의

구분	정의	입경(μm)
먼지	대기 중에 떠다니거나 흩날려 내려오는 입자상 물질	1~100
매연	연소시 발생하는 유리탄소가 주성분인 미세한 물질	0.1~1
검댕	연소시 발생하는 유리탄소가 응결한 입자상 물질	1 이상
훈연	가스상 물질이 승화, 증류, 화학반응하면서 응축하여 생성된 물질	1 이하
연무	증기의 응축 또는 화학반응으로 생성되는 액체입자(주성분은 물)	0.5~3
박무	시야를 방해하는 입자상 물질(수분, 오염물질, 먼지 등으로 구성)	습도 70% 이하
안개	대기의 작은 물방울이 모여 시정거리 1 km 이하인 상태	습도 70% 이상

대기에 존재하는 입자상 오염물질은 각각 다른 크기, 모양과 색깔을 가지고 있다. 그림 3.2는 대기 중 부유분진의 크기를 전자기 파장과 비교한 것이다. 일반적으로 입자의 직경이 2.5 μm 미만의 미세입자(fine particle)와 2.5 μm 이상의 조대입자(coarse particle)로 나눌 수 있다.[4] 법적 용어로는 10 μm 이하인 입자의 분진을 미세먼지(PM_{10}), 2.5 μm 이하인 경우를 초미세먼지($PM_{2.5}$)로 구분한다.[5] 미세먼지의 경우 비산먼지나 경유 자동차의 배기가스처럼 배출원에서 직접 배출되는 경우도 있지만(1차 오염물질), 휘발성 유기화합물(VOCs), 황산화물(SO_x), 질소산화물(NO_x) 등이 대기 중에서 반응하여 생성되는 2차 오염물질이 대부분이다.

미세먼지는 다른 어떤 오염물질보다 인체에 미치는 영향이 크다. 특정 농도 이하에서 인간에 대한 악영향이 없는 임계값(threshold)도 없는 것으로 알려져 있다. 천식과 같은 호흡기계 질병을 악화시키고, 폐질환, 조기사망[6]의 요인이 되며 폐암을 일으킬 수 있다.

4) 10 μm를 기준으로 미세입자(분진)와 조대입자(분진)로 구분하기도 한다.

5) $PM_{2.5}$는 입자가 미세하여 코 점막을 통해 걸러지지 않고 흡입시 폐포까지 직접 침투하기 때문에 PM_{10} 보다 훨씬 위해하다. 따라서 WHO, EU, 미국 등에서는 PM_{10}이 아닌 $PM_{2.5}$를 기준으로 환경기준을 설정하고 관리한다. 우리나라도 2010년대 이후 $PM_{2.5}$ 관리정책으로 전환하였다.

6) 서울의 $PM_{2.5}$ 10 $\mu g/m^3$ 증가당 1일 조기사망률이 0.8% 증가(2009, 국립환경과학원 · 인하대)

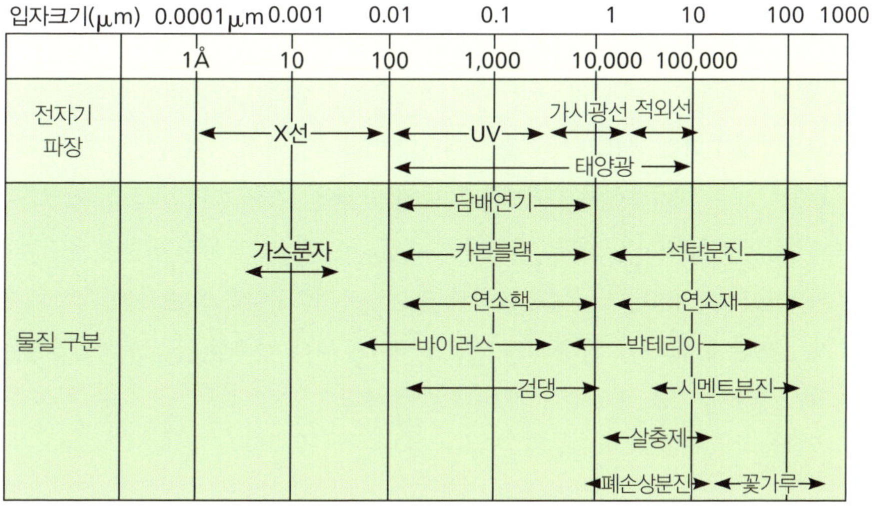

그림 3.2 • 대기중 입자의 크기

EU의 경우 초미세먼지로 인한 평균 수명 감소가 8.6개월이라는 보고[7]도 있다. 또한 미세먼지는 시정을 악화시키고, 식물의 잎 표면에 침적되어 신진대사를 방해하며, 건축물에 퇴적되어 조각물이나 동상을 부식시킨다. 미세입자의 다른 측면에서의 중요성은 중금속의 농축에 관한 것이다. 입자의 크기가 작아짐에 따라 표면적이 증가하므로 입자가 중금속 성분을 함유하고 있을 때, 미세한 입자일수록 중금속의 농축률은 급격히 증가한다.

거대입자는 주로 바람에 날린 토양의 먼지 및 해염, 각종 기계적 분쇄과정을 거쳐 생성되며 상대적으로 대기오염에 미치는 영향이 적다. 대부분의 거대입자는 수분 또는 수 시간 내에 지면에 낙하하기 때문이다. 하지만 직경이 10 μm 이하인 입자는 호흡계 질환을 가진 사람이 호흡하는 경우 심각한 영향을 미칠 수 있다. 정상적인 호흡과정에서 거대한 입자일수록 비강 경로에서 여과되기 때문에 문제가 되지 않는다.

입자상 오염물질로 인한 또 다른 피해는 시야를 감소시키는 것이다. 입자는 빛을 흡수하기도 하고 산란시키기 때문이다. 특히 도시지역에서 미세입자는 태양광의 투과를 많이 감소시킨다. 한편 입자상오염물질이 광산란을 할 경우 일출 · 일몰시에 멋진 붉은 노을을 만들어 내기도 한다.

---

7) WHO, 2005, WHO Air quality guideline for particulate matter, ozone, nitrogen dioxide and sulfur dioxide

(2) 가스상 오염물질(Gaseous pollutants)

가스상 오염물질은 대기 중에 작은 양이 존재하지만 유해하고 불쾌한 영향을 주기 때문에 대기오염에서 가장 중요한 비중을 차지한다. 연소과정에서 생성되기도 하고, 액체의 기화과정에서, 또는 대기중에서 화학반응을 통해 만들어지기도 한다. 예로서 이산화질소(NO_2)는 일산화질소(NO)의 산화반응으로, 오존(O_3)은 질소산화물과 휘발성 유기화합물의 광화학 반응으로 생성된다. 질소산화물과 휘발성 유기화합물은 오존, 이산화질소, 미세먼지의 생성과 관계되고 서로의 농도에 영향을 미치게 된다. 주요한 가스상 오염물질은 탄소함유 가스, 황함유 가스, 질소함유 가스, 오존 등이다.

① 탄소함유 가스

탄소함유 가스에는 일산화탄소(CO), 탄화수소 및 산화탄화수소 등이 있다. 일산화탄소는 화석연료가 산소가 부족한 상태에서 불완전 연소할 때 주로 생성되며, 무색 무취의 독성을 가진 가스이다. 우리나라의 경우 실외 공기 중의 CO의 연평균 농도는 대부분 허용기준을 초과하지 않으나, 저농도에서라도 만성 노출시는 주의가 필요하다. 일산화탄소(CO)는 혈액 중에서 산소운반 역할을 하는 헤모글로빈을 카르복실헤모글로빈(COHb)으로 변환시켜 산소의 운반기능을 떨어뜨림으로서 두통과 현기증을 유발한다. 유독성이 있어 고농도일 경우 건강한 사람에게도 치명적일 수 있다.[8] 과거 우리나라에서 연탄 난방으로 인한 CO 중독 현상이 많이 발생한 것은 세계적으로 잘 알려져 있다. 현재는 주로 교통수단에서 배출되고, 산업공정, 연료연소, 산불 등에 의해서도 일부 배출된다.

탄화수소류(HC)는 불완전 연소 과정이나 휘발유, 연료유 및 용매의 증발과정에서 생성된 화합물로 탄소와 수소의 다양한 비율로 구성된 화합물이다. 산화탄화수소류(HCO)는 탄소, 수소 및 산소로 구성된 화합물로서, 연소과정에서 생성되기도 하고, 태양광의 존재 하에 탄화수소와 산소의 광화학 반응으로 만들어지는 2차 오염물질이기도 하다. 탄화수소와 산화탄화수소의 대부분은 유해성 물질이며, 벤젠(C_6H_6)은 대표적 발암물질이다.

② 황산화물(SO_X)

연료 중의 황 성분이 연소할 때 산소와 결합하여 생성되어 대기 중으로 배출되는 이산

8) 우리나라는 1980년대까지 도시지역의 난방연료로 연탄을 많이 사용하여 불완전연소로 인한 CO 중독사고가 많이 발생하였다.

화황(SO_2), 삼산화황(SO_3)을 묶어 황산화물(SO_x)로 나타낸다. 주요 대기오염물질인 이산화황은 물에 잘 녹는 무색의 자극성이 있는 불연성 가스이다. 화석연료의 연소, 황 함유 금속의 제련공정, 발전, 난방, 자동차 엔진 연소 등에 의해 발생된다. SO_2는 대기중의 다른 물질과 반응하여 황산 입자와 황산염과 같은 화합물을 만들어 낸다. 고농도시 콧물, 담, 기침이 나오고 호흡곤란을 초래하며 심한 경우 기관지염, 폐수종, 폐렴 등 호흡기질환을 유발하기도 한다. 또한 질소산화물과 함께 산성비의 주요 원인물질로서 토양, 호수, 하천의 산성화를 초래하고 식물의 잎맥 손상 및 성장저해, 각종 건물이나 구조물의 부식을 촉진시킨다. 이산화황은 연료의 황함량 규제가 미흡한 경우 많이 발생하므로 석탄을 다량 사용하는 개도국에서 심각한 문제가 된다.

이밖에 황 함유 오염가스로 메르캅탄(mercaptan)과 황화수소(H_2S)가 있다. 메르캅탄은 탄소, 황, 수소의 혼합물로서 황화수소와 더불어 유기물이 분해할 때 발생한다. 이들 가스들은 흔한 오염물질은 아니지만 달걀 썩는 냄새를 유발하므로 발생 여부를 쉽게 알 수 있다.

③ 질소산화물(NO_x)

질소함유 가스에는 산화질소(NO), 이산화질소(NO_2), 일산화이질소(N_2O) 등이 있는데, 주로 NO와 NO_2를 질소산화물(NO_x)이라고 한다. NO는 무색으로 고온에서 연료의 연소로 발생되며 비교적 해가 없는 가스이다. 산소와 반응하여 NO_2를 형성하는데 이 반응은 광화학적 스모그가 일어나는 조건에서 잘 일어난다. NO_2는 자극성 가스이고 노란 갈색을 띄며, 고농도에서는 갈색을 띤다. 고농도의 이산화질소에 노출되면 눈, 코의 점막 손상에서 만성 기관지염, 폐렴, 폐출혈, 폐수종의 발병으로 이어질 수 있다. 식물세포를 파괴하여 식물의 잎에 갈색이나 흑갈색의 반점을 만들기도 한다. 또한 휘발성 유기화합물과 반응하여 오존을 생성하는 전구물질의 역할을 하며 초미세먼지의 주요한 구성 성분이다. 질소산화물의 주요 생성원으로는 화력발전소, 난방시설, 산업용 연소장치 등의 "고정 배출원(stationary source)"과 자동차, 기차 등 "이동 배출원(mobile source)"이 있다. 질소산화물은 광화학적 스모그와 산성비의 원인이 되며 선진국에서도 황산화물에 비해 오염농도가 높게 나타나는 경우가 많다.

NO와 NO_2 이외에 질소함유 가스에는 유기질소 화합물이 있으며 이는 탄소, 수소, 질소로 이루어져 있다. PAN(Peroxyacetyl nitrate)은 광화학적 반응으로 생성되는 잘 알려진 유기질소 화합물 중의 하나로 식물에 큰 피해를 준다.

④ 오존

오존(O_3)은 산소 원자 3개로 이루어져 있으며 폭우 뒤의 신선한 공기에서 나는 냄새를 지닌 무색의 기체이다. 오존은 대기 중에서 자연적으로 생성되며, 지표 가까이에서는 태양광이 있을 때 질소산화물과 탄화수소의 화학반응에 의해서 생성된다. 오존은 크게 3가지 발생원이 있다. 첫째로, 성층권에서 산소와 자외선이 관여하는 광화학반응으로 오존이 생성된다.[9] 이 성층권의 오존은 공기의 거대한 흐름에 의해 지표면 가까이까지 내려오며, 때로는 고농도의 오존이 지표에서 측정되기도 한다. 둘째로, 번개에 의해 생성되는 것이 있으나 무시해도 좋을 정도의 미량이다. 셋째로, 대류권에서 오존은 자동차, 공장, 가정에서 대기 중으로 배출된 질소산화물과 휘발성 유기화합물(VOCs)이 햇빛에 의한 광화학반응을 일으키면서 생성된다. 대기 중에서 측정되는 오존의 대부분은 이렇게 생성된 오존이며 여름철에 잘 나타나는 광화학 스모그의 가장 큰 인자가 된다.

고농도의 오존에 반복하여 노출하는 경우에는 호흡기에 피해를 줄 수 있는데 가슴의 통증, 기침, 메스꺼움, 목의 자극을 유발한다. 기관지염, 심장질환, 폐기종 및 천식을 악화시키고, 폐활량을 감소시킬 수 있다. 특히 기관지 천식환자나 호흡기 질환자, 어린이, 노약자에게는 영향이 크다. EU의 연구결과에 따르면 10 $\mu g/m^3$ 이상의 오존에 노출될 경우 하루 사망률이 0.3%, 심장병 발병이 0.4% 증가한다고 한다.[10] 또한 농작물과 식물에 직접적으로 영향을 미쳐 수확량이 감소되고 잎이 말라 죽기도 한다.

⑤ 벤젠

벤젠(C_6H_6)[11]은 색깔이 없는 투명한 액체로 휘발유와 비슷한 냄새가 난다. 공기 중으로 쉽게 날아가는 휘발성이 있어 주로 공기 중으로 배출되며, 물이나 토양으로 배출된 경우에도 대부분 휘발되어 공기 중으로 이동한다. 주로 벤젠을 원료로 사용하는 석유화학공장에서 많이 배출되며 자동차 배출가스나 주유소에서 자동차 연료를 주입할 때 배출되기도 한다. 과거에는 세정제 등의 용제에도 널리 포함되었으나, 현재는 상당수가 비독성 유기용제로 대체되고 있다.

9) 성층권 오존은 대기오염물질인 지표면 오존과 달리 태양에서 오는 자외선을 차단하는 보호막 역할을 한다.
10) WHO, 2005, WHO Air quality guideline for particulate matter, ozone, nitrogen dioxide and sulfur dioxide
11) 벤젠은 방향족 탄화수소 물질이나 대기오염에서 중요한 물질이므로 별도로 설명한 것이다.

단기간에 높은 농도의 벤젠에 노출되면 마취된 것과 같은 졸린 증상이 나타나고 호흡곤란이나 심한 경우 혼수상태에 빠질 수 있다. 만성중독일 경우 혈액 장애, 간장 장애를 일으키고 재생불량성 빈혈, 백혈병을 일으키기도 한다. 국제암연구센터(IARC)에서 발암물질로 규정하고 있다.

(3) 기타 오염물질

이외에도 유해한 대기오염물질로는 암모니아, 염소, 염화수소, 불소, 불화수소, 황화수소, 시안화수소, 이황화탄소 등이 있으며, 중금속으로 납, 카드뮴, 수은, 니켈, 크롬 등이 있다. 이들 물질은 전체 대기 중에 골고루 분포되기 보다는 특정한 배출시설 중심으로 국지적으로 분포하며, 제조공정에서 많이 배출되므로 공단 지역에서 피해 사례가 많이 보고되고 있다. 예로서 중금속 물질중 납화합물은 건전지, 축전지, 인쇄, 페인트 공업에서 많이 발생하고 수은은 수은 광산, 수은 제련, 온도계 제조 등을 통해서 발생한다.

3.3 세계적인 대기오염사건

가. 런던 스모그

1952년 12월 4일 영국 런던은 구름과 짙은 안개로 낮에도 앞을 분간할 수 없을 정도로 어두웠고 갑자기 추워진 날씨에 습도는 80%가 넘는 기상 상황이었다. 당시 난방 연료는 주로 석탄을 사용하였고, 연소가스가 정제되지 않은 채 대기 중으로 배출되고 있었다. 이 날은 바람이 전혀 불지 않아 연소가스가 대기로 확산되지 못해 정체하였고, 연소가스와 짙은 안개가 합쳐져 스모그를 형성하였다. 이 스모그 현상이 1주일 이상 계속되었고 사건 발생 후 3주 동안에 호흡 장애와 질식 등으로 4,000여 명이 사망하였다. 이후로도 만성 폐질환으로 8,000여 명의 사망자가 더 늘어나 총 1만 2000여 명이 사망한 최악의 대기오염 사고였다.

영국은 산업혁명의 선도국가로서 그 이전에도 1909년 가을 글래스고와 에든버러에서 스모그로 1,000명 이상의 사상자가 발생하는 등 대기오염이 매우 심각한 상태였다. 이를 계기로 영국은 1953년 대기오염 실태와 대책을 연구하는 위원회를 설치하였으며 이 위원회가 제출한 보고서를 바탕으로 세계 최초로 1956년에 대기청정법을 제정하였다. 가정용 연료를 석탄에서 천연가스로 바꾸기 시작하였고 연소가스를 규제하기 시작한 것이다. 당시 산업화된 국가들에게 대기오염에 대한 경각심을 일깨우는 계기가 되었다.

표 3.6 • 세계 대기오염 사건 개요

장소 및 연도	대기오염 조건	주요 오염물질	영향
벨기에 뮤즈 계곡 (1930년 12월)	계곡지대, 공장밀집, 기온강하 및 무풍으로 기온역전, 안개	SO_2, CO, 분진 등	60여명 사망, 가축 폐사
미국 도노라시 (1948년 10월)	분지 · 계곡지형, 공장지대, 무풍(기온역전), 안개	SO_2, 황산과 미세에어로졸 혼합	18명 사망, 6천여명 질환 발생
영국 런던 (1952년 12월)	하천인근의 인구 · 공장 밀집, 무풍(기온역전), 고습	SO_2, 분진 등	4천여명 이상 사망
미국 LA (1950년대 이후)	해안분지, 해양성기후, 차량급증과 인구증가	자동차 배기가스 (NO_x, HC 등)	신종 스모그로 질환자 급증

나. 로스앤젤레스 스모그

미국 로스앤젤레스에서 1930년대부터 문제가 된 대기오염물질은 다른 도시와 마찬가지로 산업화에 따른 분진이었다. 런던 스모그와 유사한 오염현상이었던 것이다. 그런데 1940년대 중반부터 대기에 황갈색을 띠는 안개가 나타나면서 눈이 따갑고 눈물이 나는 현상이 잦아지기 시작하였으며 특히 더운 여름철인 8~9월 중 기온이 높아지는 정오경에 자주 일어났다. 미국 정부는 스모그 통제방법으로 탄화수소 배출을 줄이도록 했고 정유공장의 배출에 대하여도 엄격한 통제를 가하여 심각한 상황은 다소 완화되었다.

이러한 대기오염 현상의 원인은 1951년에 과학자 하겐 스미스에 의해 밝혀졌는데, 자동차로부터 배출되는 탄화수소, 질소산화물, 황산화물 등이 강렬한 태양빛에 의하여 유독한 스모그를 형성한다는 것이었다. 이러한 스모그를 이산화황과 안개에 의해 발생되는 스모그와 구분하여 광화학 스모그라고 하며, '로스앤젤레스형 스모그'라고도 한다. 이러한 현상은 자동차 보급이 확산되면서 차량 운행량이 많고 인구가 밀집한 지역에서 주로 나타나며 서울에서도 1980년대 이후 이러한 스모그현상을 종종 발견할 수 있다. 미국 캘리포니아주가 세계에서 가장 강력한 자동차 배출가스 규정을 갖고 있으며 전기자동차 도입을 강력히 추진하는 것도 이러한 경험과 무관하지 않다.

스모그(Smog)란?

스모그는 연기(smoke)와 안개(fog)가 결합된 상태를 의미하는 용어였으나 현재는 대기 오염물질로 하늘이 뿌옇게 되는 현상을 통칭하는 용어로 사용된다. 스모그 현상은 화석연료의 연소로 발생하는 이산화황, 일산화탄소가 주요 요인인 런던형 스모그와 자동차 배기가스 중의 질소산화물, 탄화수소 등으로 인한 LA형 스모그(광화학 스모그)로 구분할 수 있다. 현재 중국을 비롯한 개도국의 대도시에서 발생되는 스모그는 두 형태가 결합하여 일어나는 혼합형 스모그로 볼 수 있다. 우리나라에서 가끔 발생하는 스모그도 혼합형에 가깝다.

다. 벨기에 뮤즈 계곡(Meuse Valley) 사건

1930년 12월 겨울에 벨기에의 공장 밀집지역인 뮤즈 계곡에서 발생한 사고이다. 이 지역은 초겨울에 온도가 급강하하면서 지표면의 대기온도가 감소하는 기온역전 현상이 자주 발생하는 곳인데 당시 바람이 불지 않아 공장에서 배출된 이산화황, 불소화합물, CO, 미세먼지 등이 20여 km 구간에 걸쳐 연무 상태로 3일 동안 정체되면서 60여명이 수 일만에 사망한 사고이다. 이후 사고의 여파로 심장병 혹은 폐질환을 갖고 있던 노인들의 사망

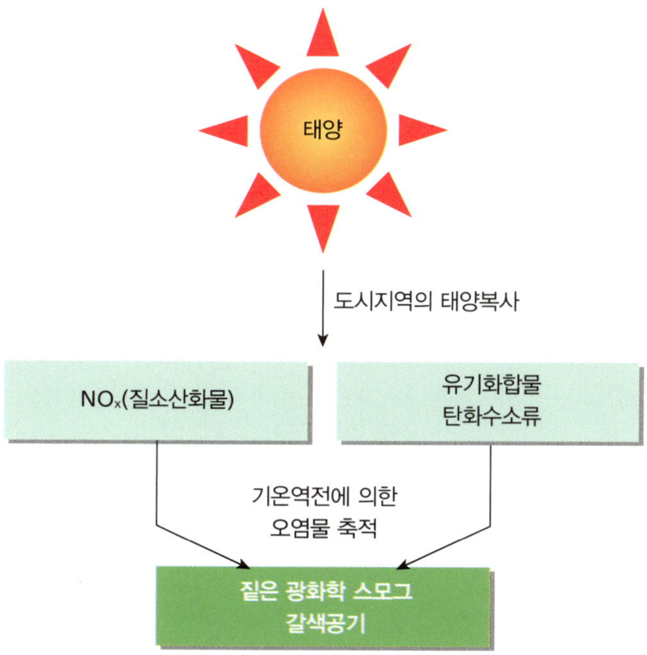

그림 3.3 • 광화학 스모그 생성과정

률이 증가하였고 수 백명의 급성호흡기 질환자가 발생하였다. 인명 피해 뿐만 아니라 가축과 주위 수목이 대부분 고사함으로써 뮤즈 계곡은 일시에 죽음의 계곡으로 변하였다. 산업화에 따른 대기오염의 심각성을 경고한 대표적인 사고이다.

라. 미국 도노라(Donora) 사건

1948년 10월 미국 펜실베니아주의 공업도시 도노라시에서 발생한 사고로 4일간의 무풍 상태에서 기온역전으로 주로 공장에서 배출된 이산화황 가스가 정체되고 안개와 함께 연무가 발생하여 도시 인구 14,000명 중 6,000명이 심장질환, 기침, 호흡곤란 등을 겪었고 18명이 사망한 사고이다. 산업화 과정에서 도시 전체에서 발생한 대기오염 사고이다.

3.4 대기오염의 영향

가. 인체에 미치는 영향

대기오염으로 인한 사망자가 연간 130만 명이라고 보고[12]되었듯이 대기오염은 인간의 건강과 생활환경에 많은 영향을 미친다. 특히 기상학적 · 지형적 특성 때문에 대기오염물질이 희석되지 않고 농도가 단기간에 증가하게 될 때 심각한 건강상의 문제를 야기한다. 인체의 호흡기는 대기오염의 직접적인 피해를 받는다. 코에서 허파까지의 기도 내면에서 오염물질의 큰 입자는 거를 수 있으나, 작은 입자나 가스는 허파 깊숙이 침투하기 때문이다. 대기오염물질은 기도에 걸린 오염물질과 점액을 운반하는 섬모의 운동을 멈추게 하거나 약화시킨다. 따라서 점액은 짙게 증가되어 기도를 압박하게 되며, 호흡기 질환은 이런 현상이 누적될 때 일어나게 된다. 또한 기도에서 미생물이 완전히 제거되지 않기 때문에 감염을 유발할 수도 있다. 최근 초미세먼지의 관리 필요성이 증대하는 이유도 인간 건강에 심대한 영향을 미치기 때문이다. 이러한 대기오염은 다른 환경오염과 달리 각자가 스스로 제어하기 어렵고 노출을 피하기도 어렵기 때문에 공공정책으로서의 대기보전 정책이 매우 중요하다.

12) WHO, 2005, WHO Air quality guideline for particulate matter, ozone, nitrogen dioxide and sulfur dioxide

중국발 미세먼지의 해결책

2000년대 이후 미세먼지 농도가 수시로 증가하는 현상이 나타나고 있으며 2019년의 경우 최고 일평균 200 μg/m^3(PM_{10} 기준)를 넘어서는 대기오염 현상이 나타나고 있다. 종전에는 봄철에 부는 황사만 주의하면 됐는데 이제 계절에 관계없이 먼지가 중국으로부터 날아오고 있는 것이다.

이 미세먼지는 호흡기 등 인체건강에 많은 영향을 미친다. 더욱이 피해정도가 큰 초미세먼지($PM_{2.5}$)의 농도가 상대적으로 높아 대책 마련이 시급하다. 중국정부도 비상대책을 강구하고 있으나 단기간에 개선되기는 어려울 것으로 보인다. 이러한 월경성 대기오염 문제는 국제법적으로 쉽게 해결되기도 어렵다. 1970년대 유럽 대륙의 대기오염물질로 피해를 입은 북유럽 국가들이 문제를 제기했던 사례나 북미지역의 사례를 참고하여 중국과의 협력방안을 모색해야 한다.

나. 식물에 미치는 영향

대부분의 식물은 대기오염물질에 민감하다. 일부 식물은 특정 오염물질에 대해 가시적인 피해를 보이기 때문에 그 지역의 오염 정도를 추정하는 대기오염의 지표로 사용되기도 한다. 오염물질은 좁은 기공을 통해 잎으로 들어가게 되므로 입자상 오염물질보다는 가스상 오염물질에 직접적으로 반응을 나타내며 피해 정도는 오염물질의 특성, 기후조건, 토양조건, 생물학적 요인 등에 따라 다르게 나타난다. 또 농작물의 생산에도 영향을 미친다. 즉, 작물의 생산시기를 연장 또는 단축시키거나 생산량을 감소시킬 뿐 아니라 생산비용을 증가시키기도 한다.

다. 재산 및 타 물질에 미치는 영향

대기오염물질은 주변 환경을 더럽히는 것은 물론 금속을 부식, 변색시키고 고무제품을 노화시키며 의류, 가구를 오염시키기도 한다. 또한 건축물이나 기념물을 부식시키고 면, 모, 실크, 나일론 등의 섬유를 약화시킨다. 오존, SO_2와 같은 반응성 기체와 황산, 질산 같은 산은 섬유의 노화와 건축물의 부식을 촉진하는 주요한 물질이다. 대기 중에 많이 노출되는 철의 부식은 오염물질의 성상과 수분, 온도 등 기상조건의 영향을 받는다. 물론 오염정도가 클 경우 부식되는 속도는 빠르게 된다. 예를 들어, 영국 산업지대에서의 부식 정도는 아프리카 건조지역의 100배 가량 된다. 이외에도 물질에 다양한 영향을 미치는데 우수한 전기 전도성 때문에 전자산업에 많이 쓰이는 구리와 은의 경우 H_2S와 같은 오염물질에 노출되면 황의 피막이 생겨 전기 접합부의 저항이 높아지게 된다. 이와 같이 대기오염물질은 타 물질의 기능을 저하시키는 부정적 영향을 미친다.

라. 기상에 미치는 영향

대기오염은 시정거리를 단축시켜 교통 소통에 방해를 주고 심미적으로 악영향을 미친다. 대기오염물질이나 토양 비산먼지가 적을 경우에 시정은 주로 지형 조건에 영향을 받으나, 대기 중에 오염가스나 미세먼지가 많을 경우에는 광산란에 의해 영향을 많이 받는다. 대기오염물질은 대기의 색깔을 변화시키기도 한다. 이 같은 현상은 대도시에서 흔히 볼 수 있는데, 특히 오염물질의 입자크기가 0.3 μm～1.0 μm 정도로 작은 경우, 광산란에 의한 “갈색 구름” 현상이 나타난다. 갈색 기체인 이산화질소의 영향으로 이런 현상은 가중된다. 또 이산화황, 탄화수소, 질소산화물 등 가스상 물질은 광화학반응을 통해 더욱 많은 입자상 물질을 생성시킨다. 이들 입자상 물질은 강수 외에는 쉽게 제거되지 않고 배출원으로부터 수천 km까지도 이동하기도 한다.

이외에도 오염물질이 기상에 미치는 영향은 다양하다. 첫째, 안개 발생 빈도가 증가된다. 일반적으로 안개는 상대습도가 100%가 될 때 생기지만 황산염이나 질산염과 같은 입자상 물질은 물과 결합하여 상대습도가 100% 미만에서도 안개를 만든다. 둘째, 강수량

표 3.7 • 주요 대기오염물질의 영향

항목	피해	발생원
먼지	시정장애, 폐질환의 악화, 금속의 부식, 화학반응의 촉진 등	가정용 난방, 차량 배기가스, 타이어 마모, 나대지 등
오존	폐기능 손상, 눈, 코, 목 등 호흡기관 점막 자극, 작물 및 수목잎의 변색, 고무의 균열 등	차량 배기가스 중 포함된 이산화질소의 광화학적 분해에 의해 생성
이산화질소	호흡기 점막 자극, 금속의 부식, 식물생육 방해, 갈색 연무의 발생 등	산업체 및 화력발전소의 연료사용, 가정용 난방, 차량 배기가스 등
이산화황	호흡기 점막 자극, 만성 기관지염, 천식, 식물잎의 피해, 건물 및 동상의 부식 등	산업체 및 화력발전소의 연료사용, 가정용 난방, 차량 배기가스 등
탄화수소	암 발생률의 증가, 식물 생육 장애, 식물잎 및 싹의 비정상적 생장 등	차량의 배기가스(특히 경유차량), 가정 및 산업체의 연료사용 등

을 증가시킨다. 대부분의 작은 입자는 구름 생성에 필요한 핵으로 쓰일 수 있다. 따라서 입자상 오염물질의 배출이 많은 곳에 강수량이 증가할 수 있다. 셋째, 대기온도를 변화시킨다. 여기에는 온도상승과 하강 이론이 있을 수 있다. CO_2는 주로 화석연료의 연소과정에서 배출되며 온실효과를 일으켜 지구온도를 상승시킨다는 것이 온도상승 이론이다.[13] 한편으로 대기중의 입자상 물질이 태양광을 차단하여 에너지의 지상 도달을 방해하며 그 결과 지표면 온도가 하강하게 된다는 하강이론이 있으며 이를 차단효과라고 한다. 이와 같은 상반된 이론은 수 십년간 논란을 계속해 왔으나, 기후변화가 심화되면서 1990년대 이후에는 전자의 온실효과 이론이 과학적 지지를 받고 있다.

3.5 우리나라 대기오염 현황 및 기준

가. 대기질 현황[14]

대도시 기준으로 전반적인 대기오염 추세를 보면 1970~80년대에 가장 높은 대기오염도를 보이다가 서서히 개선되는 추세라고 할 수 있다. 오염물질별로는 SO_2와 CO의 오염도는 크게 감소하여 선진국 수준의 오염도를 나타내는 반면, NO_2와 PM_{10} 오염도는 개선

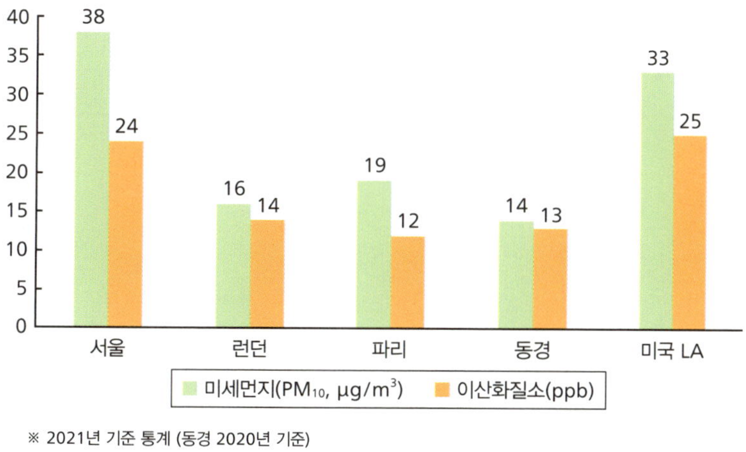

그림 3.4 • 선진국 주요도시와 대기오염도 비교(2021년)

13) 제14장 기후변화에서 자세히 설명한다.

14) Air Korea (한국환경공단)

속도가 느리고 여전히 선진국 도시들에 비해 2배 가까이 나쁜 상황이다. 연도별로는 1990년대까지는 대기오염 방지시설이 확충되는 시기로 감소율이 비교적 높았으나, 2000년대 이후로는 정체되거나 소폭 개선되고 있는 추세이다.

(1) 이산화황

이산화황 농도는 1980~90년대에 크게 개선되었다. 지난 10년간에도 승용차와 화물차가 증가하고 무연탄을 제외한 대부분의 연료 사용량이 증가 추세에 있음에도 불구하고 소폭 감소하고 있다. 일반적으로 개도국에서 이산화황 농도가 높은데 이는 도시지역에서의 석탄사용량이 많고 정화시설이 미흡하기 때문이다. 우리나라는 그간 황함유 기준 설정(1981년), 고체연료 사용금지(1985년), 청정연료 사용 의무화(1988년) 등 지속적으로 연료기준과 배출허용기준을 강화하여 후진국형의 이산화황 오염현상은 탈피했다고 볼 수 있다.

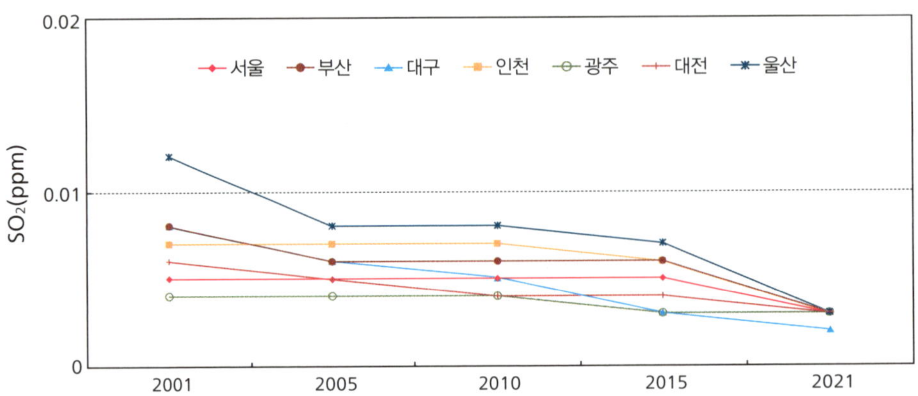

그림 3.5 • 주요 도시의 SO_2 변화 추이

(2) 이산화질소

이산화질소 농도는 전반적으로 개선되는 추세를 보이고는 있으나 개선속도가 매우 느리며 선진국에 비해 여전히 높은 수준을 유지하고 있다. 자동차 증가와 산업체의 배출량 증가가 주요 원인이다.

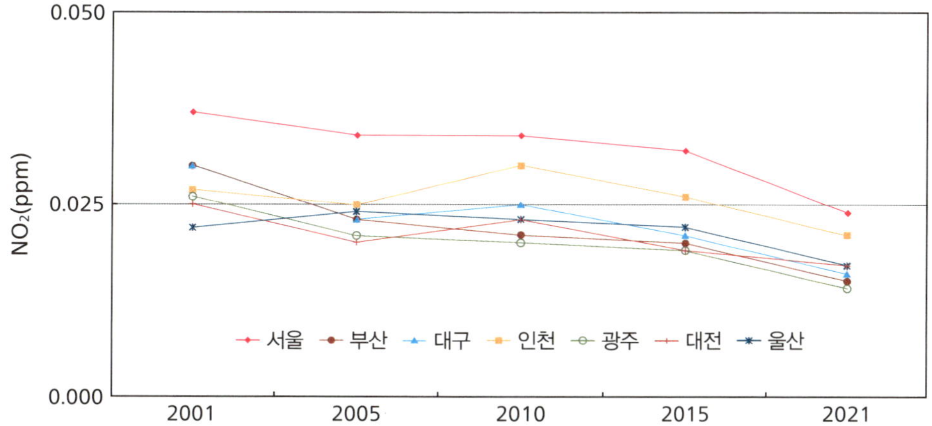

그림 3.6 • 주요 도시의 NO_2 변화 추이

(3) 미세먼지

주요 대도시의 2021년 연평균 PM_{10} 농도는 30~44 $\mu g/m^3$의 분포를 보이고 있다. 인천이 가장 높고, 광주가 가장 낮은 평균 오염도를 보이고 있으나 지역별로 큰 차이를 보이지는 않는다. 지난 10년간 서울지역이 비교적 많이 저감되었다. 전반적으로 지난 10여 년간 소폭 개선되는 추세를 보이고는 있으나 여전히 OECD 주요 선진국에 비교하면 매우 미흡한 상황이다. 최근 건강 위해성으로 문제가 제기되고 있는 $PM_{2.5}$의 경우는 더욱 열악한 실정이다.

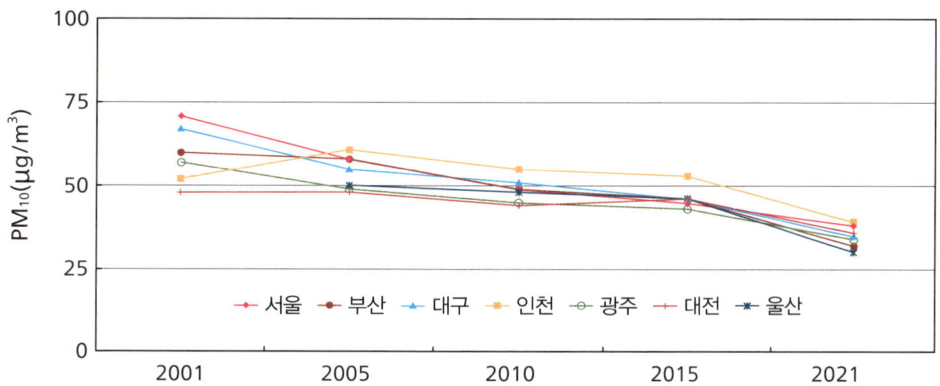

그림 3.7 • 주요 도시의 PM_{10} 변화 추이

나. 대기환경 관리 법규와 기준

(1) 대기환경보전 관련 법규의 발전과정

세계 제2차 대전이후 대부분의 선진국들은 대기오염물질을 제어하기 위해 법적 규제를 시작하였다. 우리나라는 환경보전법이 1977년 12월 제정되면서 환경기준 및 배출허용기준 설정, 환경오염도의 상시측정, 방지시설 설치의 의무화, 대기보전 특별대책지역의 지정 등 대기환경정책의 기본적인 제도들이 도입되었다. 1990년에 환경보전법을 6개 법률로 분법하면서 대기환경보전법과 소음 · 진동규제법이 제정되어 비로소 우리나라도 대기오염 전문 법제를 갖추게 되었다. 이후 2003년에는 '수도권 대기환경개선에 관한 특별법'이, 2004년에는 악취방지법이 제정되어 일반적 대기환경관리, 악취관리, 소음 · 진동관리, 실내공기질 관리, 수도권 대기질관리 등 분야별로 전문법규 체제를 완성하게 되었다.

최근 미세먼지의 저감 필요성이 증대되면서 2018년에는 '미세먼지 저감 및 관리에 관한 특별법'이 제정되었으며, '수도권 특별법'에 적용되는 제반 정책 수단을 전국적으로 확대하는 내용의 '대기관리권역의 대기환경개선에 관한 특별법'도 2019년에 제정되었다.

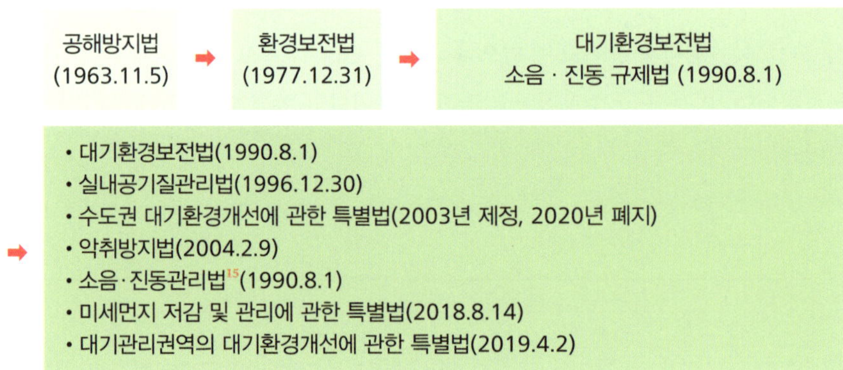

그림 3.8 • 대기환경보전 관련법의 변천과정

(2) 대기환경보전법의 주요내용

대기환경보전법은 표 3.8과 같이 오염원에 따라 사업장, 생활환경, 자동차 등 세 가지

15) 법률명을 "소음 · 진동규제법"에서 "소음 · 진동관리법"으로 변경하여 소음 · 진동이 관리의 대상임을 명확하게 하였다.

분야로 구분하여 오염원별로 규제 내용을 규정하고 있다. 제2장에서 사업장에 대한 배출허용기준과 인·허가 등 고정오염원 관리에 관한 내용을, 제3장에서 연료, 비산먼지 등 생활환경 관리에 관한 내용을, 제4장에서 이동오염원인 자동차 배출가스 관리에 관한 내용을 각각 규정하고 있다.

표 3.8 • 대기 환경보전법 체계

총칙	사업장	생활 대기오염	자동차·선박
– 목적 및 정의 – 대기오염 측정 – 기후·생태계 변화 유발물질 억제 – 국가기후변화적응센터 – 대기환경 개선계획 및 황사피해 방지대책	– 배출허용기준 및 배출량 조사 – 총량규제 – 배출시설 설치허가·신고 및 방지시설 설치 – 배출부과금	– 유류 황함유기준 – 연료사용 규제 – 비산먼지 규제 – 휘발성 유기화합물 규제	– 제작차 및 운행차 배출허용기준 및 인증 – 연료·첨가제 사전검사 – 선박 배출허용기준 – 자동차 온실가스 배출허용기준 – 저탄소차 협력금

(3) 대기 환경기준

대기환경보전정책[16]의 목표는 대기오염으로 인한 국민 건강이나 환경에 대한 위해를 예방하고 대기환경을 적정하고 지속가능하게 관리·보전하여 모든 국민이 건강하고 쾌적한 환경에서 생활할 수 있게 하는 것이다. 이러한 목표를 달성하기 위해 우선 국가적으로 달성해야 할 대기질 수준, 즉 대기 환경기준을 설정하고, 기준을 초과하지 않도록 사업장, 자동차, 건물 등 배출원별로 오염물질 관리대책을 추진하는 것이다. 즉 대기 환경기준은 강제적 기준이 아니라 국가가 지향하는 목표치라 하겠다.[17]

환경기준은 환경분야의 기본 법률인 환경정책기본법에서 규정하고 있으며, 대기, 소음, 물환경 등 분야별로 설정되어 있다.[18] 대기 환경기준은 1978년에 최초로 이산화황에 대한 기준을 정한 이후 표 3.9와 같이 현재 8개 항목을 규정하고 있다. 주요 선진국과 비교하면 측정기준이나 방법이 달라 일률적으로 평가하기는 어려우나 전반적으로 기준치가 근접해 있다. 초미세먼지($PM_{2.5}$)기준은 2011년 신설되었고 2019년에 연평균 15 $\mu g/m^3$으로 강화되었다.

16) 대기질을 개선하기 위해 정부가 취하는 일련의 행위이다.

17) 환경기준과 달리 배출허용기준은 배출자에게 의무적으로 부과되는 기준치이다. 따라서 배출허용기준을 준수하지 않는 공장 등의 배출자에게는 각종 벌칙이 부과된다.

18) 환경정책기본법 제12조

표 3.9 • 대기 환경기준

항목		1983년	2011년 이후[1)]
이산화황(ppm)		0.05/년 0.15/일	0.02/년 0.05/일 0.15/시간
일산화탄소(ppm)		8/월 20/8시간	9/8시간 25/시간
이산화질소(ppm)		0.05/년 0.15/시간	0.03/년 0.06/일 0.1/시간
먼지 (μg/m³)	총 먼지	150/년 300/일	–
	미세먼지 (PM_{10})	–	50/년 100/일
	초미세먼지[1)] ($PM_{2.5}$)	–	15/년 35/일
오존(ppm)		0.02/년 0.1/시간	0.06/8시간 0.1/시간
납(μg/m³)		–	0.5/년
탄화수소 (ppm)		3/년 10/시간	–
벤젠 (μg/m³)		–	5/년

※ 1) 2011년 $PM_{2.5}$기준 신설 (2015년 적용, 2019년 강화)

3.6 대기오염물질 저감 기술

가. 입자상 오염물질의 처리

입자상 오염물질에 대한 처리방식은 집진 원리에 따라 표 3.10과 같이 5개 장치로 구분되며 배출가스의 질, 가스량, 목표 제거기준 등을 고려하여 단위 장치를 조합하여 처리공정을 구성하게 된다.

첫째, 중력침강집진장치는 중력에 의한 자연침하식 제거방식으로 통상 크기가 50 μm 이상인 거대 입자를 제거할 수 있으나 효율이 낮고 공간을 많이 차지하므로 다른 처리장치의 전처리 시설이나 극히 제한적인 경우에 사용된다.

둘째, 원심력집진장치는 사이클론(Cyclone) 장치라 불리우며, 원심력을 이용하여 오염물질을 원통 속으로 강제 흡입하여 회전시켜 제거하는 장치이다. 고온의 가스를 처리할 수 있고 고효율 장치의 경우 3 μm의 입자까지도 제거가 가능하다. 비교적 설치비와 운영비가 저렴하여 많이 사용된다.

셋째, 세정집진장치(Wet scrubber)는 오염물질을 함유한 가스를 물로 세척하여 분진을 제거하는 방식이다. 분진뿐 아니라 가스상 오염물질도 제거되는 장점이 있으나 오염수를 폐수처리설비에서 별도로 처리해야 하는 단점이 있다.

표 3.10 • 집진장치의 원리와 특징

명칭	분리력	원리	장점	단점
중력침강 집진장치	중력	처리가스에서 큰 입경의 먼지를 중력으로 제거	장치 간단	효율 낮음
원심력 집진장치	원심력	처리 가스로부터 고체, 액체의 분진을 선회류에 의한 원심력으로 제거	설계 및 유지 간단, 고농도 및 큰 입자처리 가능	효율 낮음
세정 집진장치	응집력	액적, 액막, 기포 등을 이용하여 함진 가스를 세정시킴으로써 입자를 부착, 응집시켜 분리	고온 · 습윤가스 처리, 부식성 가스와 미스트 제거	부식성, 폐수처리 부담, 동결 위험
여과 집진장치	관성력, 차단	함진가스를 여과재에 통과시켜 먼지입자를 분리	작은 입경의 먼지제거 가능, 집진효율이 높음	여과속도 민감, 고온가스의 냉각 필요
전기 집진장치	정전기력	전기를 이용하여 전계를 형성하고 코로나 방전을 이용하여 입자를 분리, 제거	집진효율 높음, 고온가스 처리가능, 부식가스의 영향 적음, 유지비 적음	초기 설비 고가, 고전압의 위험

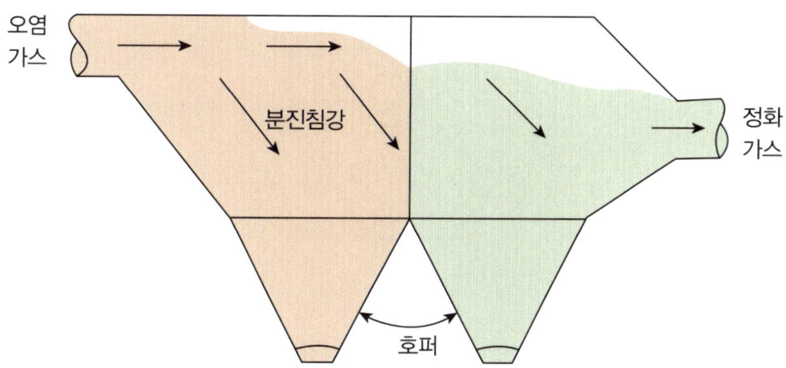

그림 3.9 • 중력침강집진장치의 구조

넷째, 여과집진장치(Bag Filter)는 가스를 합성섬유 등으로 제조된 여과재를 통과시키면서 여과재 표면에서 입자상 물질을 포집하는 장치이다. 0.01 μm의 미세입자까지 제거가 가능하고 제거효율이 높으나 설치비가 비싸다.

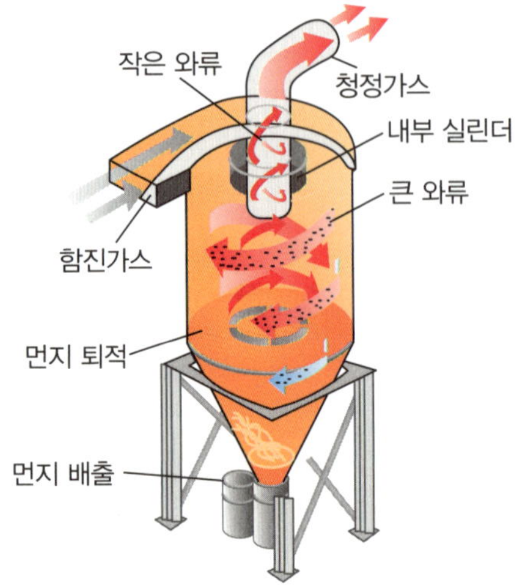

그림 3.10 • 사이클론의 구조

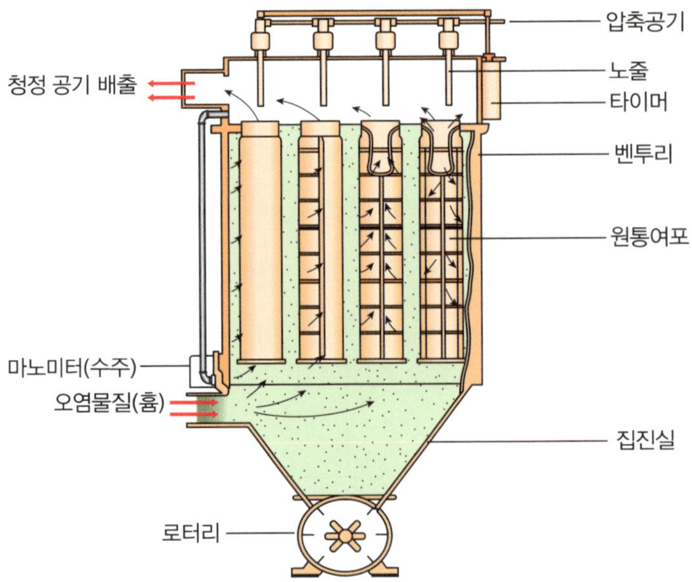

그림 3.11 • 여과집진기의 구조

마지막으로 전기집진장치(Electrostatic Precipitator)는 집진기 내에서 미립자를 강한 전기의 흡인 작용으로 빨아들여 제거하는 장치이다. 1 μm 이상의 입자에 대하여는 99% 이상의 높은 집진효율을 나타내나 설치비가 비싸 소규모 공장에서는 설치하기 어렵다.

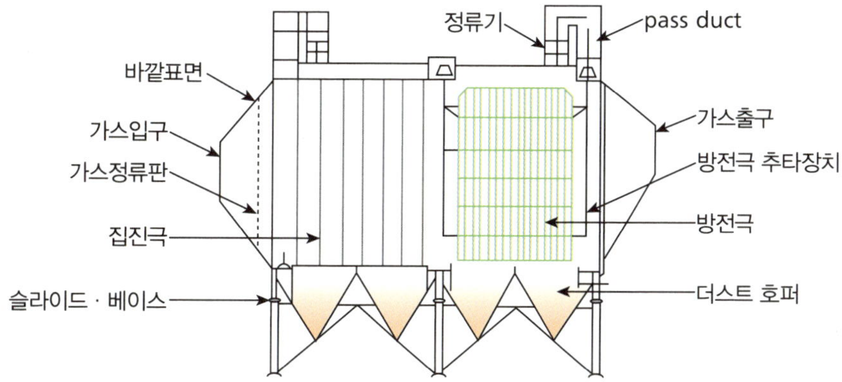

그림 3.12 • 전기집진기의 구조

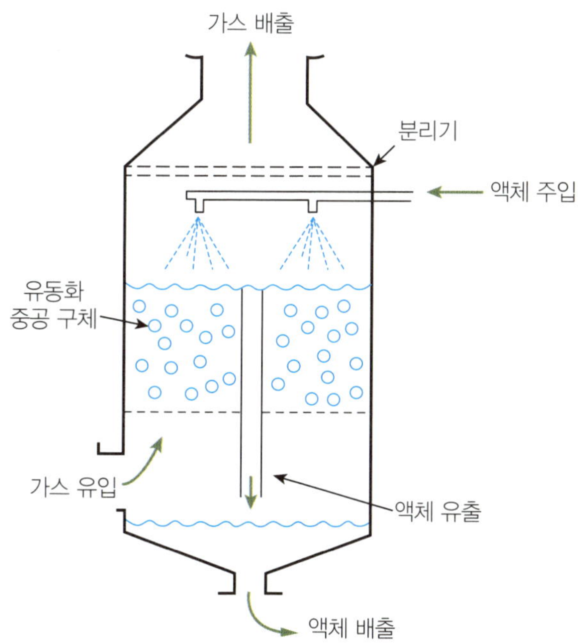

그림 3.13 • 세정집진장치의 구조

나. 가스상 물질의 처리

일반적으로 배출가스 혼합물 중의 가스상 오염물질은 다음 방법을 단독으로 또는 조합하여 저감할 수 있다.

(1) **흡착:** 오염물질을 선택성 고체 흡착제의 표면에 흡착시켜 제거하거나 가치있는 용매를 회수하는데 이용한다. 기체상 오염물질이 비연소성이거나 회수가치가 충분하고 배기가스의 오염농도가 낮을 때 유용하다.

(2) **흡수:** 먼저 불순물을 함유한 배기가스를 흡수액과 접촉시켜 오염물질을 흡수시키고 남은 정화 가스를 분리하는 방법이다. 액체를 분산시키는 장치로는 충진탑, 분무탑, 벤투리 세정장치 등이 있다.

(3) **소각과 재연소:** 오염물질을 태우거나 재연소시켜 오염물질이 아닌 다른 화학물질로 변환시키는 방법으로 배기가스 유출량은 많은 반면, 오염농도가 낮은 경우에 주로 사용된다. 악취물질, 유기성 에어로졸, 정유공장에서 배출되는 연소성이 큰 배출가스 등의 제거에 유용하다.

(4) **촉매전환법:** 일종의 산화법으로 고체 촉매상에서 오염물질을 산화 반응시켜 제거하는 방식으로 촉매를 사용하여 산화효율을 높이고 반응온도를 낮춰주는 것이다. 가솔린 승용차에 탄화수소와 일산화탄소 배출을 저감하기 위해 장착되는 3원 촉매장치가 대표적인 예이다.

(5) **응축법:** 기체 상태의 오염물질을 냉각시켜 액체 상태로 만들어 제거하는 방법이다.

다. 자동차 배출가스 처리

자동차는 차종, 사용연료, 엔진 등에 따라 오염물질이 다르게 나타나는데 차종은 크게 휘발유자동차와 경유자동차로 분류할 수 있다. 경유자동차는 휘발유자동차에 비하여 일반적으로 매연, 악취물질(알데히드류), 발암물질(벤조피렌) 등 유해물질을 더 많이 배출한다고 알려져 있으나 온실가스인 이산화탄소는 적게 배출한다.

자동차로부터 배출되는 오염물질은 매우 다양하고 복잡하다. 배기가스 저감장치로는 가솔린차의 삼원촉매장치, 경유차의 매연 후처리장치가 있다. 자동차 배기가스는 연료에 따라 크게 성상이 달라지는데 천연가스 차량의 경우 오염물질 발생량이 비교적 적다. 우리나라에서는 매연으로 문제가 되었던 경유버스를 대체하여 2000년대부터 전국 주요도시의

버스를 대부분 천연가스 버스로 교체하였다. 세계적으로 자동차에 대한 배출허용기준은 오염물질별로 계속 강화되고 있으며 배출가스 허용기준을 준수하지 못하면 시장경쟁력을 잃게 되어 세계 각국이 저공해차를 적극 개발하고 있다. 2000년대 중반부터는 저공해차량으로 하이브리드 차량이 보급되기 시작하였고 2020년대 이후 전기차가 크게 증가하고 있다. 향후 전기차, 수소차 등 무공해 차량이 더욱 확산될 것으로 예상된다.

우리나라의 천연가스(CNG) 버스 도입

1997년에 우리나라 자동차 보유대수가 천만대를 넘어서게 된다. 자동차가 대기오염의 주범으로 인식되기 시작하였고 특히 수도권에 절반 가까이 집중되어 있어 대기질에 큰 영향을 미치게 되었다. 자동차 중에서도 대형 경유차에서 배출되는 매연은 대기오염 영향도 크고 시각적으로도 문제가 있어 사회적 비판이 지속되었다. 정부는 경유버스를 대체하는 방안을 모색하게 되었고 매연이 거의 없고 여타 대기오염물질도 60% 이상 적게 배출한다는 천연가스버스를 도입하게 된다. 1998년에 인천과 안산시에서 천연가스버스 4대를 시범 운행하고 2000년에는 서울에서 15대를 운행하기 시작하였다.

2002년 월드컵 대회를 앞두고 천연가스버스를 신속히 보급하고자 버스 구입시 대당 2,250만원을 보조하고 조세를 감면하는 등 정부지원을 확대하였다. 현재 대도시의 시내버스는 대부분 천연가스버스로 대체되었으며, 충전소는 178개소(453기)가 설치되었다. 2012년에는 2억 달러 상당의 천연가스버스 및 충전장치를 해외에 수출하는 성과도 거두었다. 친환경적인 교통체계를 구축한 모범적인 사례로 평가되며 개도국 등 많은 국가에서 이를 벤치마킹하고 있는 것으로 알려진다. 향후 수소차 보급도 유사한 과정을 거칠것으로 보인다.

CHAPTER 04

수자원과 수질오염

4.1 수자원 개요

가. 물과 인간

물은 생명의 근원이라 한다. 물은 인체의 약 60~70%를 차지하는데 12%가 부족하면 생명을 위협받는다. 인간이 생명을 유지하고 문화생활과 산업 발전을 영위하는데 필수불가결한 기본 자산인 것이다. 역사적으로 물과 함께 인간은 새로운 문명을 창조해왔으며 인류의 고대 4대 문명은 하천유역을 중심으로 탄생하였다. 농경시대에 물은 주로 식량생산을 위한 관개용으로 사용되었으며 문명이 발달되면서 지역간의 인적 · 물적 이동이 활발해짐에 따라 물은 중요한 수송로서의 기능을 갖게 되었다. 산업혁명 이후에는 과학기술이 급격히 발전하고 각종 제조업과 광공업이 크게 성장하면서 2차 산업 부문에 물이 다량 소비되게 되었다. 현대사회에서는 산업 발전과 함께 인간생활의 편의성 증진으로 물 사용량이 급증하고 있다.

물은 자연에 존재하는 가장 풍부한 물질 중의 하나로 지구표면의 71%를 덮고 있으며 지구의 수권(水圈)은 13억 6천만 km^3라는 엄청난 양의 물을 지니고 있다. 이러한 많은 양에도 불구하고 인간이 사용할 수 있는 물의 양은 매우 제한적이다. 표 4.1과 같이 지구 전체 수자원 공급량의 97.2%가 해양수로서 거의 이용할 수 없다. 나머지 2.8%는 빙하 68%, 지하수 30%, 지표수 1.3%로 구성된다. 즉 사람이 일상생활과 산업 활동에서 사용할 수 있는 담수자원은 지표수와 지하수로 전체 수자원의 0.6%에 불과한 것이다. 지표수는 주로 하천과 호수, 습지에 존재하며 지구 전체 수자원의 0.04% 이하이다. 인류가 고대 로마시대로부터 인위적으로 물을 모아서 저장하고 필요한 곳으로 보내는 이유가 여기에 있다.

표 4.1 • 지구상의 수자원 분포

구분		지구상의 분포	
		부피($10^{12}m^3$)	비율(%)
총계		1,360,000	100
해양		1,320,000	97.2
육지	육지 계	37,800	2.8
	담수호	125	0.009
	염수호/내해	104	0.008
	하천	1.25	0.0001
	토양수분	67	0.005
	지하수	8,350	0.61
	빙하	29,200	2.14
	대기(수증기)	13	0.001

※ 지하수는 지하 4천m 상부의 수량이다.

나. 물의 순환

물은 지구를 중심으로 끊임없이 순환하며, 존재하는 성상도 고체, 액체, 기체 상태를 순환한다. 지구상에 존재하는 물의 총량은 변하지 않지만 형태가 상황에 따라 변화하는 것이다. 그림 4.1은 자연계에서의 물의 순환 과정을 도식화한 것이다. 기본적으로 물의 순환은 증발과 농축의 연속이다. 대기 중에 있는 수분은 응축하여 지상에 비, 눈 또는 다른 형태로 떨어진다. 지표상에서의 물은 하천과 호소로 흘러 들어가 바다로 가거나, 토양을 통해 지하로 내려가고, 다시 지표수로 역배출되기도 한다. 해수 및 지표수의 증발이나 식물의 증산 작용에 의하여 물 분자는 다시 대기 중으로 돌아가 순환을 반복하게 된다.

지표면의 수분 증발로 대기 중에 존재하는 구름 또는 안개의 물방울은 5~50 μm로 아주 미세한 입자이나 기온이 낮아질수록 커져 0.2~0.5 mm 크기의 빗방울이 된다. 1년간 해수 총량의 1/3000에 해당하는 449조 톤, 식물로부터는 60조 톤, 토양으로부터 1조 8천억 톤, 기타 하천 등으로부터 6,000 톤, 도합 511조 4천억 톤이 태양열에 의해 증발되어 구름이나 안개가 된다. 이중에서 403조 톤이 바다와 하천 · 호수에 떨어지고 4000억 톤의 물이 지각으로부터 용출된다. 물의 순환 속도는 수증기(구름)가 대략 9일 간격, 식물이 16일 간격, 토양이 51일 간격으로 순환한다.

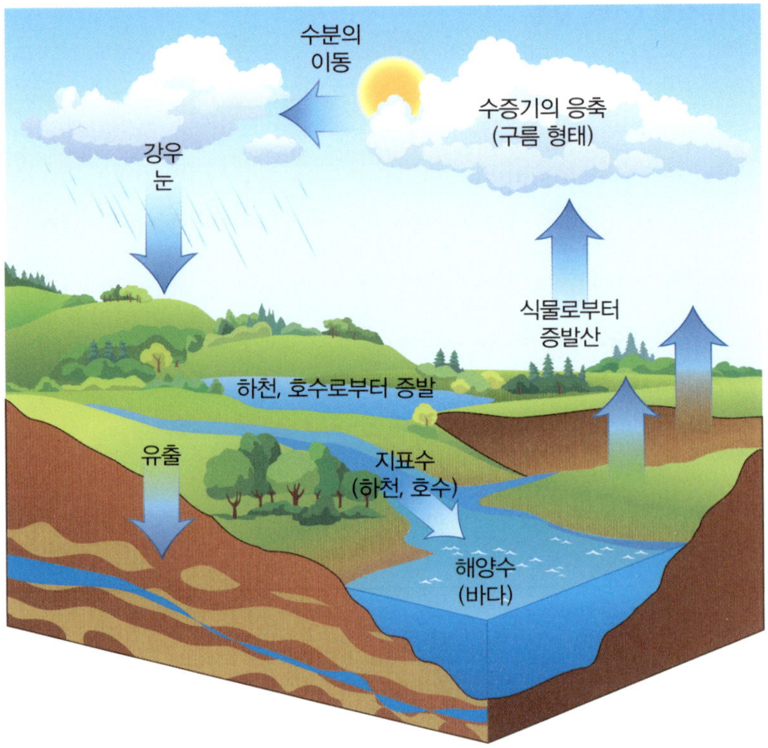

그림 4.1 • 자연계의 물의 순환

다. 수자원의 분류

(1) 지표수(Surface water)

지표수란 지표면을 흐르고 있는 하천이나 호수, 지하수, 계곡 등에 존재하는 물을 말한다. 지표수는 비교적 유기물이 많고 세균 및 미생물이 번식하기 쉬우며 지하수보다 탁도가 높다. 경도가 낮고 철, 망간 등의 무기 이온의 함량이 적으며 용존산소의 함유도는 비교적 높다. 지층을 통과하지 않기 때문에 광물질의 함량은 적다. 하천수는 발원지가 대부분 산악지대로 계곡을 흐르는 동안에 낙엽, 고목, 동물 사체 등에 의해서 자연 정화되나 인구나 공장이 밀집된 지역을 통과할 때에는 도시하수와 공장폐수에 의해서 크게 오염되어 수질이 악화되기 쉽다. 따라서 하천수나 호소수를 깨끗이 유지하기 위해서는 무엇보다 오염물질이 수계로 직접 방류되지 않도록 미리 차단하는 것이 중요하다. 특히 상수원으로 이용되는 지표수의 위생관리가 소홀할 경우 수인성 질환의 감염 등 인간의 건강에 직접적인 피해를 가져올 수 있다.

① 하천수(Stream water)

하천은 물의 순환 과정에서 육상에서 바다로 흘러가는 가장 중요한 경로이다. 강물은 지하수와 함께 생물이 살아가는데 필요한 음용수와 생활용수를 조달하는 담수 자원일 뿐만 아니라, 수송로나 관개용으로, 또 수력발전 자원으로의 기능도 가진다. 강물은 침식작용에 의해 강으로 흘러 들어온 물질을 운반하는 역할을 하는데, 이때 물의 침식작용으로 생긴 운반물질은 주로 부유토사와 점토입자, 그리고 퇴적물로써 식물의 영양소가 되는 용해 물질과 함께 강물에 섞이게 된다. 이때 강물 속에 용해되는 물질은 기후나 암석의 종류 또는 토양 성분에 따라 달라진다.

② 호소수(Lake water)

호소의 물은 지표수나 지하수, 또는 이 두 가지가 합쳐 이루어진다. 지역에 따라 기후나 지형 조건이 다르므로 염도나 산도가 다양하고, 지질학적으로는 생성연대가 짧다는 공통점을 갖고 있다. 호소는 담수의 저장소로서 인간의 생활과 산업활동에 필요한 수자원을 공급하는 한편 수산물을 공급하기도 한다. 이러한 이용 가치 때문에 댐과 저수지와 같은 인공적인 호소를 건설하는 것이다. 우리나라의 호소는 대부분 인공호소이다. 호소는 지형적 구조가 대부분 폐쇄성 또는 준폐쇄성 수역 공간을 형성하므로 유속이 매우 느린 정체수역이 된다. 따라서 자체 정화능력이 떨어져 일단 오염이 되면 부영양화 등 2차 오염이 가중될 우려가 크다. 호소 수질을 깨끗이 유지하기 위해서는 주변 유역에 대한 수질오염물질 관리가 중요하다.

(2) 지하수(Ground water)

지하수는 지표면 밑에서 흐르는 물이다. 지표면에 내린 빗물은 일부는 증발하고 일부는 지하로 침투하게 된다. 지하로 침투한 물은 빈 공간을 채우면서 하부로 이동하는데 이를 물로 포화된다고 한다. 지각의 윗부분은 토양층과 암석층이며 이중 토양은 불포화층인 통기대로서 공극이 많다. 이 공극은 공기와 물로 채워져 있으며 식물은 필요한 수분을 이 부분에서 흡수한다. 식물에 의해 이용되지 않고 토양층에 남아 있는 물은 중력의 영향으로 통기대를 거쳐 포화대까지 서서히 내려가 모이게 된다. 즉 포화대는 지하수를 보존하는 장소가 되는 것이다. 통기대와 포화대의 경계, 즉 포화대의 상부를 지하수면이라 하는데, 지하수면은 대개 지표에서 30 m 이내에 있으나 수백 미터 깊이에 있는 곳도 있다.

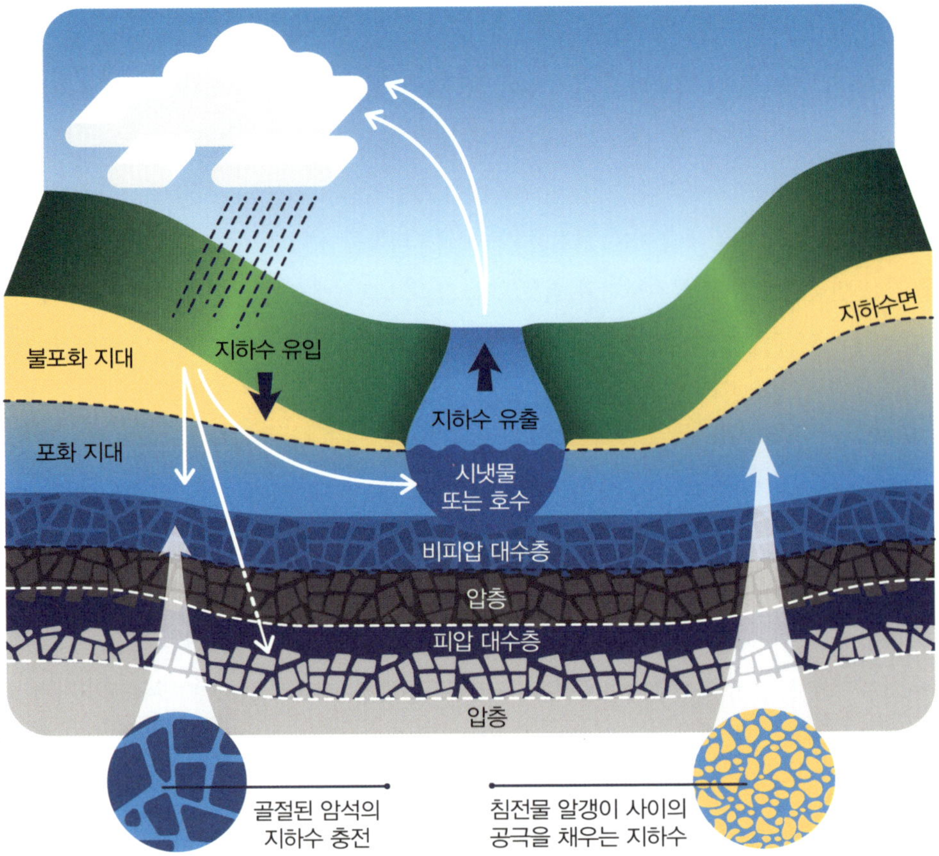

그림 4.2 • 지하수 형성 구조

지하수는 지표 및 지하에서의 자정작용, 즉, 물리학적, 화학적 및 생물학적 작용에 의해 정화되어 일반적으로 세균이나 유기물질이 적다. 탁도 및 색도가 낮고 철, 망간 등의 제1화합물, 칼슘 등 무기이온의 용존물질이 많으며 경도는 높고, 용존산소는 적다. 지하수는 지하로 투수되어 내려가다 하천이나 호소로 흘러들어 합류하기도 하고, 지형에 따라 지하수면이 항상 아래에 위치하면 하천수가 지하수층에 유입되기도 한다.

지하수는 인위적인 오염행위가 개입되지 않으면 오염될 우려가 적으나, 한번 오염되면 지표수 오염보다 더욱 심각한 문제를 야기한다. 그 이유는 첫째, 일단 오염된 물은 암석의 깊은 층에 축적되는데 그곳에는 정화시킬 수 있는 만큼의 산소가 없고 미생물이 적어 정상적인 정화과정이 일어나기 어렵기 때문이다. 둘째, 지하수 오염의 정도를 측정하기가 어렵고 인위적으로 정화시키는데 한계가 있다. 셋째, 지하수 오염은 장기간 지속된다. 지하수는 통상 천천히 흐르므로[1] 오염물질이 바다나 하천으로 씻겨 내려가는데 수십 년, 심지어 수백 년이 걸릴 수도 있기 때문이다. 따라서 지하수를 이용할 때는 오염물질이 들어가지 않도록 유의해야 한다. 또 관개시설 등에 의해 단기간에 과도하게 채취하여 지하수가 고갈되면 암석입자가 더 밀착하여 전체 암석층의 부피가 줄고 지하공간이 크게 되므로 지반이 무너질 우려가 커지게 된다.

(3) 우수(Rain water)

우수는 해수와 지표수가 증발되어 응축된 물이다. 용해성분이 적기 때문에 완충작용이 미약하여 대기로부터 용해된 질산화물이나 황산화물의 영향으로 pH 5.6~6.0[2] 정도를 나타내며 때로는 pH 4 정도에 이르기도 한다. 주성분은 해수의 주성분과 동일하며, 매연, 먼지, 세균, 미생물 등을 함유하고 대기 중에 존재하는 산소, 질소 외에 탄산가스, 암모니아 등을 함유하는 경우도 있다.

대기 중에 NO_x(질산화물)나 SO_x(황산화물)가 많으면 강수시 용해되어 산성비가 되어 내리게 되어 삼림, 농작물에 심각한 피해를 준다. 한편 핵실험에 의해 인공방사능이 우수 중에 다량 검출되기도 한다. 우수는 보통 그대로 사용하여도 별로 지장이 없으나 수집이나 저장하는 것이 어려워 직접 사용하는 것은 제한적이다. 20세기 후반부터 수자원의 효율적인 이용을 위해 빗물재이용 시설이 늘어나고 있으며 특히 지표수나 지하수를 얻을 수 없는 지역에서는 유용하게 적용될 수 있다.

(4) 복류수(River bed water)

복류수는 하천의 저부 혹은 측부가 모래나 자갈층인 경우 그 부근의 지층 내에 침투하는 물이다. 지표수와 지하수의 성질을 함께 갖고 있으며, 지표수에 비하여 탁도가 낮고 수질이 양호하여 상수원으로 이용되기도 한다.[3]

1) 지하수의 유속은 지하 환경조건에 따라 일정하지 않다. 1년에 1~2 m만 이동하는 경우도 있다.

2) pH 5.6 이하인 빗물을 산성비라고 한다.

3) 우리나라에서도 수질이 좋은 강변여과수를 상수원으로 이용하기 위해 낙동강 하류지역에서 시범 채취사업을 진행하고 있으나 양이 적어 실용화되지는 못하고 있다.

(5) 해양(Ocean)

바다는 지구상에서 가장 큰 물의 저장소로 육상의 모든 담수가 최종적으로 도달하는 곳이다. 지상에서 물질 순환과 에너지이동이 일어나는 가장 중요한 곳으로 지구환경을 유지하는 핵심적인 기능을 갖고 있다. 해수는 용해된 염을 다량 함유하고 있는데, 이 염들은 토양과 암석의 풍화작용으로 생성된 것으로 강물에 의해 용해되고 운반 · 유입된 것이다. 바닷물의 평균 염도는 35,000 ppm으로 음용수의 최고 염분 허용농도의 약 70배에 해당한다. 해수에는 여러 종류의 물질이 용해되어 있으나, 몇 가지 종류를 제외하고는 극히 미량으로 포함되어 있다. 해수는 염분농도가 높아 직접 음용수나 관개수 또는 생활용수로 사용할 수는 없다. 담수자원이 거의 없는 지역에서 바닷물로부터 담수를 분리하는 해수담수화 기술이 개발되어 적용되고 있으나 비용이 많이 들어 특정 지역에 한정되어 이용하고 있다.[4]

(6) 빙하(Glacier)

빙하는 물이 존재하는 상태에서 유일하게 고체로 존재하고 있으며, 지표수를 구성하는 수자원 중에서 가장 많은 담수를 저장하고 있다. 빙하는 겨울에 내린 눈이 녹지 않고 쌓이면서 압축되어 생긴 두꺼운 얼음 덩어리이다. 지표면의 약 10%를 덮고 있으며, 이 중 남극대륙이 85%, 그린란드가 11%, 기타 4%로 구성되어 있다. 만일 이 빙하가 전부 녹는다면 해수면은 약 60 m 상승하여 세계의 주요 도시는 거의 침수될 것이다. 100~200만년 전에는 빙하가 지구 표면에 광범위하게 분포되었으며 18,000년 전에도 지구 표면의 30% 이상이 얼음으로 덮였던 흔적이 있다. 빙하는 생성과 소멸 과정을 거치면서 기후에 큰 영향을 미친다. 빙하기는 육지의 빙상이 확장되는 시기를 말하며, 마지막 빙하기는 1만년 전에 종료되었다고 말하고 있으나 많은 과학자들은 빙하기가 끝난 것이 아니라 빙기가 끝났으며 현재는 빙기와 다음 빙기의 사이인 간빙기라고 부른다.

라. 우리나라의 수자원 현황

우리나라의 연평균 강수량은 1,300 mm(1986~2015년 평균)로 세계 평균 807 mm의

4) 해수담수화는 수자원이 매우 부족한 중동지역에서 많이 적용되고 있다. 우리나라도 일부 도서지역에서 소형시설을 설치한 적이 있으나 운영비 문제로 제대로 가동되지는 못하였다.

약 1.6배이나 인구 1인당 연 강수 총량은 2,676 m^3로 세계 평균 16,427 m^3의 약 1/6에 불과한 실정이다. 1인당 이용 가능한 수자원량[5]도 2016년 기준 1,500 m^3로 세계평균 8,372 m^3의 약 1/5 수준에 불과하다. 우리나라의 수자원 총량은 2016년 기준으로 1,323억 m^3이며 이중 이용가능한 수자원량은 760억 m^3, 실제 이용량은 372억 m^3이다. 수자원의 공급원은 그림 4.3과 같이 하천이 33%, 댐이 56%로 지표수가 89%를 차지하고 지하수가 나머지 11%를 차지하고 있다. 총 이용량은 1960년대 중반에 51.2억 m^3에서 1990년대 후반

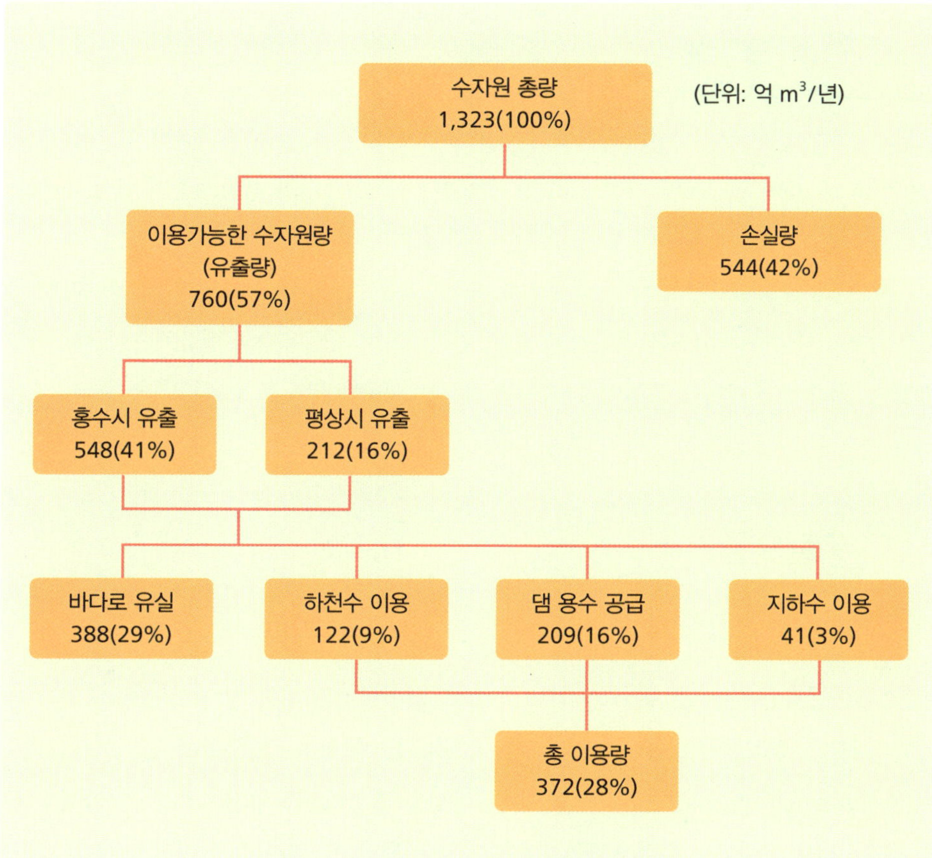

그림 4.3 • 우리나라 수자원 총량과 이용량

(자료: 국토교통부, 2016, 수자원장기종합계획 수정계획 2011~2020)

5) 1인당 가용 수자원량은 국토면적에 떨어지는 연간 강수량 중 증발 등의 손실량을 제외한 유출량을 인구수로 나눈 값이다. 이는 국가별 기본적인 수자원 여건을 판단할 수 있는 지표로, UNEP 등에서 공식적으로 사용되고 있다. 2003년 국제인구행동연구소에서 발표한 자료에 의하면, 우리나라의 1인당 가용 수자원량은 153개 국가 중 129위이다.

표 4.2 • 분야별 수자원 이용량

(단위: mm, 억 m^3/년)

구분		1965	1980	1994	2003	2011	2016
수자원 총량		1,100	1,140	1,267	1,240	1,297	1,323
이용현황	총 이용량	51.2	153	301	337	333	372
	생활용수	2.3	19	62	76	75	76
	공업용수	4.1	7	26	26	21	23
	농업용수	44.8	102	149	160	159	152
	유지용수	–	25	64	75	78	121
당해연도 강수량(mm)		1,171	1,367	923	1,756	1,380	1,300

(자료: 국토교통부, 2016, 수자원장기종합계획 수정계획 2011~2020)

330억 m^3로 30여 년간 6배 이상 크게 증가하였다. 인구 증가와 생활수준의 향상, 산업규모의 확대, 하천유지용수 증대 등이 주요한 증가 요인이다.

수자원의 용도별로는 2016년 기준으로 하천유지용수를 제외하고 생활용수가 30%, 공업용수 9%, 농업용수 61%를 차지하고 있다. 전반적으로 농업용수의 점유비율이 감소하고 하천유지용수는 증가하는 추세이다. 수자원 용도별 이용현황은 표 4.2와 같다.

4.2 수질오염

가. 수질오염의 정의

수질오염(water pollution)이란 자연 수역의 물이 인간의 생활 및 산업 활동에 따라 배출되는 하수, 폐수와 가축분뇨 등으로 인하여 물리적 · 화학적 · 생물학적으로 변화함으로써 자정작용(self-purification)을 상실하는 현상을 말한다. 즉 하천 · 호소 · 연안해역 등의 공공수역에 유입되는 수질오염물질이 증가하여 물의 이용가치가 떨어지고 생활 · 산업 활동에 피해를 주며, 수생태계에 악영향을 미치는 현상을 의미한다. 수질오염의 정도를 나타내는 수질(water quality)을 산술적으로 표현하면 [수질 = 수질오염물질의 양/물의 양]이 된다.[6]

6) 물 수요가 늘어 공공수역의 물의 양(수량)이 적어지거나 수질오염물질의 양이 증가하면 수질은 악화된다.

나. 물의 자정작용(自淨作用)과 수질오염

자연 상태의 물(natural water)이란 인위적으로 오염되지 않은 상태의 물로 다음과 같은 물리적, 화학적, 생물학적인 조건을 만족하여야 한다.

첫째, 물리적 조건으로 물에 부유물질이 거의 없으며 물 표면에 떠 있는 부유물질, 거품, 악취, 그리고 색깔 등이 없고 주위의 기온과 유사하게 수온이 변화하여야 한다.

둘째, 화학적인 조건으로 생물의 생존에 필요한 적당한 양의 산소가 녹아 있어야 하고, 무기영양소가 정상적으로 균형있게 용해되어 있어야 한다.

셋째, 생물학적인 조건으로 생태적으로 안정된 상태에서 식물과 동물, 그리고 미생물이 살 수 있는 범위의 유기성 영양염이 함유되어 있어야 한다.

이러한 조건을 갖춘 자연수는 생물군집이 존재하는 생태계의 중요한 구성 요소이며 자연적인 오염은 항상 일어나는 자연 현상의 하나이다. 물은 자연정화 능력이 있어 자연적인 오염현상이나 수량에 비해 적은 인위적인 오염물질로 수질이 크게 변화되지 않으므로 약간의 오염현상이 오히려 정상적인 상태라 할 수 있다. 그림 4.4는 유기물질이 하천에 유입되었을 경우 산소가 소모되면서 발생하는 수질오염 및 정화현상을 보여주고 있다. 수질오염물질이 공공수역에 유입되더라도 바로 심각한 수질오염이 발생하지 않는 것은 이러한 자정작용 때문이다. 즉 자정작용은 수중에 오염물질이 유입될 경우 물이 자연적으로 원

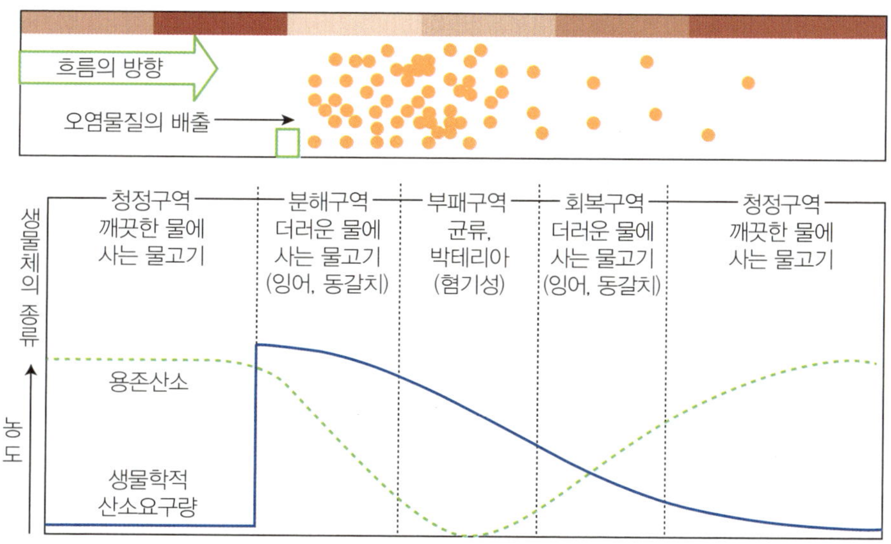

그림 4.4 • 유기물질 유입과 정화과정

래의 상태로 복원되려고 하는 기능, 즉 물의 자연적 정화 기능을 말한다.

수계내의 자정작용이 일어나는 메커니즘은 물리적, 화학적, 생물학적 작용으로 구분할 수 있다. 첫째 물리적 자정작용은 수질오염물질이 희석, 확산, 혼합, 침전, 흡착, 여과 등에 의해 오염 농도가 감소하거나, 폭기에 의해 산화가 촉진되는 현상을 말한다. 둘째, 화학적 작용의 경우 수중에 용해된 산소에 의해 오염물질이 산화 · 분해되고 이때 발생하는 탄산가스가 물의 pH를 높여 수산화물 생성이 촉진되면 자연적으로 응집이 진행되는 것을 말한다. 마지막으로 생물학적 작용은 미생물에 의해 호기성 조건하에서 오염물질의 산화가 일어나는 것을 말한다. 용존산소(DO), 온도, pH, 햇빛 등 주요 조건이 충족되면 미생물이 더욱 활성화되어 자정작용이 활발해진다.

물의 자정능력을 오염물질의 등가량으로 환산한 양이 수계의 환경용량이 된다. 환경용량을 추산하는 것은 매우 어려우며 대상 유역의 규모, 강우량 · 수량 및 유속 · 수심 등과 같은 수리 · 수문학적 요소와 수중 미생물 및 먹이사슬 등의 생태학적 요소, 지형 및 지질학적 요소, 일사량 · 풍속 등 기상학적 요소 등 다양한 변수를 고려하여 추산한다. 자연적인 복원능력인 자정능력을 초과하여 수질오염물질이 유입되는 경우 이에 상당하는 만큼 물은 오염된다.

다. 수질오염물질

수질오염을 유발하는 물질인 수질오염물질은 사회적 · 경제적 여건과 국가의 수질 관리 능력에 따라 다양하게 규정된다. 우리나라의 경우에는 현재 유기물질 등 61종을 수질오염물질로 정하고 있다. 이 중에서 특히 사람의 인체나 수생태계에 미치는 위해성이 큰 33종을 특정수질유해물질로 정하여 특별 관리하고 있다.[7]

라. 수질오염물질의 발생원

수질오염물질은 발생원에 따라 크게 점오염원(point source pollution)과 비점오염원(non-point source pollution), 기타 오염원으로 구별된다.[8] 점오염원은 공장, 가정, 축사 등으로서 오염발생 장소가 명확하여 관로를 통해 오염물질을 수집할 수 있는 배출원을 말

7) 수질오염물질과 특정수질유해물질은 물환경보전법 시행규칙 제3조 및 제4조에 규정하고 있다.

8) 이 구분은 물환경보전법(제2조)에서 규정한 내용이다. 통상적으로는 점오염원과 비점오염원으로 구분하며 기타 오염원은 엄밀하게는 점오염원의 범주에 속하나 관리차원에서 별도로 구분한 것이다.

표 4.3 • 수질오염물질의 종류

번호	수질오염물질	번호	수질오염물질
1	구리와 그 화합물	32	유기인 화합물
2	납과 그 화합물	33	6가 크롬 화합물
3	니켈과 그 화합물	34	테트라클로로에틸렌
4	총 대장균군	35	트리클로로에틸렌
5	망간과 그 화합물	36	폴리클로리네이티드바이페닐
6	바륨화합물	37	벤젠
7	부유물질	38	사염화탄소
8	삭제 〈2019. 10. 17.〉	39	디클로로메탄
9	비소와 그 화합물	40	1,1-디클로로에틸렌
10	산과 알칼리류	41	1,2-디클로로에탄
11	색소	42	클로로포름
12	세제류	43	생태독성물질(물벼룩에 대한 독성을 나타내는 물질만 해당한다)
13	셀레늄과 그 화합물	44	1,4-다이옥산
14	수은과 그 화합물	45	디에틸헥실프탈레이트(DEHP)
15	시안화합물	46	염화비닐
16	아연과 그 화합물	47	아크릴로니트릴
17	염소화합물	48	브로모포름
18	유기물질	49	퍼클로레이트
19	삭제 〈2019. 10. 17.〉	50	아크릴아미드
20	유류(동 · 식물성을 포함한다)	51	나프탈렌
21	인화합물	52	포름알데히드
22	주석과 그 화합물	53	에피클로로하이드린
23	질소화합물	54	톨루엔
24	철과 그 화합물	55	자일렌
25	카드뮴과 그 화합물	56	스타이렌
26	크롬과 그 화합물	57	비스(2-에틸헥실)아디페이트
27	불소화합물	58	안티몬
28	페놀류	59	과불화옥탄산(PFOA)
29	페놀	60	과불화옥탄술폰산(PFOS)
30	펜타클로로페놀	61	과불화헥산술폰산(PFHxS)
31	황과 그 화합물		

하며 생활하수, 산업폐수, 가축분뇨로 구분된다. 비점오염원은 도시지역, 도로, 농지, 산지, 공사장 등과 같이 불특정한 장소에서 수질오염물질을 배출하는 곳을 말한다. 기타 수질오염원은 법적으로 점오염원과 비점오염원으로 관리되지 않는 오염원으로서 수산물 양식시설, 골프장, 폐차장, 금은 세공시설, x-ray시설 등을 말한다. 전국 수질오염물질 배출원을 분야별로 구분하면 표 4.4와 같다.

(1) 생활하수(Domestic wastewater)

하수는 오수와 하수도로 유입되는 빗물(우수) · 지하수를 말한다. 여기서 오수는 사람의 생활이나 경제활동으로 인하여 발생된 액체성 또는 고체성의 물질이 섞여 오염된 물을 말하며 가정에서 배출되는 가정오수와 상업시설 등에서 배출되는 오수를 포함한다. 오수는 주방의 식기류 세척수와 음식찌꺼기, 세탁폐수, 목욕용수, 그리고 분뇨 등을 포괄하며 세척시 사용되는 세제류를 제외하면 대부분이 천연 유기성 물질이라 할 수 있다. 생활하수는 도시화 지역에서 집중적으로 발생하므로 우선적으로 처리해야 한다.

분뇨는 수거식일 경우는 별도 수거하여 분뇨처리장에서 처리하나, 현재는 수세식으로 대부분 전환되어 오수와 함께 배출되며 하수처리장에서 처리한다. 생활하수 중 문제의 하나는 합성세제의 남용인데, 식기세척제, 세탁용 세제, 샴푸, 린스 등 석유화학 세제의 소비

표 4.4 • 전국 수질오염원 현황(2021년 말 기준)

분야	단위	계	비고
생활계	총인구(만명)	5,273	공공하수처리 인구 93.7%
축산계	가축 사육두수(천 두) 가축 사육농가(호)	246,541 178,197	전년 대비 0.2% 감소 전년 대비 8.5% 감소
산업계	폐수발생량(천톤/일) 폐수배출업소(개소)	5,006 56,430	전년 대비 3.4% 증가 전년 대비 2.8% 증가
양식계	양식업소(개소)	3,228	전년 대비 1.0% 증가
매립계	폐기물매립장(개소)	334	전년 대비 2개소 증가
환경기초시설	공공하수처리장(개소) 소규모하수처리장(개소) 분뇨처리장(개소) 산업폐수종말처리장(개소)	712 3,613 270 229	전년 대비 48개소 증가
기타 수질오염원	업소수(개소)	28,116	

※ 전국오염원조사 보고서, 2022, 국립환경과학원

량이 계속 증가하고 있다. 강물위에 떠 있는 세제거품은 햇빛을 차단하기 때문에 수중생물의 광합성작용을 막고 산소공급량을 떨어뜨려 하천의 자정능력을 크게 저하시킨다. 또 세제성분 중의 인산염, 표백제 등에 의해 부영양화가 유발되는 등 수질오염을 가중시키게 된다. 최근에는 수질오염 영향을 줄이기 위해 미생물에 의해 분해가 용이하고 천연물질에 가까운 알코올계의 합성세제가 많이 생산되고 있다.

(2) 산업폐수(Industrial wastewater)

산업체에서 배출되는 산업폐수는 생활하수에 비하여 그 양은 많지 않으나 오염물질의 농도와 유해성이 훨씬 높아, 정화하지 않고 방류될 경우 수질 악화의 큰 원인이 된다. 산업 업종의 다양화와 산업체의 대형화로 각종 중금속을 비롯하여 하수보다 영향이 큰 고농도 유기성물질, 고도 처리가 요구되는 난분해성 물질 등이 다량 배출되기 때문이다. 산업폐수는 대부분 하천, 호소 등의 자정능력에 의하여 정화되지 않거나 오랜 시간이 소요된다. 중금속 함유 폐수는 생물농축이라는 순환사이클에 의해 결국 인체로 유입되어 인체 건강에 심각한 영향을 미칠 수 있다. 유해성이 높은 폐수를 배출하는 업종은 피혁, 도금, 섬유, 화학공장 등으로 이들 시설에서 나오는 산업폐수는 중금속과 유해화학물질을 함유하고 있으므로 특별한 처리과정을 거쳐야 한다.[9]

(3) 가축분뇨(Animal wastewater)

가축분뇨는 사육되는 가축에서 발생되는 분뇨를 말한다. 분뇨의 처리는 크게 폐수처리와 같은 정화처리와 전답의 비료나 퇴비로 활용하는 자원화처리 방식이 있다.[10] 인간의 분뇨와 마찬가지로 유기물질 함량이 매우 높아 정화처리가 어렵고 비용이 많이 소요되기 때문에 국토가 넓은 국가들은 대부분 자원화하여 농경지로 환원하고 있다. 우리나라의 경우 국토면적이 좁아 퇴비나 액비로 자원화하여 농경지에 이용하는데 한계가 있으며 소규모로 산재한 축산농가들이 많아 완벽한 정화시설을 갖추기도 어려운 실정이다. 최근에는 대규모 사육이 증가하고 이들 축사들이 대부분 수계 근처에 위치하는 경우가 많아 문제의 심각성을 더하고 있다.

9) 선진국의 많은 화학, 피혁, 도금 공장들이 개도국으로 이전한 이유가 수질오염 영향 때문이다. 우리나라도 오염도가 높은 공장들이 1990년대부터 중국이나 동남아지역으로 많이 이전했다.

10) 최근에는 바이오가스를 생산하는 에너지 회수공정이 활발히 적용되고 있다.

(4) 비점오염원

생활하수, 산업폐수, 가축분뇨 등 오염원이 명확한 점오염원(point source)은 하수처리장이나 폐수처리장 등 정화시설을 설치하여 수질을 일정수준까지 개선한 후에 배출함으로써 오염원의 통제가 가능하다. 이에 반해 오염원이 불명확한 비점오염원(non-point source)은 오염물질을 수집하기가 어려워 정화 처리가 쉽지 않고, 오염원인자도 불명확하여 통제할 수도 없어 심각한 수질오염의 원인이 되고 있다.[11] 이들 비점오염원은 대지, 도로, 개발지역, 농지, 산지 등 모든 지역이 해당된다.

마. 수질오염 지표

물의 오염도를 나타내는 수질오염 지표에는 화학적 지표, 물리학적 지표, 생물학적 지표, 감각 지표로 구분할 수 있다. 이들의 지표에는 각각 평가기준이 설정되어 있으며, 그 기준과 지표를 이용해서 얻어진 결과를 비교하여 수질오염의 수준과 내용을 판정한다. 따라서 수질 분석 결과의 활용 목적에 따라 적절한 지표를 선정하게 된다. 그간 분석기술이 발달됨에 따라 항목이 추가되고 더욱 정밀해지고 있다. 여기서는 폐수배출허용기준 등에 포함되어 있는 지표항목을 이화학적 오염지표와 미생물학적 오염지표로 나누어 살펴보기로 한다.

표 4.5 • 수질오염 지표의 종류

지표	종류
화학적 지표	pH, 생화학적 산소요구량, 화학적 산소요구량, 암모니아성 질소, 아질산성 질소, 질산성 질소, 인산성 인, 수은, 카드뮴, 6가 크롬, 비소, PCB 등의 화학물질 혹은 간접적으로 이들의 존재를 나타내는 것
물리학적 지표	수온, 색도, 투명도, 탁도, 미립자 농도(부유물질 등)
생물학적 지표	일반세균, 대장균군, 장내세균, 비루스, 그밖에 여러 가지 수생생물의 현존량, 군집 구성상태 등
감각 지표	냄새, 맛 등의 인간의 감각을 기준으로 한 것

11) 하수처리장이 완비된 선진국일수록 점오염원은 처리한 후 배출하기 때문에 비점오염원의 오염부하 비중이 커진다. 우리나라도 2000년대부터 비점오염원에 의한 오염부하가 점오염원보다 커지고 있다.

(1) 이화학적 오염지표

① 부유물질(SS)

부유물질(Suspended Solids, SS)은 물속에 함유된 현탁 상태의 고형물로서 보통 크기가 0.1 μm 이상의 물질을 말한다. SS는 물의 탁도와 색도를 유발하는 원인물질로서 빛의 투과량을 감소시켜 수생식물의 광합성을 저해하기 때문에 수질 관리의 주요한 물리적인 지표로 사용된다. 생활오수의 SS는 150~200 mg/L 정도이고, 증발잔류물[12]은 1,000 mg/L 정도이다.

② 용존산소(DO)

용존산소(Dissolved Oxygen, DO)란 수중에 용해되어 있는 분자상의 산소를 말한다. 용존산소의 양은 수온이나 기압, 그리고 다른 용질의 영향을 받는다. 수온이 올라갈수록 감소하고, 대기 중의 산소분압에 비례하여 증가한다. 순수한 물의 경우 20°C, 1기압에서의 포화용존산소량은 9.2 ppm이다. 유기물이 물에 유입되면 일부가 자연적으로 세균에 의해 분해되고, 용존산소는 세균에 의해 소비되므로 결국 용존산소량이 감소하여 산소결핍 상태가 되어 수중생태계를 파괴하는 원인이 된다. 그러나 유기물이 더 이상 유입되지 않으면 오염물질은 서서히 산화되어 물은 원래의 상태로 회복된다. 하천 상류에는 거의 포화량에 가까운 산소가 용존되어 있으나 생활하수나 산업폐수 등이 유입되면서 오염물질과 유기성 물질 및 그 밖의 환원물질에 의해서 BOD_5나 COD가 증가하고 DO는 감소한다. 따라서 DO는 유기물질에 의한 오염 정도를 나타낼 수 있는 지표이다.

③ 생화학적 산소요구량(BOD)

생화학적 산소요구량(Biochemical Oxygen Demand, BOD)은 물 속의 유기물을 미생물에 의하여 호기성 상태에서 분해, 안정화시키는데 필요한 산소량으로 ppm 단위로 표시한다(정확히는 mg/L). 통상 20°C에서 5일간 어두운 곳에서 배양했을 때 유기물을 산화시키는 데 필요한 산소의 양으로 표시한다(BOD_5). 어두운 곳에 두는 이유는 빛이 있으면 조류가 수중의 이산화탄소를 이용하여 광합성에 의해 산소를 생성할 수 있기 때문이다. 미생물은 유기물을 분해하여 세포를 합성할 때 산소를 필요로 하게 되는데, 폐수내의 유기물

12) 증발잔류물은 물 속에 함유된 부유물질과 용해성물질의 총량을 의미한다.

질의 종류를 일일이 분석하지 않고 호기성 미생물이 필요한 산소의 양을 측정함으로써 수중 유기물의 양을 간접적으로 측정하는 것이다. 가장 간단하고 정확한 BOD 실험은 하천에서 직접 산소소비량을 측정하는 것이다. 하천수를 두 병에 채운 후, 한 병의 용존산소를 측정한다. 다음에 나머지 병을 물속에 넣어 두었다가 5일 후에 꺼내어 용존산소를 다시 측정한다. 처음 병과 나중 병에서 측정한 용존산소의 차이를 계산하면 BOD가 되며 그 단위는 mg/L가 된다. 만일 물 속에 오염물질이 많아서 산소의 소비율이 크다면 BOD는 큰 값으로 나타날 것이다. 그러므로 BOD는 물속의 오염물질의 양을 종합적으로 나타내는 하나의 지표가 된다. 하천의 수질오염도를 나타내는 대표적인 지표이다.

④ 화학적 산소요구량(COD)

화학적 산소요구량(Chemical Oxygen Demand, COD)은 수중의 오염물질인 피산화물을 산화제를 이용하여 화학적으로 산화시킬 때 소비되는 산소량을 ppm 단위로 표시한 것이다(정확히는 mg/L). BOD_5와 함께 폐수의 유기물의 함유 정도를 측정하는 중요한 척도이다. COD를 측정하는 경우에는 생화학적으로 불안정한 유기물 및 무기성 피산화물을 구별할 수 없는 단점이 있으나 BOD_5에 비해 신속히 측정할 수 있는 장점이 있다. COD 측정시 산화제로 중크롬산칼륨($K_2Cr_2O_7$)이나 과망간산칼륨($KMnO_4$)을 사용한다. 이때 과망간산칼륨은 유기물의 약 60%, 중크롬산칼륨은 약 80%를 분해하므로 COD값이 다르게 나타난다. 따라서 COD를 표시할 때는 사용한 산화제를 명시하여 COD_{Cr} 또는 COD_{Mn}으로 표시하여야 한다. 호소의 오염도를 나타내는 대표적인 지표이다.

⑤ 색도(Chromaticity) 및 탁도(Turbidity)

색도는 색의 정도를 표시하는 것으로 백금 1 mg을 포함한 색도표준액을 증류수 1 L 중에 용해시켰을 때의 색상을 1도라 한다. 물은 원래 무색이지만 수층이 깊으면 빛의 분산으로 푸른색으로 보인다. 따라서 깨끗한 물의 색도가 높으면 수심이 깊은 것으로 볼 수 있다. 원수가 착색되는 최대 원인은 부식질(humic substance)에 의한 것으로 식물의 부패 및 분해로 생긴다. 국내 수돗물의 기준은 5도 이하인데 자연물질에서 유래되는 색도물질은 독성을 가졌다기보다는 미관상의 문제로 소비자에게 혐오감을 줄 수 있기 때문에 정한 것으로 볼 수 있다.

탁도는 물의 흐림 정도를 나타내며 빛의 통과에 대한 저항도이다. 측정방법은 여러 가지가 있는데 우리나라의 음용수 기준은 1999년부터 탁도를 1 NTU 이하로 규정하고 있다.[13] 물이 혼탁한 상태에서는 세균이 탁질의 피막에 싸여서 염소 소독시에도 죽지 않으므로 탁도가 높은 물에서는 세균 오염에 주의하여야 한다.

⑥ 냄새와 맛(Odor & Taste)

냄새와 맛은 수질오염 정도와 밀접한 관계가 있으며, 자연적 원인에 의한 냄새는 황화수소, 철, 점토, 조류 등에 의하여 발생되고, 석유, 유지, 페놀(phenol) 등을 함유한 산업폐수에 의하여 인위적으로 발생하기도 한다.

⑦ 수소이온농도(pH)

pH는 물의 산성도를 측정하는 척도로서 용액 1 L 중에 존재하는 수소이온농도 값의 역수의 상용대수로 표현한다($pH = \log_{10}[1/(H^+)] = -\log_{10}[H^+]$). pH가 7이면 중성, 그 이상은 알칼리성, 그 이하는 산성을 나타내는데, pH가 지나치게 높거나 낮으면 미생물 등 수생생물의 생존에 영향을 미치게 되며, 물의 자정능력과 수질에도 영향을 미친다.

⑧ 중금속(Heavy Metal)

일반적으로 유해 중금속은 금속제조 · 가공업, 화학공업, 광산업 등에서 발생하는 산업폐수에 포함되어 수계로 배출되며, 인체 내에 축적되면 만성 중독현상을 일으키게 된다. 우리나라도 일부 금속광산의 폐수가 하천으로 유입되어 수질오염을 일으키고 주변 농경지의 토양오염을 유발한 사례가 있다. 중금속에는 이따이이따이병을 일으키는 카드뮴(Cd), 미나마타병의 원인물질인 수은(Hg), 2000년대에 팔당 상수원 상류의 반도체공장 증설 허용 문제로 논란이 있었던 구리, 독성이 강한 비소(As), 시안(CN), 그 밖에 납(Pb), 6가 크롬(Cr^{6+}), 아연(Zn), 불소(F), 망간(Mn), 철(Fe) 등이 있다.

⑨ 질소화합물(총질소)

동물의 사체나 배설물이 토양에 유입되면 급격히 분해되면서 미생물이 증식되고 그 과정에서 유기성 질소화합물이 무기성 질소화합물로 전환된다. 즉 대부분의 질소가 요소와 단백질에 결합되어 있다가 하수관거를 흐르면서 분해되어 처리장에서의 질소는 대부

---

13) NTU(Nephelometric Turbidity Unit)는 Nephelometer를 사용하여 측정한 탁도 단위이다. Nephelometric 측정법은 산란광과 탁도간의 관계를 나타내는 것으로 산란광의 측정은 조사광의 90도에서 이루어진다.

분 암모니아 형태로 존재한다. 수질오염 지표로 사용되는 총질소(TN)는 물 속에 포함된 질소화합물의 총량으로 단백질, 아미노산, 요소와 같은 유기성 질소화합물과 암모니아성 질소(NH_3-N), 아질산성 질소(NO_2-N), 질산성 질소(NO_3-N) 등 무기성 질소화합물의 합이다. 질소는 인과 함께 폐쇄성 호소나 해양에서 조류번식의 주요 원인물질로서 부영양화를 초래하고 수질오염을 일으킨다. 주요 유입원은 분뇨와 가축분뇨, 산업폐수이다.

⑩ 인(Phosphorous)

인은 폐쇄성 수역의 부영양화를 유발하는데 질소보다 더욱 영향이 큰 물질로 작용할 수 있다. 왜냐하면 이산화탄소와 질소는 대기의 구성 물질이며, 따라서 수중에도 그 평형 농도가 있을 수 있지만 인은 그렇지 않기 때문이다. 생활하수중의 인물질의 출처는 분뇨, 음식 찌꺼기, 합성세제로부터 분리된 것이다. 인은 물 속에서 대부분 인산염(PO_4^{3-})의 형태로 존재하며 RNA와 DNA의 중요한 요소이다.

⑪ 염화물(Chloride)

염화물은 농도의 차이는 있으나 모든 자연수에 존재한다. 고지 및 산간지역의 수역에서는 매우 낮은 농도로 나타나지만 일반 하천과 지하수에는 일정량이 함유되어 있으며, 해수의 영향을 받는 수역에서는 염화물의 농도가 매우 높게 나타난다. 인위적인 오염원 중에서는 생활하수와 분뇨에 다량 함유되어 있으며, 산업폐수에도 함유되어 있는 경우가 많다. 염화물 중에서 정수처리 공정 중 염소소독 과정에서 발생되는 트리할로메탄(THMs)은 발암성 물질로 인체에 악영향을 미치기 때문에 생성되지 않도록 염소 투입량을 잘 조절해야 한다.

⑫ 총유기탄소(TOC)

총유기탄소(TOC, Total Organic Carbon)는 수중에 유기적으로 결합한 탄소의 합을 말하며 일반적으로 수계에서는 DOC(용존성 유기탄소: Dissolved Organic Carbon)와 PtOC(입자성 유기탄소: Particulate Organic Carbon)의 합을 말한다. 휘발성 유기탄소(POC, Purgeable Organic Carbon)는 하천, 호소에 미미하게 존재하기 때문에 무시된다. 1980년대부터 하천, 호소의 유기성 오염도를 파악하는데 있어 전통적인 측정방법인 BOD, COD만으로는 정확한 오염원인을 분석하기 어렵다는 문제가 제기되었고, 종합적인 수질오염 상태를 TOC가 가장 정확하게 나타내게 된다는 과학적 결과들이 도출되었다. 대부분의 선진국에서 TOC를 수질관리 지표로 사용하는 추세로 우리나라도 환경기준에 TOC를

포함하였고, 하 · 폐수처리장 방류수수질기준항목으로 설정하였다.[14]

⑬ 알칼리도(Alkalinity) 및 산도(Acidity)

알칼리도는 산을 중화시키는데 필요한 능력을 말한다. 물 속에 수산화물(OH^-), 탄산염(CO_3^{2-}), 중탄산염(HCO_3^-)의 형태로 함유되어 있는 알칼리 성분을 이에 상당하는 탄산칼슘($CaCO_3$)으로 환산하여 1 L 중의 mg 량으로 표시한다(ppm 단위). 폐수처리시 적정 pH 조건을 유지시킬 때, 물의 연수화 과정에서 석회 및 소다회의 주입량을 산정할 때, 응집과정에서 응집제 주입시 적정 pH를 유지해야 하는 경우 등에 활용한다. 산도는 수계에 알칼리의 유입시 이를 중화시킬 수 있는 능력을 의미하는 것으로 산도 유발 물질로는 SO_4^{2-}, SiO_3^{2-}, Cl^-, NO_3^- 등이 있다.

⑭ 경도(Hardness)

경도는 물속에 용해되어 있는 Ca^{2+}, Mg^{2+} 등의 2가 양이온 금속이온에 의하여 발생하며, 이에 대응하는 $CaCO_3$으로 환산한 값을 의미한다. 황산염, 질산염, 염화물 등과 같이 끓일 때 침전되지 않는 Ca 및 Mg염에 의한 경도($CaCl_2$)인 영구 경도와 중탄산염과 같이 끓일 때 침전 제거되는 Ca 및 Mg염에 의한 경도[$Ca(HCO_3)_2$]인 일시 경도로 분류된다. 경수는 보일러, 온수관 등의 설비에 장애를 일으키고 열효율을 떨어뜨리며, 위생적인 면에서 경도가 높은 물을 마실 때는 설사, 복통을 유발할 수 있다.

(2) 미생물학적 오염지표

① 일반세균

수중에는 미생물중 세균이 항시 증식할 수 있으며, 이에 따라 수중생태계의 변화를 일으킨다. 특히, 상수원수로 사용하는 물에 인체에 유해한 세균이 존재하게 되면 수인성 전염병을 유발할 수도 있다. 보통 세균배양기인 한천배지에서 30°C, 18~24시간 배양했을 때 나타나는 세균집락수를 일반세균이라고 하며, 수돗물의 경우에는 100 CFU/mL(중온세균) 이하로 정하고 있다.

14) 하천 및 호소에 적용되는 생활환경기준 항목에 TOC를 추가하였으며(2013년), 2020년부터는 폐수 유기물질 관리지표가 COD에서 TOC로 전환되었다.

② 대장균군

대장균군은 보통 사람의 장내에 기생하는 세균의 일종으로 유당을 분해하여 산과 가스를 생성하는 호기성균이다. 이 균이 검출되면 분뇨에 의한 오염을 의심할 수 있는데, 만일 대장균이 물에서 다량 검출된다면 그 물에는 감염된 개체에서 배출된 세균이 있다는 것을 알 수 있다. 일반적으로 콜레라나 장티푸스 등과 같은 병원균보다도 수중에서 생존력이 강한 것으로 알려져 있기 때문에 대장균이 검출되지 않을 경우 이러한 병원균은 거의 존재하지 않는다고 간주하여 분변성 오염의 지표로 이용되고 있다. 즉, 대장균군 자체의 독성은 무시할 수 있을 정도로 낮으나 대장균군이 검출되면 콜레라, 장티푸스, 이질 등 수인성 병원균이 존재할 가능성이 있음을 간접적으로 알 수 있다. 대장균군의 수는 MPN (most probable number)으로 표시한다.

4.3 수질오염의 영향

가. 환경에 미치는 영향

인구증가 및 도시화, 그리고 산업화와 생활수준의 향상은 수질오염을 가중시키는 중요한 인위적 요인이다. 오염된 수자원은 쾌적한 인간의 활동 여건을 저해하여 사회 · 경제활동을 제한할 뿐 아니라 공공재로서의 수자원의 경제적 가치를 저하시키게 된다. 또 수질오염은 하천생태계를 교란시켜 수생 동식물에 피해를 주고 때로는 악취를 발생시켜 심미적 환경을 저해한다.

일단 오염된 수질을 본래의 자연 상태로 돌리기 위해서는 오랜 시간과 막대한 비용이 필요하다. 수질오염 현상 중 하천 · 호소에서 흔히 발생되는 부영양화(eutrophication)는 자정능력 이상으로 하천이나 호소에 유기물 또는 질소 · 인 등 영양염류가 유입되어 식물성 플랑크톤이나 조류의 이상번식을 촉진함으로써 물의 투명도를 저하시키는 현상이다. 이는 수중의 용존산소를 고갈시켜 수중 생태계를 파괴하고 호소의 늪지화를 초래하기까지 한다. 우리나라에서도 부영양화의 결과로 하천 · 호소의 녹조 발생이 증가하는 추세이다.

오염물질이 하천에 유입할 때 그 영향은 다양하게 나타나다. 예컨대 유류는 하천의 미관상 좋지 못할 뿐만 아니라, 수상에 퍼져서 엷은 막을 형성함으로써 공기 중의 산소가 물

속에서 용해되는 것을 방해한다. 따라서 기름의 양이 과다하면 물고기가 폐사하는 것이다. 또한 페놀, 타르, 시안화물 및 DDT와 같은 유독성 유기화합물은 하천에 있는 미생물을 감소시켜 자정작용을 저해할 뿐만 아니라 극소량으로도 물고기와 기타 수생생물에 큰 피해를 준다. 유기오염물이 다량일 때에는 일부 유기물에 의하여 용존산소가 전부 소비되고 나머지 유기물은 혐기성 세균에 의하여 분해된다. 이때 유기물이 부패하여 호기성 세균과는 다른 최종물질을 생성하는데 분해 중에 방출되는 유기성 물질인 아민, 황화물 등은 악취를 발생시킨다.

나. 인체에 미치는 영향

수질오염은 수인성 전염병을 일으키기도 하고 중금속이나 유해물질을 함유하는 경우 인체건강에 치명적인 피해를 줄 수 있다. 사람이 직접 피해를 받는 경우도 있으나 대부분은 오염된 어패류나 식물에 의해 간접적인 피해를 받는 경우가 많다. 유독물에 의한 급성 피해는 수질오염을 일찍 발견할 수 있으므로 일어나는 일이 드물지만, 유독성분이 조금씩 축적되어 생기는 만성피해는 자각하기 어려워 인체 건강을 크게 위협한다. 수은(Hg)에 의한 미나마타병, 카드뮴(Cd)에 의한 이따이이따이병은 대표적인 사례이며, 농약에 의한 피해도 유의해야 한다.

그림 4.5 • DDT의 생물농축 과정

유독물질의 수중 농도는 일반적으로 매우 적은 양으로 존재한다. 또 체내에 축적되는 물질 중 일정량은 체외로 배설된다. 따라서 섭취량이 미량인 경우는 섭취와 배설의 균형이 잡혀, 체내 평형농도가 낮은 수준으로 유지되므로 오랜 기간 섭취해도 무해하나, 1일 섭취량이 높을 때는 평형농도가 높아져서 장기간 지속되면 인체장기 조직의 세포에 심각한 장해를 가져온다. 그런데 유해물질이 인체 내에 높은 농도로 축적될 수 있는 것은 자연계 내에서 수중의 미량의 유독물질이 수천 배, 수만 배로 생물체 내에 축적되는 생물농축 현상 때문이다. 미나마타병, 모유의 PCB 오염 가능성도 이와 같은 메커니즘으로 일어날 수 있는 것이다. 그림 4.5에서 보듯이 생물농축에는 수중에서 직접 어떤 생물에 농축되는 경우와 먹이사슬에 의해 먹이로서 섭취될 때마다 농축되는 과정이 있다. 이처럼 소량이라도 인체에 치명적인 피해를 미치는 중금속으로는 피부 접촉시 피부염을 발생시키는 6가 크롬, 순환장애 및 지각장애를 일으키는 비소, 신경장애 및 헤모글로빈의 성장을 방해하는 납, 유기인, 수은, 카드뮴, 시안 등이 있다.

4.4 우리나라 수질오염 현황 및 기준

가. 수질관리 여건

우리나라는 1960년대 이후 급속한 경제성장과 더불어 물 수요가 크게 증가함과 동시에 수질오염물질의 배출량도 지속적으로 증가해 왔다. 더욱이 각종 개발사업으로 이용되는 토지가 확대되면서 비점오염원에서의 오염물질 배출량이 늘어나 수질을 관리하는데 많은 어려움을 겪고 있다.

수질오염을 일으키는 주요 요인은 경제 · 사회적 요인과 자연적 요인으로 구분할 수 있다. 경제 · 사회적 요인으로 첫째, 인구증가와 도시화, 택지의 증가이다. 우리나라 도시화율은 1994년 75%에서 2010년에는 90%를 상회하고 있다. 이 같은 인구증가와 밀집 현상은 생활용수의 사용과 하수 발생량을 증가시킴은 물론 고농도의 하 · 폐수가 특정 수계지역에 집중 방류됨으로써 수질오염을 가중시킨다. 둘째, 경제성장과 산업구조의 변화이다. 1970년대 이후 지속적인 산업화로 수질오염물질의 배출량이 크게 증가하였고, 중화학공업의 확대로 유해물질의 배출도 증가되었다. 셋째, 각종 사회기반시설이 확충되고 도시지역이 확산되는 등 국토 개발면적이 증대되어 수질오염물질 배출지역이 확산되고 배출량도 증가하게 되었다.

수질오염에 영향을 미치는 자연적 요인 중 대표적인 기상 요인은 강수량이다. 우리나라의 연평균 강우량은 약 1,300 mm로 전 세계 평균 800 mm에 비해 높은 편이나. 강우량이 장마철에 집중되고, 대부분의 하천은 경사가 심해 강수 유출 속도가 빠르므로 이용가능한 수량은 더욱 적어질 수밖에 없다. 특히 갈수기에는 하천 유량이 현저히 감소하여 수질 악화 현상을 나타낸다. 우리나라는 원래 천연 호소가 부족하여 수자원 보유 용량이 부족하고, 가뭄과 홍수가 연례적으로 발생하여 치수 관리도 쉽지 않다. 치수 능력을 높이기 위해 댐, 저수지와 같은 인공 저류시설을 확대하면서 수질관리에는 어려움이 가중된다. 물의 흐름이 정체되어 영양물질 농도가 높아져 부영양화가 발생되고 이에 따라 조류발생이 증가하기 때문이다.

나. 우리나라 수질오염 현황

우리나라는 수질오염 지표로 하천은 BOD를, 호소는 COD를 주로 사용하고 있다. 공공수역의 BOD 농도 변화를 보면 1970~80년대에 크게 악화되었다가 공공하수처리시설이 크게 확충되는 1990년대 이후부터 전반적으로 감소하는 추세이다. COD 농도는 1990년대까지는 감소 추세였으나 2000년대 이후에는 개선 정도가 정체되거나 수계에 따라 오히려 소폭 악화되고 있다. 비점오염원의 증가, 화학물질 사용 증가, 난분해성 오염물질의 증가 등으로 수질개선에 한계를 보이는 것이다. 또한 녹조 발생의 주요 원인물질인 총인의 오염도는 전반적으로 완만한 증가세를 보이고 있다. 4대강 대표지점의 수질 변화추이는 그림 4.6과 같다. 여기서 주암호는 섬진강 수계이나 이 지역의 주요 상수원이므로 통상 영산강 수계의 대표 지점으로 비교된다.

한강 수계는 크게 북한강, 남한강, 한강 본류로 나눌 수 있는데, 이 중 북한강, 남한강, 한강 본류인 구의 지점까지는 BOD가 2 ppm 이하로 비교적 양호한 상태를 나타내고 있다. 그러나 팔당호의 상류에 위치한 청평호와 소양호 등 인공호소에서 매년 녹조현상이 발생하고 상류지역의 개발요구도 커지고 있어 앞으로 수질관리에 어려움이 예상된다.

낙동강 수계 중에서는 대구시의 생활하수 및 공단폐수가 유입되는 금호강 합류 이후 고령지점에서 가장 높은 오염치를 보이다가 그 후로부터 점차 회복되고 하류의 낙동강 하구언에서 정체하면서 다시 악화된다. 금강 수계는 전반적으로 오염상태가 심한데, 특히 중류인 청원 이후 미호천 합류지점에서 제일 수질이 나빠진다. 이는 대전시의 하 · 폐수가 유

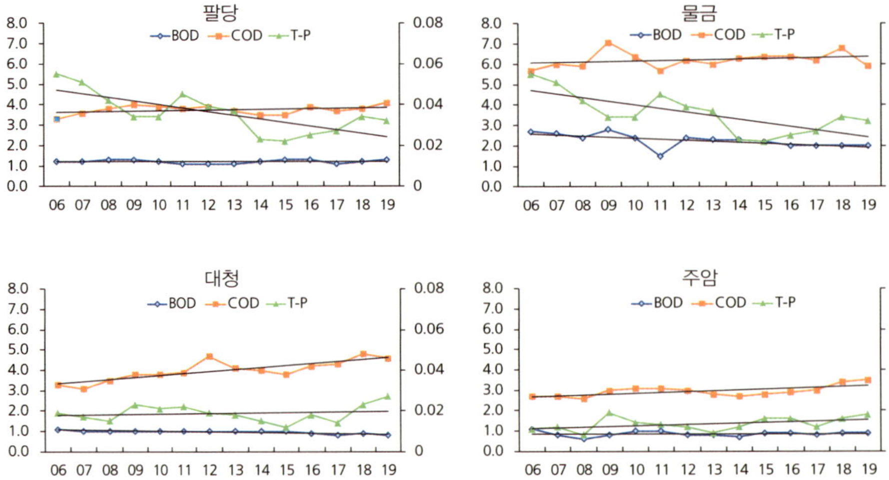

※ 좌측지표는 BOD와 COD, 우측지표는 T-P의 수치이다(단위: mg/L).

그림 4.6 • 4대강 주요지점 수질변화 추이

(자료: 환경부, 물환경정보시스템, 2019)

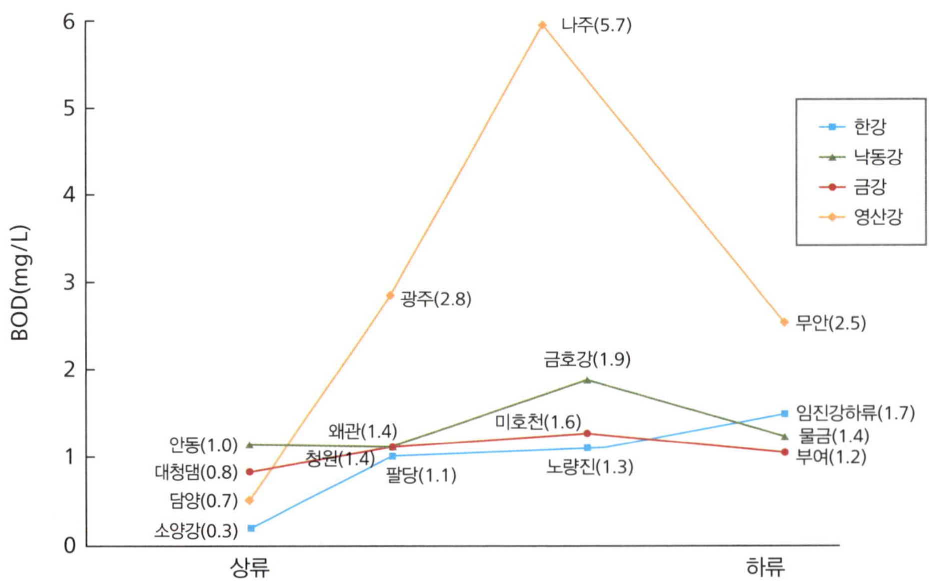

그림 4.7 • 4대강 수계별 수질 변화

(자료: 환경부 수질조사결과 재구성, 2021)

입되는 갑천과 청주시의 하 · 폐수가 유입되는 무심천의 영향 때문인 것으로 보인다. 영산강 수계는 4대 하천 중 수질오염도가 가장 심한 하천으로 수량이 적어 수질개선이 어려운 수계이다.

다. 수질오염물질 발생량

(1) 생활하수

생활하수는 하루 약 1,400만 톤이 발생되고 있으며, 인구증가와 이에 따른 물소비량의 증가로 인하여 표 4.6과 같이 지속적으로 증가하였으나, 2011년 이후 감소되는 추세로 이는 분류식 하수관거가 확대되면서 우수가 별도 배출되기 때문이다. 생활하수 중 오염물은 탄수화물, 유지, 단백질 등이 포함되어 있는 유기성 물질이 대부분이며, 상가지역 등에서 미량의 중금속과 유기합성 화합물들이 함유된다. 생활하수는 수질오염물질 배출량으로는 가장 많은 비중을 차지하고 있어 인구가 밀집된 대도시 주변의 수질을 악화시키고 있는 주요요인이나, 도시지역에는 대부분 하수처리장이 설치되어 오염 부하를 크게 저감시키고 있다.

표 4.6 • 생활하수 및 분뇨 발생량

(단위: 천 m^3/일)

지역 (시 · 군 · 구)	하수 발생량			분뇨 발생량		
	계	하수처리구역 내	하수처리구역 외	계	수거식	수세식
2004	11,946	9,721	2,224	49	3	46
2009	16,681	15,449	1,231	48	5	43
2013	15,148	14,119	1,029	62	3	59
2016	14,393	13,436	957	41	2	40

(2) 산업폐수

2020년에 전국의 폐수 발생량은 3,843천 m^3/일로 2010년대 중반 이후 정체 추세이다. 산업체에서 배출되는 산업폐수는 생활하수에 비하여 그 양은 적으나 오염물질의 농도는 생활하수에 비하여 월등히 높으며, 자체 정화를 하지 않고 방류될 경우 수질악화의 큰 원인이 된다. 산업폐수는 주로 제조업 시설에서 배출되며 이러한 시설을 폐수배출시설이라 한다. 폐수배출시설은 2020년 말 기준으로 54,870개소가 있으며, 1일 폐수배출량을 기준으로 표 4.8과 같이 1~5종으로 구분하여 관리하고 있다.

표 4.7 • 폐수배출시설 및 배출량 현황

(단위: 개소, 천 m^3/일)

연도	2004	2007	2010	2013	2017	2020
폐수배출 업소수	39,012	47,155	48,266	50,819	54,823	54,870
폐수배출량	2,687	3,324	3,447	3,652	3,818	3,843

(자료: 환경부, 2022, 산업폐수의 발생과 처리)

표 4.8 • 폐수배출시설의 규모별 분류

종류	배출규모
제1종	1일 폐수배출량이 2,000 m^3/일 이상인 사업장
제2종	1일 폐수배출량이 700 m^3/일 이상, 2,000 m^3/일 미만인 사업장
제3종	1일 폐수배출량이 200 m^3/일 이상, 700 m^3/일 미만인 사업장
제4종	1일 폐수배출량이 50 m^3/일 이상, 200 m^3/일 미만인 사업장
제5종	1일 폐수배출량이 50 m^3/일 미만인 사업장

(3) 가축분뇨

2021년 말 현재 17만여 축산농가에서 소, 돼지 닭, 오리 약 2.4억 두를 사육하고 있다. 축산농가의 전업화와 기업화로 인하여 사육 농가수는 감소 추세에 있다. 가축분뇨 발생량은 142,155 m^3/일이며, 배출 대상별로는 돼지 56,570 m^3/일, 젖소 12,765 m^3/일, 한우 46,676 m^3/일로 돼지 사육농가에서 발생되는 분뇨가 가장 많은 양을 차지하고 있다.

가축분뇨의 배출량은 전체 수질오염물질 중 1%에 불과하나 BOD기준 오염 부하량은 약 20% 이상을 차지하는 고농도의 폐수이다. 특히 축산시설의 90% 이상이 법적으로 규제되지 않는 소규모 축산농가로 개별 정화시설의 설치가 어려워 적정처리를 기대하기 어려운 실정이다. 가축분뇨의 배출량은 사료의 종류나 연령에 따라 차이는 있으나 소의 경우 하루 분 25 kg, 뇨 10 L, 돼지의 경우 하루 분 3 kg, 뇨 2 L를 배출하고 있다. 화학비료를 구하기 어려운 과거 농촌에서는 가축분뇨를 비료로 만들어 농지로 환원 이용하였으나 근래에는 취급이 어렵고 악취 문제로 이용하는 양이 매우 적어 처리에 어려움을 겪고 있다.

표 4.9 • 가축분뇨 발생현황

구분		2014	2018	2021
가축사육 축산 농가수 (가구)		213,599	197,026	178,197
가축 사육두수 (마리)		240,176	261,477	246,541
가축분뇨 발생량 (m^3/일)	돼지	55,227	58,614	56,570
	한육우	40,004	42,121	46,676
	젖소	17,075	16,772	12,765
	기타 축종	24,321	26,805	26,145
	합계	136,627	144,313	142,155

(4) 기타 오염원

이 외에 수계 상류의 호소, 저수지 내에 위치한 가두리양식장에서 질소와 인이 대량 함유된 잔류사료, 폐사어 등이 유출되어 부영양화 발생의 원인이 되고 있다. 농경지에서 단위 면적당 농약과 비료의 사용량이 많은 문제가 있고, 수변의 골프장, 숙박업소, 음식점, 낚시행위 등도 수질오염을 유발한다.

라. 수질오염 관리 법규

1977년 환경보전법을 제정하면서 수질 보전과 관련된 내용이 법규에 포함되었다. 1990년에는 수질환경보전법이 제정되면서 수질관리 법제의 기본 틀을 갖추게 되었다. 이 법은 산업폐수의 배출자를 규제하는 배출시설의 허가, 배출허용기준 설정 등 폐수배출시설 관리체계를 중심으로 규정되었다. 2006년에는 수질환경보전법에 수생태 보전 개념을 보완하면서 "수질 및 수생태계 보전에 관한 법률"로 확대 개정되었다(2017년 "물환경보전법"으로 다시 개정). 이 법은 수질관리의 기본법으로서 수질 측정방법과 목표기준 설정, 수계영향권별 수질보전에 관한 내용, 그리고 산업폐수 관리를 위한 배출허용기준과 배출시설의 설치허가 및 신고, 방지시설의 설치, 기준 초과시 조치내용, 폐수종말처리시설의 설치에 관한 내용을 규정하고 있다. 비점오염원 관리를 위한 관리지역 지정과 대책 수립, 폐수처리업의 등록에 관한 사항도 포함되어 있다.

한편 수도권 2천만 시민의 상수원인 팔당호를 비롯한 전국 상수원의 수질을 개선하기 위하여 1998년부터 2002년까지 한강, 낙동강, 금강, 영산강 수계별로 수질개선특별법을 제정하였다. 이 법에는 수질오염물질 총량제, 물이용부담금제, 수변구역제 등 선진 수질관리정책이 대거 도입되어 비로소 유역관리제도의 기반을 다지게 된다.

그 외에도 수질 관리와 먹는 물 공급을 위한 정책 분야별로 다양한 법률이 있다. 수질오염 중에서 가장 많은 부분을 차지하는 생활하수 관리를 위해 "하수도법"이 있으며,[15] 발생량은 적으나 농도가 높아 수질오염 부하도가 높은 가축분뇨의 수질오염을 방지하기 위하여 "가축분뇨의 관리 및 이용에 관한 법률"이 있다. 안전한 먹는 물 공급을 위해 상수원 보호구역 설정, 수돗물 수질기준 등을 규정하고 있는 "수도법", 이외에 "먹는물 관리법", "지하수법" 등이 있다.

2018년에는 그간 환경부와 국토교통부로 이원화되었던 수질 · 수량 관리업무가 환경부로 일원화되었고 물의 안정적인 확보, 물환경의 보전 · 관리, 가뭄 · 홍수 등으로 인하여 발생하는 재해 예방 등을 통하여 지속가능한 물순환 체계를 구축하고 국민의 삶의 질 향상에 이바지함을 목적으로 하는 "물관리기본법"이 제정되었다.

마. 수질 기준

(1) 수질 및 수생태계 환경기준

수질 및 수생태계 환경기준[16]은 국민의 건강 보호와 쾌적한 물 환경 조성을 위한 국가의 수질관리 목표로서, 배출허용기준 설정, 보호지역 지정 등 수질오염에 대한 각종 규제수단의 근거가 된다. 이 기준은 수자원 여건, 행정적 관리여건, 경제수준과 기술수준, 국민의 의식수준을 고려하여 국가와 시대별로 그 항목과 기준치를 달리 정하게 된다.

현재 우리나라의 수질 및 수생태계 환경기준은 하천, 호소 및 지하수로 나누어 기준을 정하고 있다. 하천 · 호소의 경우 공통적으로 적용되는 건강보호항목 20개 항목과 하천(8개) · 호소(9개)에 달리 적용되는 생활환경항목[17]으로 구분하고, 각 항목은 수질상태에 따

15) 하수도법은 공공하수처리시설 설치를 위한 하수도 정비 기본계획 수립, 방류수 수질기준 설정 등에 관한 내용이 규정되어 있다.

16) 환경기준은 국가가 추구해야 할 목표를 설정한 것이라 할 수 있으며 특정한 대상에 대해 강제적으로 요구하는 것이 아니다. 반면 배출허용기준은 공장과 같은 특정 시설에 대해 반드시 준수할 것을 요구하는 강제 기준이다.

17) 호소의 경우 하천 8개 항목 중 BOD를 제외하고, T-N과 Chl-a 농도 기준이 추가된 것으로, 항목별 · 등급별 기준은 각각 다르다.

표 4.10 • 건강보호기준(하천 · 호소 공통)

항목	기준값(mg/L)	항목	기준값(mg/L)
카드뮴(Cd)	0.005 이하	수은(Hg)	불검출 (검출한계 0.001)
시안(CN)	불검출 (검출한계 0.01)	폴리클로리네이티드비페닐 (PCB)	불검출 (검출한계 0.0005)
유기인	불검출 (검출한계 0.0005)	6가 크롬(Cr^{6+})	0.05 이하
납(Pb)	0.05 이하	사염화탄소	0.004 이하
음이온 계면활성제(ABS)	0.5 이하	테트라클로로에틸렌 (PCE)	0.04 이하
1,2-디클로로에탄	0.03 이하	벤젠	0.01 이하
디클로로메탄	0.02 이하	디에틸헥실프탈레이트 (DEHP)	0.008 이하
클로로포름	0.08 이하	1,4-다이옥세인	0.05 이하
안티몬	0.02 이하	포름알데히드	0.5 이하
비소(As)	0.05 이하	헥사클로로벤젠	0.00004 이하

(자료: 환경정책기본법 시행령 별표 1)

라 7등급으로 구분되어 있다. 기준은 오염물질의 이화학적인 농도 뿐 아니라 수생태계 내에 존재하는 생물에의 영향도 고려하고 있다.

화학물질로 인한 수질 유해성을 과학적으로 평가하기 위해 선진국에서는 1990년대 초반부터 생태학적 수질평가기법을 도입하였다. 이 기법에서는 물리적 · 화학적 방식의 수질평가의 한계를 극복하기 위하여 생물학적 방식을 적용한다. 우리나라의 경우 4개 수질 등급별로 생물지표종[18]을 선정하였다. 생물지표종은 물리 · 화학적인 수질지표와의 연계성을 고려하면서 하천 생태계의 건전성을 종합적으로 반영할 수 있는지 여부를 감안하여 선정된다.

(2) 배출허용기준의 설정

수질환경기준은 국가가 지향하는 수질보전정책의 궁극적 목표가 되고 이를 달성하기 위한 수단의 하나로 오염원별로 배출허용기준을 설정 · 관리하게 된다. 배출허용기준을 준수하지 못하는 배출자에 대하여는 이에 상응하는 제재를 가하는 강제적 규제 방식을 적용

18) 생물지표종은 수질상태에 따라 서식하는 저서생물, 부착조류 및 어류, 즉, 하천 · 호소의 하부에서 주로 서식하는 다슬기 · 가재 · 지렁이 등을 조사하여 생태계의 건전성을 평가해 나가는 것이다.

표 4.11 • 생활환경기준(하천)

등급		상태(캐릭터)	기준							대장균군(군수/100mL)	
			pH	BOD (mg/L)	COD (mg/L)	TOC (mg/L)	SS (mg/L)	DO (mg/L)	TP (mg/L)	총 대장균군	분원성 대장균군
매우 좋음	Ⅰa		6.5~8.5	1 이하	2 이하	2 이하	25 이하	7.5 이상	0.02 이상	50 이하	10 이하
좋음	Ⅰb		6.5~8.5	2 이하	4 이하	3 이하	25 이하	5.0 이상	0.04 이상	500 이하	100 이하
약간 좋음	Ⅱ		6.5~8.5	3 이하	5 이하	4 이하	25 이하	5.0 이상	0.1 이하	1,000 이하	200 이하
보통	Ⅲ		6.5~8.5	5 이하	7 이하	5 이하	25 이하	5.0 이상	0.2 이하	5,000 이하	1,000 이하
약간 나쁨	Ⅳ		6.0~8.5	8 이하	9 이하	6 이하	100 이하	2.0 이상	0.3 이하	–	–
나쁨	Ⅴ		6.0~8.5	10 이하	11 이하	8 이하	쓰레기 등이 없을 것	2.0 이상	0.5 이하	–	–
매우 나쁨	Ⅵ		–	10 초과	11 초과	8 초과	–	2.0 미만	0.5 초과	–	–

(자료: 환경정책기본법 시행령 별표 1)

하게 되며 주로 산업폐수를 배출하는 사업자에 대해 적용된다.

산업폐수의 배출허용기준은 "물환경보전법"에서 규정하고 있으며, 폐수배출량 규모와 지역에 따라 차등화하여 구분 · 적용하고 있다.[19] 가축분뇨에 대한 방류수 기준은 "가축분뇨의 관리 및 이용에 관한 법률"에 의해 축사의 규모(허가대상과 신고대상)와 지역에 따라 차등적으로 설정하고 있으며 오염물질의 증가와 환경기술의 발전수준 등을 고려하여 단계적으로 강화된다.[20] 이와 별개로 독성이 강한 물질은 특정수질유해물질로 정하여 오염원 입지규제 등 별도의 규제정책을 시행하고 있다.

19) 지역에 따라 '청정'지역(가장 엄격), '가'지역(보통), '나'지역(느슨함), 특례지역 등 4단계로 구분된다.
20) 환경부, 2019, 환경백서

표 4.12 • 생활환경기준(호소)

등급		상태 (캐릭터)	기준									
			pH	COD (mg/L)	TOC (mg/L)	SS (mg/L)	DO (mg/L)	TP (mg/L)	TN (mg/L)	Chl-a (mg/m^3)	대장균군 (군수/100 mL) 총 대장균군	분원성 대장균군
매우 좋음	Ⅰa		6.5~8.5	2 이하	2 이하	1 이하	7.5 이상	0.01 이하	0.2 이하	5 이하	50 이하	10 이하
좋음	Ⅰb		6.5~8.5	3 이하	3 이하	5 이하	5.0 이상	0.02 이하	0.3 이하	9 이하	500 이하	100 이하
약간 좋음	Ⅱ		6.5~8.5	4 이하	4 이하	5 이하	5.0 이상	0.03 이하	0.4 이하	14 이하	1,000 이하	200 이하
보통	Ⅲ		6.5~8.5	5 이하	5 이하	15 이하	5.0 이상	0.05 이하	0.6 이하	20 이하	5,000 이하	1,000 이하
약간 나쁨	Ⅳ		6.5~8.5	8 이하	6 이하	15 이하	2.0 이상	0.10 이하	1.0 이하	35 이하	–	–
나쁨	Ⅴ		6.5~8.5	10 이하	8 이하	쓰레기 등이 떠 있지 않을 것	2.0 이상	0.15 이하	1.5 이하	70 이하	–	–
매우 나쁨	Ⅵ		–	10 초과	8 초과	–	2.0 미만	0.15 초과	1.5 초과	70 초과	–	–

(자료: 환경정책기본법 시행령 별표 1)

표 4.13 • 물등급별 생물지표종

물등급	생물 지표종			
	어류		저서생물	
매우 좋음 ~ 좋음				
	산천어	금강모치	보통옆새우	가재
				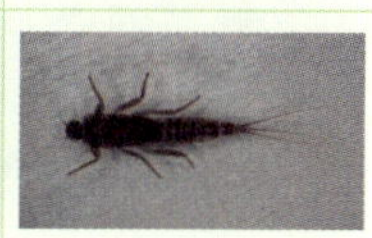
	버들치	열목어	뿔하루살이	민하루살이

(계속)

물등급	생물 지표종			
	어류		저서생물	
좋음 ~ 보통				
	갈겨니	쉬리	다슬기	조개넙적거머리

	은어	쏘가리	강하루살이	동양하루살이
보통 ~ 약간 나쁨				
	피라미	끄리	물달팽이	돌거머리

	모래무지	참붕어	물벌레	밀잠자리
약간 나쁨 ~ 매우 나쁨				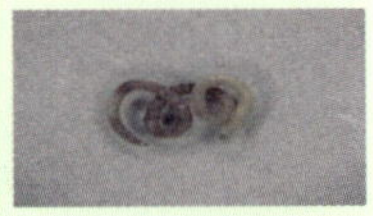
	붕어	잉어	왼돌이물달팽이	실지렁이

	메기	미꾸라지	붉은깔다구	나방파리류

(자료: 환경정책기본법 시행령 별표 1)

4.5 하수 · 폐수 처리기술 및 공정

가. 하 · 폐수 처리기술의 발전과정

위생적으로 안전한 물을 이용하고 생태계에 미치는 위해성을 최소화하기 위해서는 오염된 물을 정화하는 것이 불가피하다. 과거에는 하수를 별도로 처리하지 않고 그대로 강

또는 호수로 방류해도 수역의 자정작용에 의해서 자연 처리가 가능하였으나, 현대사회에서는 생활하수나 공장폐수로 인하여 수질 오염이 심화되었기 때문에 하 · 폐수를 공공수역에 방류하기 전에 인공적인 처리를 해야 한다.

하수처리기술은 침전과 같은 단순한 물리적 처리방식에서 출발하여 1920년대부터 생물학적 처리기술이 도입되어 현재까지도 기본적인 하수처리공정으로 적용되고 있다. 20세기 후반부터는 수질을 보다 개선하고 방류수를 재이용하기 위해 각종 고도처리공법이 적용되고 있으며 우리나라도 중규모 이상의 처리장은 대부분 적용하고 있다.

표 4.14 • 하 · 폐수처리기술의 발전과정

구분	1세대	2세대	3세대
적용기술	물리화학적 공정	생물학적 공정	고도처리, 분리막 공정
특징	- 화학약품 사용 - 다량의 슬러지 발생 - 설비 투자비용 적음	- 물리화학적 공정에 비해 2차 오염 감소 - 난분해성 물질 제거 불가	- 처리효율 제고, 설비 자동화 및 컴팩트화 - 처리비용 증가

나. 처리기술 개요

도시하수와 산업폐수 처리에 가장 많이 이용되는 것이 활성오니법(activated sludge treatment)이다. 이 방법은 다른 방법에 비해 비교적 적은 공간을 차지하고 처리효율이 높아 가장 범용화된 처리공정이다. 활성오니법은 물리적 처리, 화학적 처리와 생물학적 처리를 병행하여 물속의 오염물질을 제거하는 방식이다.

일반적인 처리 공정은 스크린 → 침사지 → 1차 침전지 → 폭기 → 2차 침전지(정화조) → 후처리(염소투입 등) 순으로 이루어진다. 스크린에서 1차 침전지까지를 1차 처리 또는 물리적 처리라 하고, 폭기에서 염소투입까지를 2차 처리 또는 생물학적 처리라고 한다. 유입되는 하 · 폐수의 성상에 따라 물리적 처리 후에 응집제나 중화조를 사용하는 화학적 처리기술이 적용되기도 한다. 산업폐수의 경우에는 대부분 물리적 처리와 화학적 처리를 거쳐 생물학적 처리 후 방류시킨다. 표 4.15에 물리적, 화학적 및 생물학적 처리공정의 종류와 기능을 설명하였다. 결국, 하 · 폐수 처리공정은 청정기술(clean technology)을 이용하여 오염물질을 최소한으로 저감하는 것이다. 오염물질의 특성, 처리 효율, 지역적 특성 및 경제성을 고려하여 다양한 처리기술을 조합한 전체 처리공정을 구성하고 하 · 폐수처리장에 적용한다.

그림 4.8 • 하수처리장 전경

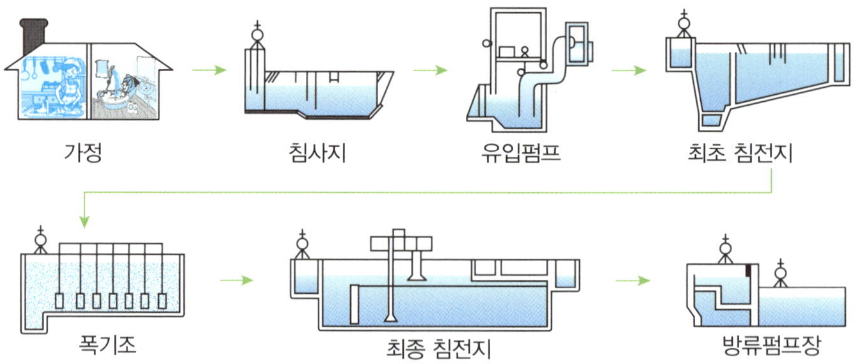

그림 4.9 • 일반적인 하수처리 흐름도

다. 하 · 폐수 처리기술의 분류

(1) 물리적 처리기술

생활하수나 산업폐수가 관로를 거쳐 처리장으로 유입되면 우선 스크린 공정을 거친다. 스크린 공정은 처리장에서 기술적 처리를 방해하는 대형물질, 협잡물질(나뭇잎, 플라스틱

표 4.15 • 물리적, 화학적 및 생물학적 처리공정 개요

공정	구분	기능
물리적 처리	스크린 및 분쇄기	– 차단에 의해 굵은 고형물질 제거 및 분쇄
	침사 탱크	– 모래 및 자갈 등을 가라앉혀 제거
	유량 균등조	– 후속 처리공정의 유량 및 유기물 부하 조정
	침전 탱크	– 중력에 의해 물보다 비중이 큰 고형물질의 제거
	부상분리	– 미세한 기포를 액상에 주입함으로써 물보다 비중이 작은 유류 물질 등을 제거
	여과장치	– 생물학적 또는 화학적 처리 공정의 잔류 현탁고형물 제거
화학적 처리	응집 · 침전	– 약품을 첨가하여 용존성 또는 현탁성 고형물의 물리적 특성을 변화시켜 침전이 용이하게 함으로써 제거시키는 방법
	흡착	– 용액중의 용존성 오염물질을 적절한 계면에서 수집하는 방법(흡착제로 활성탄 등이 사용)
	살균	– 곰팡이, 바이러스, 세균 등을 약품으로 제거하는 방법
생물학적 처리	호기성 처리	– 하수 및 산업폐수를 처리하는데 일반적으로 사용되며, 호기성 미생물을 이용하여 유기물질을 제거하는 방법 – 활성슬러지법, 살수여상법, 장기폭기법, 라군(lagoon)법, RBC(rotating biological contactor) 등이 있음
	혐기성 처리	– 유기물질을 혐기성 미생물을 이용하여 메탄, 이산화탄소로 전환시키는 방법 – 활성 슬러지에 비해 고농도 유기물질을 처리할 수 있고 산소의 공급이 필요 없음 – 단상소화, 이상소화, UASB(upflow anaerobic sludge blanket), AF(anaerobic filter)법 등이 있음

등), 모래 등을 본 처리공정에 들어가기 전에 미리 제거하는 장치이다. 전형적인 스크린은 약 2.5 cm 간격으로 떨어져 있는 철제 막대로 구성되어 있다. 스크린 부속시설로는 협잡물을 수거하여 잘게 부수는 파쇄기와 수압의 증가로 스크린에 걸린 협잡물이 찢겨 나가거나 하수가 월류하는 것을 방지하기 위해 별도로 설치되는 안전수로(bypass channel)가 있다.

그 다음으로 침사지로 들어가는데, 하수나 폐수에 함유된 다양한 부유물과 토사를 제거하기 위한 공정으로 펌프 등 기계류의 파손이나 마모를 방지하고, 처리공정의 효율을 높이기 위한 사전 처리시설이다. 일반적인 침사지는 모래가 침전할 수 있을 정도로 유속을 늦출 수 있는 넓은 탱크형 구조물로 되어 있다. 모래는 대부분의 고형 유기물 보다 2.5배 정도 무거우므로 훨씬 빠르게 침전할 수 있다. 침사지에는 장방향 침사지와 회전에 의해

토사는 침전시키고 부유 고형물은 부유상태로 유지시켜 운전하는 폭기식 침사지가 있다.

침전은 물보다 무거운 부유물질을 중력에 의해 물로부터 분리하는 것으로 하수처리에서 널리 적용되는 기본적인 단위 공정이다. 폭기조 전에 설치되는 1차 침전지에서는 입자성 물질을 제거하고 폭기조 후단에 설치된 2차 침전지(활성슬러지 침전지)에서는 미생물 플록(floc)을 제거한다. 화학적 응집공정이 적용되는 처리장에서는 화학적 플록 제거기능을 가진다. 이와 같이 침전은 오염물질을 제거한 후 깨끗한 상부의 물을 분리해 내는 것이지만, 한편으로는 운반 · 처리에 손쉬운 농도의 슬러지를 가라앉히는 목적도 가지고 있다. 침전의 형태는 농도와 입자간의 작용력에 따라 독립입자침전, 응집침전, 간섭침전, 그리고 압축침전 등 4가지 종류로 구분될 수 있다. 침전 공정 중에 이러한 4개 형태의 침전이 일어나며 동시에 발생될 수도 있다.

1차 침전지에서는 고형물이 바닥에 침전하고 침전물은 하부에 설치된 파이프로 이송 · 제거된다. 이때 남은 물은 폭기조로 이동된다. 제거되는 침전물은 일반적으로 악취가 심하고 수분을 많이 함유하고 있으므로 탈수 · 분해 과정을 거쳐 폐기물로 별도 처리하여야 한다.

부상법(flotation)은 공기 방울을 물속에서 발생시켜 고체 또는 액체입자를 분리하는 단위조작기술로 액체보다 밀도가 가벼운 유류 성분을 제거하는데 사용된다. 부상분리의 장점은 침전속도가 느리거나 가벼운 입자를 짧은 기간 내에 제거할 수 있다는 점이며, 표면에 떠오른 부상물질들은 스키머(skimmer)에 의해 제거한다.

여과(filtration) 공법은 여과와 역세척이라는 두 가지 공정으로 이루어진다. 하 · 폐수는 여과물질을 통과하면서 정화되며, 여과물질은 시간이 지나면서 오염되므로 제 기능을 발휘하기 위해서는 주기적으로 세척해야 한다. 여과 운전방식은 반연속식과 연속식으로 구분되는데 이에 따라 세정방식도 차이가 있다. 여과의 종류는 운전조작 방식에 따라 완속모래여과, 급속 모래여과, 압력 여과방식이 있으며 여과재로서 모래 외에 합성섬유 물질도 사용된다.

분리막(Membrane) 공법은 하수나 산업폐수에 포함된 여러 가지 오염물질을 분리 · 제거하는 고도처리기술이다. 분리막은 기공 크기에 따라 MF, UF, NF, RO로 구분된다. 이 중 역삼투막인 RO가 가장 우수한 수질을 보장하나 설치 · 운영비가 비싸다. 최근에는 하수나 폐수를 처리하여 재이용하기 위해 분리막 공법을 처리공정에 조합하는 추세이다.

(2) 화학적 처리

① 응집 침전법

응집 침전법은 약품을 주입하여 수중의 용존물질 또는 부유고형물질을 제거하는 공정이다. 응집침전은 일반적으로 ① 약품주입에 의한 응집단계, ② 생성된 미세한 플록의 응결단계, ③ 형성된 큰 플록의 침전단계로 진행된다. 응집 단계에서는 약품, 즉 응집제를 주입하여 미세한 콜로이드(colloid) 상태의 입자나 용존된 이온, 그리고 더 큰 부유물질을 불안정화시켜 쉽게 침전이 가능한 플록을 형성한다. 응집제의 종류는 황산알루미늄, 황산 제1철, 염화 제2철, 염소화구리 등의 무기 응집제와 폴리염화알루미늄(PAC: poly aluminium chloride), 폴리황산알루미늄(PAS: poly aluminium sulfate) 등 무기 고분자응집제가 있다. 녹조의 주요 원인물질인 총인의 제거에는 응집 침전공법이 효율적인 것으로 알려져 있다.

② 흡착법

흡착법은 수중의 미세 입자를 고체상인 흡착제의 표면이나 내부 표면에 붙인 후 제거하는 것이다. 용액 중의 분자가 물리적 · 화학적 결합력에 의해 고체 내면, 즉 내부 표면에 흡착하는 성질을 적용하여 악취물질이나 용액 중의 불순물을 제거한다. 이때 부착되는 분자를 피흡착제(adsorbate), 분자가 부착되도록 표면을 제공하는 물질을 흡착제(adsorbent)라 한다. 흡착현상은 두 가지 결합 형태로 구분된다. 흡착제와 피흡착물질과의 결합이 너무 강해서 가역반응이 일어나지 않는 것을 화학적 흡착이라고 하며, 반대로 van der Waals 힘의 경우처럼 결합이 약해서 가역반응이 일어나는 것을 물리적 흡착이라고 한다.

이러한 흡착공정은 도시하수의 고도처리나 정수 처리시 활용되며, 산업폐수 처리 공정에서도 적용된다. 흡착제는 활성탄이나 합성수지(synthetic resin) 또는 활성 알루미늄(activated alumina) 등 비표면적이 큰 물질을 사용하며 여러 가지 유기물질을 제거한다. 특히 정수 처리의 경우 활성탄을 이용하여 맛과 색깔을 유발하는 부식질(humic substance)과 같은 유기물을 제거하는 등 광범위하게 활용된다. 또한 염소 소독시 발생되는 THMs의 제거를 위하여 활용하기도 한다.

③ 소독

수인성 전염병균을 선택적으로 제거하는 화학적 단위 공정인 살균은 모든 미생물을 박멸하는 멸균과 구분된다. 수인성 전염병균에는 다양한 종류의 박테리아, 바이러스, 원생동물, 기생충이 있다. 수처리에서는 보통 살균목적으로 소독처리하며, 소독방법으로는 주로 염소 소독, 오존 소독 등의 화학적 처리방법이 사용된다. 이외에 자외선에 의한 소독방법이 활용되기도 한다. 오존 소독은 1900년대 프랑스에서 수돗물을 살균하기 위하여 처음 사용된 후 각국에 전파되어 다양한 오존 살균시설이 생산되고 있다. 오존을 사용하는 이유는 맛, 냄새, 색도를 제거하기 위한 것으로, 오존 소독을 할 경우 염소 처리시 발생되는 발암성 물질인 THMs이 생성되지 않는 장점이 있다.

소독제에 의한 소독작용은 미생물 세포벽의 손상에 의한 소독, 세포벽 투과성의 변화, 세포질의 변화, 세포의 효소 활성도의 억제 등 4가지 메커니즘이 작용하는 것이며, 이중 하나 또는 여러 가지가 복합적으로 작용하여 진행된다.

④ 산화 및 환원법

산화란 넓은 의미로는 각 원소가 갖고 있는 산화수의 증가를 말하며, 좁은 의미로는 화합물 또는 원소에 산소를 부가하는 것 또는 화합물 중에 존재하는 수소를 제거하는 것을 말한다. 하 · 폐수처리의 중요한 처리법인 산화법은 BOD 제거나 페놀(phenol), 시안(CN)의 분해 등에 이용되며, 환원은 산화의 반대 개념으로 Cr^{6+}을 함유한 폐수처리 등에 이용된다.

⑤ 중화법

중화란 산 또는 염기를 가하여 염과 물을 생성하는 반응으로, 산성 또는 알칼리성 폐수를 반대 성질의 약품을 이용하여 화학적 처리 방식으로 제거하는 것을 말한다. 폐수처리에서 정확히 pH 7의 수질이 요구되는 것은 아니며 통상 pH 6.5~8.5 범위를 유지하면 된다. 폐수를 중화하는 방식은 폐수의 종류, 중화제의 종류와 폐수량에 따라 다르나 먼저 중화조 내에서 폐수를 교반하여 난류를 일으키고, 중화제를 첨가한 후 급속도로 5~30분 정도 교반하여 중화 반응을 촉진시킨다. 중화법 적용시 연속적인 운전이 가능하도록 하기 위해서는 무엇보다도 유입 폐수가 균질화되도록 폐수의 pH를 조절하는 것이 중요하다.

표 4.16 • 중화제 종류의 비교

NaOH(가성소다)	$Ca(OH)_2$(소석회)
용해도가 높다. 슬러지 생성이 적다. 값이 비싸다.	용해도가 낮다. 슬러지 생성이 많다. 값이 싸다.

⑥ 이온교환법

이온교환법은 액체상의 이온과 고체상의 이온간의 화학반응 공정이다. 폐수 처리에서는 액상으로부터 음양의 전체 이온을 제거하여야 하므로 음이온 교환수지와 양이온 교환수지의 두 가지를 사용하여야 한다. 폐수를 먼저 양이온 교환수지에 통과시킴으로써 양이온을 수소이온으로 교환하고, 다음에 음이온 교환수지에 통과시킴으로써 음이온을 수산화이온으로 교환한다. 이렇게 되면 액상으로 해리된 수소이온과 수산화이온이 서로 반응하여 물이 된다. 교환 능력이 소진된 양이온 수지는 황산액이나 염산액을 통과시켜서 재생하며, 음이온 수지는 수산화나트륨액을 통과시켜서 재생한다.

(3) 생물학적 처리

1차 처리된 하 · 폐수는 고형 유기물은 상당부분 제거되었으나 아직 많은 용해성 유기물을 함유한 상태이다. 1차 처리수는 BOD가 높은 상태로 남은 유기물은 미생물의 활동에 의해 분해 될 수 있다. 생물학적 처리에서는 용해성 유기물을 제거하여 BOD를 낮추는 것이 목적이며 통상 2차 처리로 구분된다. 1차 처리 후 폭기조로 들어온 하 · 폐수에 호기성 미생물을 주입하여 유기물을 분해시키는 공정으로 이 때 호기성 미생물의 성장에 필요한 산소를 공급하기 위해 압축 공기를 지속적으로 공급해 준다. 폭기조 내에서 미생물은 급속히 증식하여 유기물을 분해한다.

유기물이 분해됨에 따라 먹이가 없어지면 미생물은 2차 침전지에서 물과 분리된다. 이 때 미생물은 플록을 형성하여 침전하는데 플록(floc)의 일부는 회수하여 폭기조에서 다시 사용된다. 이 플록을 활성슬러지라고 한다. 활성슬러지 공법에서 유기물의 분해 과정을 생화학적 반응식으로 간략히 정리하면 아래와 같다.

$$\text{유기물} + O_2 \xrightarrow{\text{호기성 미생물}} \text{새로운 미생물} + \text{세포합성을 위한 에너지} + CO_2 + H_2O + \text{기타 최종생성물}$$

활성슬러지는 여러 종류의 미생물이 복합적으로 성장하는 미생물 군체라 할 수 있다. 미생물의 종류와 수는 처리하고자 하는 폐수의 성상과 반응조 및 침전조의 조건에 좌우된다. 이러한 미생물 군체는 박테리아, 원생동물, 진균류, 윤충류, 선충류 등으로 구성된다. 폐수에 함유된 유기물질의 생물학적 산화에 관여하는 주요 미생물은 단세포 박테리아이며, 이러한 단세포 박테리아는 막대기 모양의 bacilli, 구형의 cocci, 나선형의 spirilla 등으로 세포의 형태에 따라 구분된다. 단세포 박테리아는 현미경으로만 관찰이 가능하며 보통 광합성을 하지 않고 이분법으로 증식된다.

활성슬러지 공법에 영향을 미치는 주요한 물리적 인자는 ① 온도, ② 삼투압, ③ 분자상 산소의 존재이고, 화학적 인자는 ① pH, ② 산과 염기, ③ 산화제와 환원제, ④ 중금속 염과 이온, ⑤ 특정한 화학물질의 함유 여부이다. 활성슬러지 공법을 기반으로 한 변형 처리공법으로 계단식 폭기법, 플록의 흡착 과정과 흡착된 플록의 산화 또는 안정화를 별개의 폭기조에서 진행시키는 접촉안정법, 세포의 내생호흡기에서 유기물질이 제거되도록 설계된 장기폭기법 등이 있다. 이러한 여러 가지 종류의 활성슬러지의 변법들은 특별한 운전이나 설계 목적을 달성하기 위해 개량되면서 발전되어 왔다.

(4) 고도처리 – 3차 처리

2차 처리까지를 전통적인 하 · 폐수 처리공정으로 볼 수 있으며, 3차 처리는 더욱 좋은 수질을 확보하기 위한 현대적 고도처리 공정이다. 우리나라는 1994년에 발생한 낙동강 수질오염사고를 계기로 고도처리 공정을 도입하기 시작하여 중규모 이상의 하수처리장에는 대부분 설치되었다. 생물학적 처리 후의 방류수에는 여러 가지 형태의 오염물질이 어느 정도 잔존해 있으므로 유량이 적거나 수질이 나쁜 하천에 방류되는 경우 DO를 감소시켜 수생태계에 악영향을 미칠 수 있다. 고도 처리를 통해 BOD나 COD를 보다 더 낮추고 질소, 인 등 영양염류, 기타 잔존 고형물과 독성물질 등을 추가로 제거하여 수질을 더욱 개선할 수 있게 된다.

고도처리의 가장 주요한 목적은 질소와 인을 제거하는 것이다. 인의 경우 통상 화학적 처리방법을 적용한다. 2차 침전지에 응집제인 수산화칼슘이나 황산알루미늄을 투입하여 인과 결합한 침전물을 생성하여 제거하는 것이다. 여기서 응집제로 인한 2차 오염이 발생하므로 투입량을 잘 조절해야 한다. 질산염을 제거하기 위해서는 두 가지 방법이 있는데, 하나는 2차 처리 후에 물속의 질소는 대부분이 암모니아로 존재하므로 OH 농도를 증가시키면 암모니아 가스를 형성하여 제거시킬 수 있다. 다른 방법은 폐수 속의 질소가 아질산 이온 형태로 될 때까지 폐수를 처리하는 것이다. 이것은 생물학적 처리공정에서 체류시간이 길어야 한다. 아질산 형태의 오니는 혐기상태에서 탈질소화되어 질소가스 상태로 공기 중으로 방출될 수 있다.

현재 다양한 고도처리 공정이 개발되어 있으며 질소 · 인을 동시에 제거하는 고도처리 공법이 많이 적용되고 있다. 질소 · 인을 동시에 제거하는 공법은 폭기조와 혐기조를 조합하여 운전하는 것으로 폭기조에서는 질산화와 인의 과잉 섭취를 유도하며, 혐기조에서는 인의 방출을 유도한다. 최종적으로 인이 과잉 섭취된 슬러지를 제거함으로써 하 · 폐수 중의 인 성분을 제거하게 된다. 질소 성분은 미생물의 영양원으로 일부가 사용되고, 일부는 N_2 가스로 대기 중에 방출된다.

방류수가 색깔을 띠거나 냄새가 나는 경우도 있다. 이들 물질은 활성탄의 분말이나 입자에 흡착시키는 여과시설을 통과하면 대부분 제거된다. 탄소 흡착이 되면 염소처리 후 곧 재이용할 수 있을 정도로 수질이 개선된다.

4.6 정수처리

가. 상수도 개요

상수도는 위생적인 음용수와 생활용수로 사용되는 수돗물을 공급하는 사회기반시설로서 사회 · 경제 활동에 필수적인 공공시설이다. 경제가 발전하면서 가장 먼저 정비되는 환경인프라이며 통상 소득이 높아지면서 상수도 수요도 증가하게 된다. 우리나라는 1960~70년대 산업화로 공공수역의 수질오염이 심화되어 상수도의 중요성이 더욱 커졌고, 현재는 도시지역은 물론 상당수의 농촌지역까지 상수관망이 확충되었다. 수돗물은 단순히 양적인 측면보다도 인간 건강에 직접적인 영향을 미치므로 질적인 측면이 중요시된다. 따라서 수질기준 항목을 추가하고 기준도 강화하는 추세이며 정수처리기술도 더욱 고도화되고 있다. 우리나라의 먹는물 수질기준은 표 4.17과 같다.

표 4.17 • 먹는물, 샘물 및 염지하수 수질기준

구분	수질항목	수질기준				
		식수용 수돗물	먹는 샘물	먹는 해양심층수	먹는 염지하수	먹는물 공동시설
미생물	일반세균	100 CFU/mL	–	–	–	100 CFU/mL
	저온일반세균	–	100 CFU/mL	100 CFU/mL	100 CFU/mL	–
	중온일반세균	–	20 CFU/mL	20 CFU/mL	20 CFU/mL	–
	총대장균군	100mL에서 검출되지 않을 것	250mL에서 검출되지 않을 것	250mL에서 검출되지 않을 것	250mL에서 검출되지 않을 것	100mL에서 검출되지 않을 것
	분원성 연쇄상구균	–	250mL에서 검출되지 않을 것	250mL에서 검출되지 않을 것	250mL에서 검출되지 않을 것	–
	녹농균	–	250mL에서 검출되지 않을 것	250mL에서 검출되지 않을 것	250mL에서 검출되지 않을 것	–
	아황산환원 혐기성포자 형성균	–	50mL에서 검출되지 않을 것	50mL에서 검출되지 않을 것	50mL에서 검출되지 않을 것	–
	살모넬라균	–	250mL에서 검출되지 않을 것	250mL에서 검출되지 않을 것	250mL에서 검출되지 않을 것	–
	쉬겔라균	–	250mL에서 검출되지 않을 것	250mL에서 검출되지 않을 것	250mL에서 검출되지 않을 것	–
	분원성 대장균군	100mL에서 검출되지 않을 것	–	–	–	100mL에서 검출되지 않을 것
	대장균	100mL에서 검출되지 않을 것	–	–	–	100mL에서 검출되지 않을 것
	여시니아균	–	–	–	–	2L에서 검출되지 않을 것

(계속)

구분	수질항목	수질기준				
		식수용 수돗물	먹는 샘물	먹는 해양심층수	먹는 염지하수	먹는물 공동시설
유해영향 무기물질	납	0.01mg/L	0.01mg/L	0.01mg/L	0.01mg/L	0.01mg/L
	불소	1.5mg/L	2.0mg/L	1.5mg/L	2.0mg/L	1.5mg/L
	비소	0.01mg/L	0.01mg/L	0.01mg/L	0.01mg/L	0.01mg/L
	셀레늄	0.01mg/L	0.01mg/L	0.01mg/L	0.05mg/L	0.01mg/L
	수은	0.001mg/L	0.001mg/L	0.001mg/L	0.001mg/L	0.001mg/L
	시안	0.01mg/L	0.01mg/L	0.01mg/L	0.01mg/L	0.01mg/L
	크롬	0.05mg/L	0.05mg/L	0.05mg/L	0.05mg/L	0.05mg/L
	암모니아성 질소	0.5mg/L	0.5mg/L	0.5mg/L	0.5mg/L	0.5mg/L
	질산성 질소	10mg/L	10mg/L	10mg/L	10mg/L	10mg/L
	카드뮴	0.005mg/L	0.005mg/L	0.005mg/L	0.005mg/L	0.005mg/L
	붕소	1.0mg/L	1.0mg/L	1.0mg/L	–	1.0mg/L
	브롬산염	0.01mg/L	0.01mg/L	0.01mg/L	0.01mg/L	–
	스트론튬	–	–	4mg/L	4mg/L	–
	우라늄	30㎍/L	30㎍/L	–	30㎍/L	30㎍/L
유해영향 유기물질	페놀	0.005mg/L	0.005mg/L	0.005mg/L	0.005mg/L	0.005mg/L
	다이아지논	0.02mg/L	0.02mg/L	0.02mg/L	0.02mg/L	0.02mg/L
	파라티온	0.06mg/L	0.06mg/L	0.06mg/L	0.06mg/L	0.06mg/L
	카바릴	0.07mg/L	0.07mg/L	0.07mg/L	0.07mg/L	0.07mg/L
	페니트로티온	0.04mg/L	0.04mg/L	0.04mg/L	0.04mg/L	0.04mg/L
	1,1,1-트리클로로에탄	0.1mg/L	0.1mg/L	0.1mg/L	0.1mg/L	0.1mg/L
	테트라클로로에틸렌	0.01mg/L	0.01mg/L	0.01mg/L	0.01mg/L	0.01mg/L
	트리클로로에틸렌	0.03mg/L	0.03mg/L	0.03mg/L	0.03mg/L	0.03mg/L
	디클로로메탄	0.02mg/L	0.02mg/L	0.02mg/L	0.02mg/L	0.02mg/L
	벤젠	0.01mg/L	0.01mg/L	0.01mg/L	0.01mg/L	0.01mg/L
	톨루엔	0.7mg/L	0.7mg/L	0.7mg/L	0.7mg/L	0.7mg/L
	에틸벤젠	0.3mg/L	0.3mg/L	0.3mg/L	0.3mg/L	0.3mg/L

(계속)

구분	수질항목	수질기준				
		식수용 수돗물	먹는 샘물	먹는 해양심층수	먹는 염지하수	먹는물 공동시설
유해영향 유기물질	자일렌	0.5mg/L	0.5mg/L	0.5mg/L	0.5mg/L	0.5mg/L
	1,1-디클로로에틸렌	0.03mg/L	0.03mg/L	0.03mg/L	0.03mg/L	0.03mg/L
	사염화탄소	0.002mg/L	0.002mg/L	0.002mg/L	0.002mg/L	0.002mg/L
	1,2-디브로모-3-클로로프로판	0.003mg/L	0.003mg/L	0.003mg/L	0.003mg/L	0.003mg/L
	1,4-다이옥산	0.05mg/L	0.05mg/L	0.05mg/L	0.05mg/L	0.05mg/L
소독제 및 소독 부산물질	유리잔류염소	4.0mg/L	-	-	-	-
	총트리할로메탄	0.1mg/L	-	-	-	-
	클로로포름	0.08mg/L	-	-	-	-
	브로모디클로로메탄	0.03mg/L	-	-	-	-
	디브로모클로로메탄	0.1mg/L	-	-	-	-
	클로랄하이드레이트	0.03mg/L	-	-	-	-
	디브로모아세토니트릴	0.1mg/L	-	-	-	-
	디클로로아세토니트릴	0.09mg/L	-	-	-	-
	트리클로로아세토니트릴	0.004mg/L	-	-	-	-
	할로아세틱에시드	0.1mg/L	-	-	-	-
	포름알데히드	0.5mg/L	-	-	-	-
심미적 영향물질	경도(硬度)	300mg/L	1,000mg/L	1,200mg/L	1,200mg/L	1,000mg/L
	과망간산칼륨 소비량	10mg/L	10mg/L	10mg/L	10mg/L	10mg/L
	소독 외의 냄새와 맛	없을 것	냄새 없을 것	없을 것	없을 것	냄새 없을 것
	동	1mg/L	1mg/L	1mg/L	1mg/L	1mg/L

(계속)

구분	수질항목	수질기준				
		식수용 수돗물	먹는 샘물	먹는 해양심층수	먹는 염지하수	먹는물 공동시설
심미적 영향물질	색도	5도	5도	5도	5도	5도
	세제	0.5mg/L	불검출	불검출	불검출	0.5mg/L
	수소이온농도	pH 5.8 이상 pH 8.5 이하	pH 4.5 이상 pH 9.5 이하	pH 5.8 이상 pH 8.5 이하	pH 5.8 이상 pH 8.5 이하	pH 4.5 이상 pH 9.5 이하
	아연	3mg/L	3mg/L	3mg/L	3mg/L	3mg/L
	염소이온	250mg/L	250mg/L	250mg/L	250mg/L	250mg/L
	증발잔류물	500mg/L	–	500mg/L	500mg/L	–
	철	0.3mg/L	0.3mg/L	0.3mg/L	0.3mg/L	0.3mg/L
	망간	0.05mg/L	0.3mg/L	0.3mg/L	0.3mg/L	0.3mg/L
	탁도	0.5NTU	1NTU	1NTU	1NTU	1NTU
	황산이온	200mg/L	250mg/L	200mg/L	200mg/L	250mg/L
	알루미늄	0.2mg/L	0.2mg/L	0.2mg/L	0.2mg/L	0.2mg/L
방사능	세슘 (Cs–137)	–	–	–	4.0mBq/L	–
	스트론튬 (Sr–90)	–	–	–	3.0mBq/L	–
	삼중수소	–	–	–	6.0Bq/L	–

(자료: 먹는물관리법, 수도법, 먹는물 수질기준 및 검사 등에 관한 규칙)

우리나라의 총 급수량은 2016년 기준으로 1일 1,763만 m^3이고 급수대상 인구는 전체 인구의 97%에 달한다. 수돗물을 생산 · 보급하는 주체인 수도사업자는 한국수자원공사와 지방상수도사업자인 163개 지방자체단체가 있다. 1인당 급수량은 2022년 355 L로서 1980년대 이후 지속적으로 증가하다가 2000년대 중반부터는 증가추세가 둔화되고 있다.[21]

21) 이러한 추세는 2000년대 들어 1인당 소비량이 거의 최대치에 근접했던 것이 주요 원인으로 보인다. 한편 1990년대부터 추진한 수요관리 대책과 유수율 제고사업도 일정부분 기여한 것으로 보인다. 그러나 1인당 급수량이 여전히 증가추세에 있으므로 국민인식의 전환이 필요하다.

표 4.18 • 상수도 보급현황

구분	2009	2015	2017	2020	2022
총인구(천명)	50,644	52,672	52,950	52,974	52,629
급수인구(천명)	47,336	50,804	51,247	51,646	51,456
보급률(%)	93.5	96.5	96.8	97.4	97.8
급수량(L/일 · 인)	332	335	341	345	355

※ 급수인구, 보급률은 마을상수도 및 소규모 급수시설 이용인구 제외
(자료: 환경부, 2024, 환경백서)

나. 정수처리기술

정수처리는 지표수, 지하수, 호소수 등의 다양한 원수에서 유기물질, 부유물질, 중금속, 병원균 등의 각종 유해물질을 제거하여 "먹는물 수질기준"에 적합하도록 안전한 수돗물을 생산하는 공정이다. 특히 수인성 전염병의 발생을 차단하기 위해서는 정수공정이 매우 중요하며, 정수처리가 안전하게 이루어지기 위해서는 원수의 수질도 일정 수준을 유지하는 것이 바람직하다. 일반적으로 수돗물을 생산하는 표준 공정은 착수정, 약품저장 및 투입시설, 혼화시설, 응집시설, 침전시설, 여과시설과 소독공정으로 구성된다. 급속여과 공정을 이용하는 표준정수처리 시스템은 그림 4.10과 같으며, 각 단위 공정들의 역할 및 기능은 다음과 같다.

(1) **착수정:** 원수를 펌프로 양수하는 취수장에서 받은 물이 정수장에 도착하여 머무는 첫 번째 공정으로 후속 처리공정의 수위를 안정시키는 역할을 한다. 원수에 포함된 각종

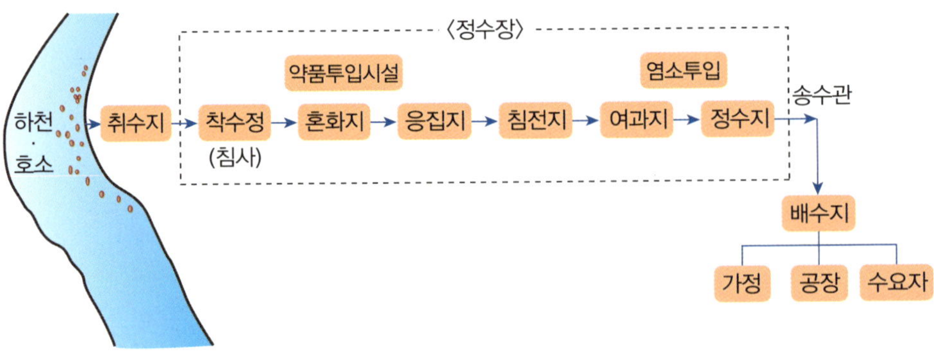

그림 4.10 • 정수처리공정

흙과 모래, 이물질들을 침전시켜 제거한다.

(2) **약품 저장 및 투입시설:** 원수 중에 포함된 부유물질 및 콜로이드성 물질을 제거하는 공정이다. 통상 다가의 금속염이나 소석회와 같은 알칼리제를 응집제로 투입한다. 원수 수질이 나쁜 경우에는 특이한 맛과 냄새 등을 제거하기 위해 분말활성탄(PAC)을 원수에 투입하기도 한다.

(3) **혼화지:** 약품 투입시설에서 투입한 응집제가 균일하게 잘 혼합되어 원수와 접촉할 수 있도록 하는 공정이다.

(4) **응집지:** 응집제에 의해 전기화학적으로 불안정한 입자들을 서로 결합시켜 침전이 가능한 플록으로 만드는 공정이다. 즉 물속에 산재된 비침전성 입자들을 뭉치게 한다.

(5) **침전지:** 응집지에서 침전이 가능하도록 커진 플록들을 침전시켜 원수로부터 입자들을 분리하는 공정이다. 이 공정을 거치면서 물 속의 모든 현탁물질들이 제거된다.

(6) **여과지:** 침전지에서 상등수를 유출시킨 후 다시 여과시키는 공정이다. 통상 모래와 자갈층으로 구성되며 주기적인 세척을 위한 펌프와 배관들로 구성되어 있다. 여과지의 성능은 역세척 효율과 직결되며 입자성 물질을 제거하는 마지막 공정이므로 세심한 운영이 필요하다.

(7) **소독공정:** 충분히 여과된 물부터 수인성 질병을 유발할 수 있는 미생물을 사멸시켜 위생적으로 안전한 수돗물을 만드는 공정이다. 살균제로는 염소를 많이 사용하며 염소가스나 차아염소산과 같은 약품을 투입한다. 염소량이 과다한 경우에는 트리할로메탄(THMs)을 포함한 발암성 염소화합물이 생성될 수 있으므로 적정량을 투입해야 한다.

(8) **정수지:** 정수처리된 물을 공급하기 전에 최종적으로 저장하는 장소이다. 정수지에서는 지역별 배수지로 보낸 후 각 수요처로 공급하게 된다.

(9) **고도정수처리시설:** 보다 안전한 물을 공급하기 위해서 정수공정을 추가하는 것으로 원수 수질이 나쁠 경우에는 설치하는 것이 바람직하다. 오존반응조, 활성탄 여과지 등의 공정을 추가하기도 하고 최근에는 분리막을 적용한 처리공정을 설치하기도 한다.

CHAPTER 05

폐기물

5.1 폐기물의 정의와 종류

가. 폐기물의 정의

산업혁명 이후 대량생산 중심의 경제구조가 고착되면서 폐기물 발생량이 급증하고 성상도 악성화되어 폐기물의 위생적인 처리가 심각한 사회문제로 대두되었다. 이러한 쓰레기 문제를 해결하기 위해 공공부문을 중심으로 쓰레기 매립장, 소각장 등 처리시설을 확충해 왔으나 이러한 처리시설도 2차 오염을 발생시킬 뿐만 아니라 님비현상으로 설치 자체가 어려운 경우도 빈번하게 발생하고 있다. 이러한 배경에서 20세기 후반부터 선진국을 중심으로 폐기물을 새로운 자원으로 인식하여 최대한 재생 · 재활용하는 자원순환형 폐기물 관리방식이 발전하고 있다. 즉 폐기물 발생을 최대한 줄이고, 발생된 폐기물은 최대한 자원으로 재활용하며, 최종적으로 남는 최소한의 양만 위생적으로 폐기하는 것이다.

통상적으로 폐기물이라 함은 더 이상 사용가치가 없는 무가물로서 버려지는 물질을 말한다. 폐기물 중에서 재활용되지 못하는 것은 처리비용을 지불해야 하기 때문에 실질적으로는 부(負)의 경제적 가치를 지닌다. 폐기물관리법에서는 폐기물을 '쓰레기, 연소재, 오니, 폐유, 폐산, 폐알칼리, 동물의 사체 등으로서 사람의 생활이나 사업 활동에 필요하지 아니하게 된 물질'이라고 포괄적으로 정의하고 있다.

나. 우리나라의 폐기물 분류체계

현행 폐기물관리법에서는 폐기물을 처리주체, 유해성과 발생특성 등에 따라 그림 5.1과 같이 분류하고 있다. 폐기물은 사업장폐기물과 생활폐기물로 나뉘는 데 법령상으로는 먼저 표 5.1과 같이 사업장폐기물을 규정하고 그 이외의 폐기물을 생활폐기물이라 한다.

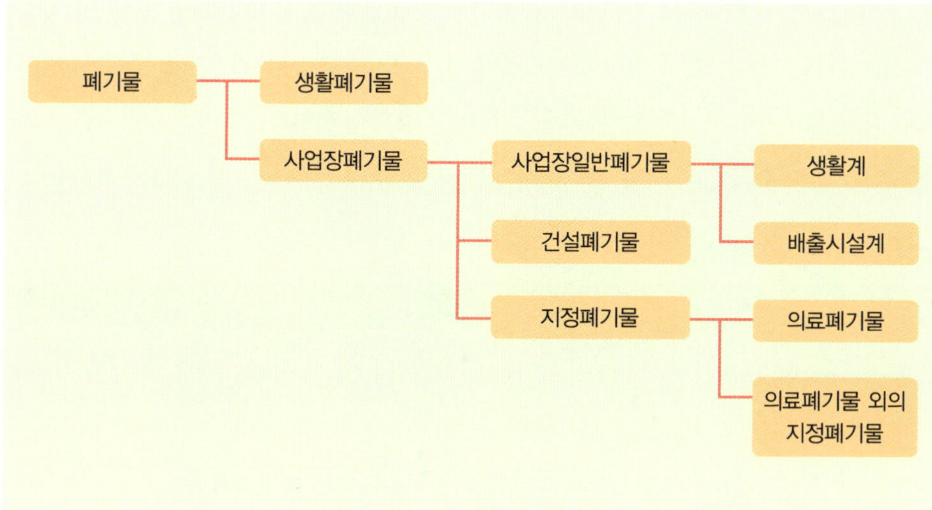

그림 5.1 • 폐기물의 분류체계

사업장폐기물은 사업장의 제조과정에서 발생되는 사업장 배출시설계 폐기물, 사업장의 생활 활동에서 발생되는 사업장 생활계 폐기물, 건설폐기물, 지정폐기물로 구분된다.

표 5.1 • 사업장폐기물의 종류

종류		정의
사업장 일반 폐기물	배출시설계 폐기물	대기환경보전법, 수질 · 수생태계보전법 또는 소음 · 진동관리법의 규정에 의하여 공장 등 배출시설을 설치 · 운영하는 사업장과 폐수종말처리시설, 하수처리시설, 분뇨처리시설, 폐기물처리시설에서 배출되는 폐기물
	생활계 폐기물	1일 평균 300 kg 이상 배출하는 사업장, 일련의 공사(건설공사 제외)로 폐기물을 5톤 이상 배출하는 사업장에서 배출되는 폐기물
건설폐기물		건설공사장에서 5톤[1] 이상 배출되는 폐기물
지정폐기물		사업장폐기물 중 폐유 · 폐산 등 주변 환경을 오염시킬 수 있거나 의료폐기물 등 인체에 위해를 줄 수 있는 해로운 물질로 대통령령으로 정하는 폐기물
지정폐기물 중 의료폐기물		보건 · 의료기관, 동물병원, 시험 · 검사기관 등에서 배출되는 폐기물 중 인체에 감염 등의 위해 우려가 있는 폐기물과 인체 조직 등 적출물, 실험동물의 사체 등 보건 · 환경보호상 특별한 관리가 필요하다고 인정되는 폐기물

(자료: 폐기물관리법 시행령 요약)

1) 공사를 착공할 때부터 마칠 때까지 발생되는 폐기물의 양을 말한다.

유해폐기물은 적정하게 처리하지 않거나 환경에 유출될 경우 사람의 건강과 환경에 미치는 영향이 크기 때문에 엄격히 관리해야 한다. 우리나라도 사업장에서 발생하는 유해성이 높은 폐기물을 지정폐기물로 분류하여 보다 엄격한 처리기준을 적용하고 있다. 지정폐기물[2]의 종류는 표 5.2와 같다.

표 5.2 • 지정폐기물의 종류

대분류	중분류	대상 범위
특정시설에서 발생되는 폐기물	폐합성 고분자화합물	폐합성수지, 폐합성 고무로서 고체상태의 것은 제외
	오니류	폐수처리오니, 공정오니
	폐농약	
부식성 폐기물	폐산	염산, 황산, 질산 등
	폐알칼리	수산화나트륨, 수산화칼슘, 탄산나트륨 등
유해물질 함유 폐기물	광재	
	분진	대기오염방지시설에서 포집된 것(소각시설 제외)
	폐주물사 및 샌드블라스트 폐사, 폐내화물 및 재벌구이 전에 유약을 바른 도자기 조각, 소각재, 안정화 또는 고형화 · 고화 처리물, 폐촉매, 폐흡착제 및 폐흡수제, 폐형광등의 파쇄물	
폐유기용제	할로겐족 유기용제	
	그밖의 폐유기용제(할로겐족 유기용제 이외의 것)	
폐페인트, 폐래커	페인트 및 래커와 유기용제가 혼합된 것, 폐페인트 용기 등	
폐유	기름성분을 함유한 것(PCB 함유폐기물, 폐식용유, 폐흡착제 및 흡수제 등 제외)	
폐석면	건조고형물 함량기준으로 석면이 1% 이상 함유된 제품 해체시 발생하는 것 등	
PCB 함유 폐기물	액체상태와 액체 이외의 것으로 분류	
폐유독물	유해화학물질관리법에 의한 유독물의 폐기하는 것	
의료폐기물	의료기관이나 시험, 검사기관 등에서 발생하는 것	
기타	유해한 물질로서 환경부장관이 고시한 것	

(자료: 폐기물관리법 시행령 별표1 요약)

2) 지정폐기물이라는 용어는 폐기물관리법상 특정폐기물이라는 용어에서 출발하였으며 특별히 지정 · 관리해야 할 폐기물이라는 의미로 해석된다. 그러나 '지정'의 의미를 이와 같이 해석하기 어려우므로 유해폐기물, 특별관리폐기물 등 일반인도 쉽게 이해할 수 있는 용어로 바꾸는 것이 바람직하다.

5.2 폐기물 처리 방법 및 과정

가. 폐기물의 처리 개요

폐기물 관리는 크게 배출단계에서 발생량을 최소화하는 감량화, 일단 발생된 폐기물을 자원으로 활용하는 재활용, 그래도 남은 폐기물은 안전하게 처리(위생처리)하는 세 분야로 나눌 수 있다. 여기서 폐기물을 새로운 자원으로 간주하여 감량화와 재활용을 강조한 정책이 자원순환정책이여 흔히 3R(Reduce, Reuse, Recycle)로 표현된다. 즉 자원순환형 폐기물 처리시스템은 발생억제 및 감량(prevention and reduction) → 재이용(reuse) → 재활용(recycling) → 에너지회수(energy recovery) 및 소각(incineration) → 매립(landfill)의 순으로 진행된다. 실제로는 폐기물의 발생에서 최종 처분까지 여러 가지 방법이 있고, 각 방법마다 장 · 단점이 있으므로 지역별 특성과 경제성 등을 충분히 고려하여 가장 적절한 시스템을 선정해야 한다.

생활폐기물의 경우 다수의 주민이 소량씩 배출하게 되므로 처리행위는 공공적 기능을 지닌다. 우리나라도 생활폐기물의 수거 및 운반 · 처리는 관할 시장 · 군수 · 구청장의 책무로 규정되어 있다. 사업장폐기물은 일반적으로 영리행위에 수반되어 발생되므로 폐기물 배출자, 즉 사업자가 스스로 처리하는 것을 원칙으로 한다.

(1) 폐기물의 감량화(Reduction)

폐기물 관리에서 가장 바람직한 것은 배출량을 최소화하는 것이다. 폐기물은 경제 수준과 사회 · 문화적 여건에 따라 발생 패턴이 변하므로 배출량을 줄이기 위해서는 다양한 수단을 필요로 한다. 우리나라가 아직까지 음식물쓰레기 배출량이 많은 것은 문화적 배경에 기인하는 것이다. 쓰레기 감량화를 위해서는 직접적으로 배출을 규제하는 방식과 간접적으로 유도하는 방식이 있다. 직접규제 방식으로는 포장재, 1회용품 규제와 같이 제품 사용을 규제하는 방안, 사업자에 대하여 강제적 감량목표를 부여하는 방안, 특정 유해물질 사용을 규제하는 방안 등이 있다. 간접규제로는 쓰레기 처리비용을 발생량에 비례하여 부과하는 종량제, 폐기물 처리부담금 등 경제적 수단이 많이 적용된다.

(2) 폐기물 재활용/자원화

일단 발생된 폐기물은 최대한 재활용하여 자원으로 순환시키는 것이 폐기물 관리에서 중요하다. 국내 법에서는 재활용을 "폐기물을 재사용, 재생이용하거나 재사용, 재생 이용할 수 있는 상태로 만드는 활동 또는 폐기물로부터 에너지를 회수하는 활동"으로 정의하고 있다. 재활용은 분류상 여러 가지 방법이 있으나 아래 그림과 같이 크게 재사용과 재생으로 구분할 수 있다. 빈병을 회수하여 원형대로 재사용하는 것과 같이 제품의 원래 제조목적과 동일하게 사용하는 것을 재사용(Reuse)이라고 하고, 폐기된 제품으로부터 유용한 자원을 회수하여 활용하는 것을 재생(Recovery)이라고 한다. 재생은 물리적 · 화학적 방법에 의한 물질회수와 소각 방식 등에 의한 에너지회수로 구별된다. 에너지회수에는 폐기물을 소각 처리하면서 발생되는 소각여열을 회수하여 전력, 증기 및 온수 생산에 활용하는 방법, 발열량이 높은 폐플라스틱 등으로 고형연료를 제조하여 화석연료의 대체에너지로 사용하는 방법, 유기성폐기물에서 바이오가스를 생산하는 에너지화 기술 등이 있다.

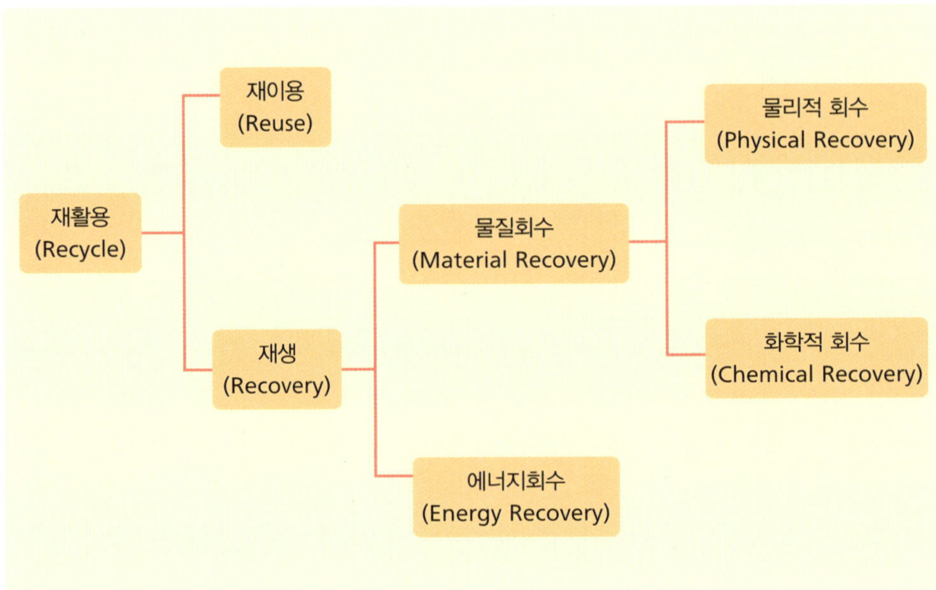

그림 5.2 • 폐기물 재활용의 구분

(3) 폐기물 안전처리

자원화되지 못하는 폐기물은 어떤 형태로든 처분되어 자연으로 되돌아가야 한다. 처분과정에서는 2차 오염이 발생되기 쉬우므로 안전한 처리기술을 적용해야 한다. 소각과정에서 나오는 유해가스로 인한 대기오염, 매립시 침출수로 인한 수질 및 토양오염이 대표적인

2차 오염 현상으로 인체 건강과 생태계에 직접적인 영향을 미치게 되므로 안전한 처리가 중요한 것이다.

나. 폐기물 처분 과정

폐기물이 가정이나 공장 등 발생원에서 배출되어 최종 처분되기까지 과정은 아래 그림과 같이 배출단계, 운송단계, 처분단계로 나눌 수 있다. 세부적으로는 배출 → 수거 → 운송 (또는 보관/적환후 운송) → 중간처리 → 최종처분의 과정을 거친다. 지역여건과 폐기물의 특성에 따라 일부 과정이 생략되거나 추가될 수 있다.

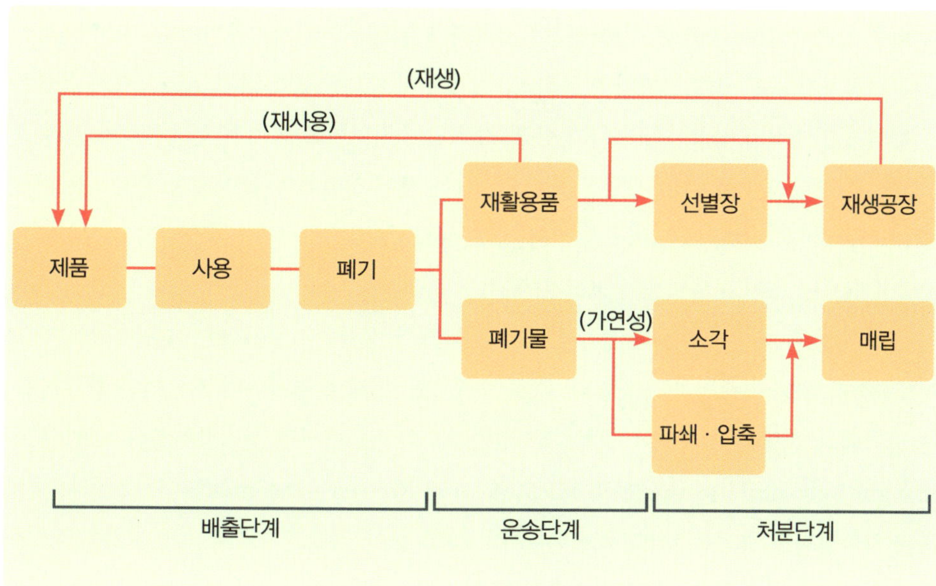

그림 5.3 • 폐기물의 처리과정

(1) 폐기물 배출단계

어떤 물질이 가정 또는 사업장에서 불필요하게 되어 버리는 단계이다. 배출 방식은 혼합배출과 분리배출로 구분된다. 혼합배출은 주로 쓰레기가 모두 매립장으로 운송되는 경우에 적용되고, 분리배출 및 수거방식은 폐기물을 재활용하거나 또는 물질 유형별로 효과적으로 처리하기 위한 것이다. 가정에서 폐지, 폐금속, 폐플라스틱을 분리하는 것은 전자이고, 소각처리를 위해 가연성 쓰레기와 불연성쓰레기로 구분하는 것은 후자의 경우이다.

쓰레기의 특성에 따라 많은 종류로 분리 수거하면 이상적이지만 분리대상 종류가 많으면 그만큼 수거비용이 증가하고 운송체계도 복잡하게 되므로 지역별로 최적의 분리대상 재활용품을 선정해야 한다. 이러한 분리배출 방식은 지역적 특성, 소각시설의 유무, 재활용 여건 등을 감안하여 결정하여야 한다.

(2) 수집 · 운송 단계

혼합 배출된 쓰레기는 일률적으로 수거하여 처리장으로 이동하고, 분리 배출된 쓰레기는 재활용 용도별도 별도로 수거해야 한다. 운송의 경우 수거차로 직접 최종처리장까지 운송하는 경우와 2단계로 운송하는 중계처리 방식이 있다. 처리장까지의 거리와 적환장 설치 비용 등을 감안하여 직접 수송여부를 결정하게 된다. 통상 처리장까지의 거리가 먼 경우에 수집차가 중간 적환장까지 이동하고, 여기서 대형운반차로 최종 처리장까지 운송하는 중계처리 방식이 적용된다. 재활용품의 경우에는 지역별로 설치된 선별장까지 일단 운송한 후 재분류 과정을 거쳐 재생장소로 이동하는 것이 일반적이다. 새로운 수집 · 운송 방법으로 일부 신도시에 적용되고 있는 관망형(pipeline) 이송방법이 있다. 이는 위생적인 장점이 있으나 초기 투자비용이 크고 감량 유인효과가 저하되는 단점이 있다.

선별과정은 폐기물을 처리 용도별로 분류하기 위해서, 또는 유용한 자원을 회수하고 재활용하기 위해서 분리하는 것이다. 주로 수작업을 통해 선별하는데 최근에는 기계적 또는 반기계식 선별장치가 많이 설치되고 있다. 대표적인 기계적 선별장치로는 MBT(Mechanical Biological Treatment)와 MRF(Material Recovery Facilities) 시설이 있다. 기계적 전처리설비로 불리는 MBT 시설은 그림 5.4와 같이 기계적으로 무기물과 유해물질을 분리하는 기술과 생물학적으로 유기물을 자원화하는 기술을 조합한 폐기물의 선별 · 처리 시설이다. 이에 반해 MRF 시설은 그림 5.5와 같이 기계적 방법으로만 폐기물을 선별 · 분리하여 자원 · 에너지를 회수하는 설비이다.

(3) 중간처리 단계

폐기물의 중간처리는 최종 처리 효율을 높이기 위해 양을 줄이고 유해성분을 최소하거나 안정화하는 과정을 말한다. 중간 처리에는 선별, 감량화를 주요 목적으로 하는 소각, 퇴비화, 압축 · 파쇄, 에너지 회수를 위한 가스화나 연료화 처리 방식이 있다.

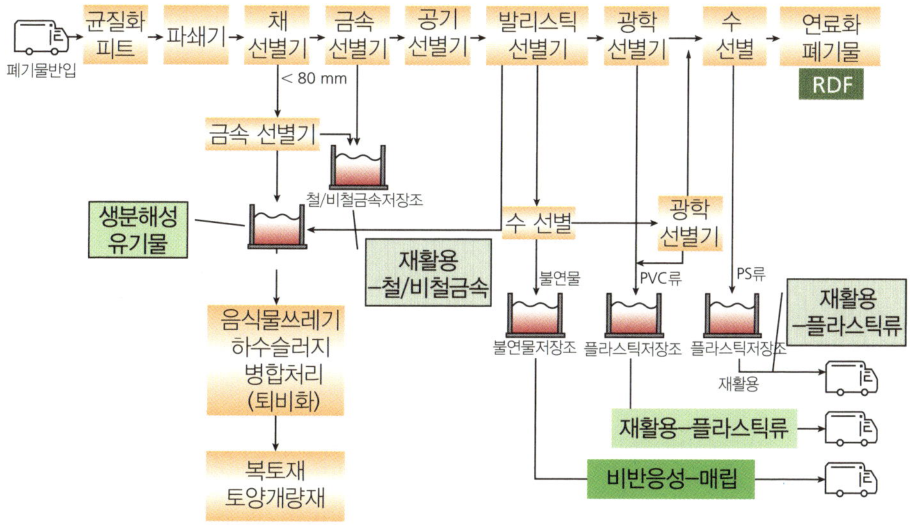

그림 5.4 • 기계적 선별장치(MBT)
(자료: 수도권매립지관리공사 설계안, 2011)

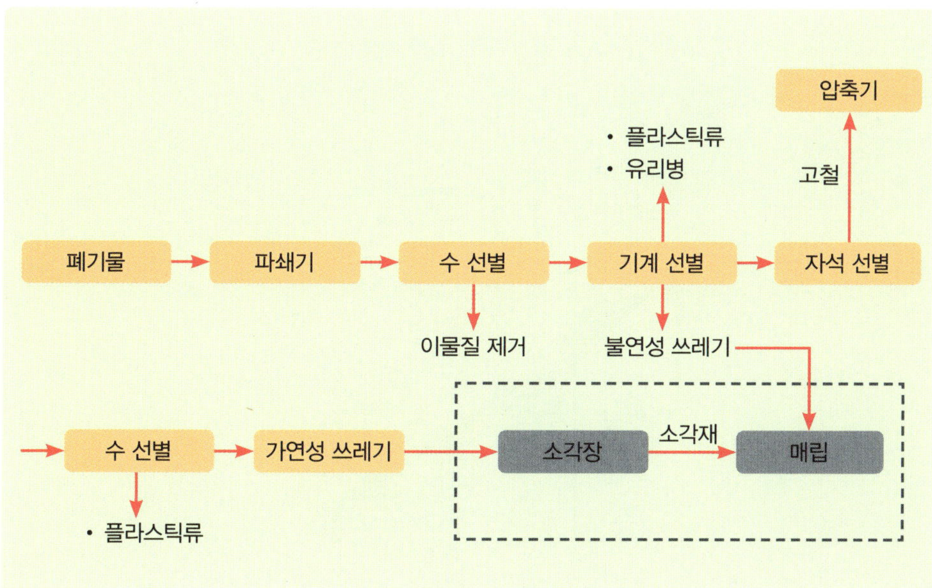

그림 5.5 • MRF 시설 공정 개요

① 기계적 가공

압축이나 파쇄와 같은 가공 처리는 운송시 폐기물의 부피를 줄이고 매립 시에도 소요 부지를 감소시키기 위한 것이다. 이중 파쇄는 주로 소각이나 퇴비화 처리 효율을 높이기 위해 적용된다. 재활용품의 경우에도 금속캔이나 폐지를 압축하는 것과 같이 운송을 용이하게 하기 위해 중간가공을 하는 경우가 많다.

② 소각(Incineration)

소각 처리는 폐기물을 태우는 방법으로 가연성 폐기물을 공기 중의 산소와 반응시켜 연소시킴으로써 폐기물을 연소 가스와 안정화된 고형 연소재로 변환시키는 것이다. 소각은 폐기물의 부피를 95% 이상, 무게를 80% 이상 줄이고 유해물질을 사전에 제거할 수 있으며 적은 면적에 설치가 가능하고, 소각시 발생되는 열에너지를 지역난방 등에 이용할 수 있다는 이점이 있으나, 분진이나 다이옥신과 같은 2차 오염물질이 발생할 우려가 있다. 생활쓰레기의 경우 발생량이 많고 매립지 확보가 쉽지 않은 도시지역에 주로 적용된다. 국가별로는 면적이 적고 인구밀도가 높은 유럽국가와 일본에서 많이 적용되어 왔다. 산업폐기물은 처리비용을 줄이고 유해물질을 제거하기 위해 적용된다. 소각로는 크게 스토커방식, 유동상방식, 로타리킬른방식 등이 있다.

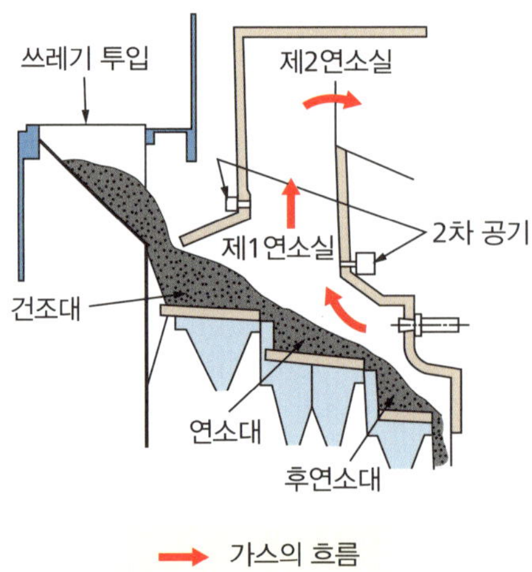

그림 5.6 • 스토커방식 소각로 공정형태
(자료: 폐기물 소각방식의 비교분석 및 경기도 적용에 관한 연구, 1999, 경기개발연구원)

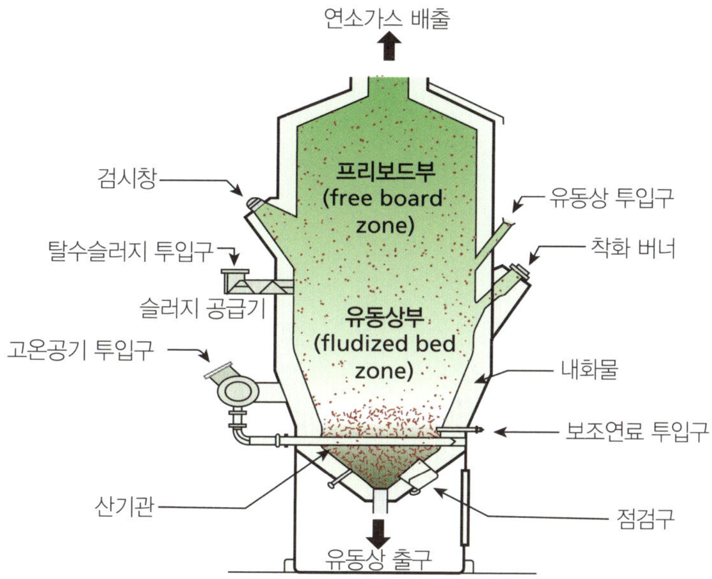

그림 5.7 • 유동상방식 소각로 공정형태

(자료: 폐기물 소각방식의 비교분석 및 경기도 적용에 관한 연구, 1999, 경기개발연구원)

가) **스토커식(Stoker) 소각로:** 생활폐기물 소각로의 90% 이상을 차지하는 범용화된 소각방식으로 비유해성 산업폐기물이나 하수 슬러지 등을 처리하기도 한다. 쓰레기를 화격자(stoker)의 상부에 투입한 후 연소시키는 방식이다. 구조가 비교적 간단하고 폐기물 성상변화에 대응한 처리능력이 뛰어나 혼합쓰레기의 소각에 널리 적용된다. 폐기물의 파쇄 · 선별 등 전처리 설비가 필요 없고 일부 불연물이 포함된 물질의 소각에도 적합하다. 강제 통풍 방식으로 산소를 혼합시켜 고온에서 완전 연소시키므로 규모에 관계없이 폐기물의 연소가 매우 안정적이다. 연소가스의 열에너지를 회수하여 온수공급, 발전 등 폐열에너지를 회수할 수 있는 최적 설비이다.

나) **유동상식(Fluidized Bed) 소각로:** 여러 개의 공기분사 노즐이 있는 화상 위에 모래를 넣고 노즐로부터 공기를 압송하여 모래를 유동시켜 유동층을 형성한 후, 모래를 버너로 약 600~700도 정도로 예열한 상태에서 쓰레기를 투입시켜 순간적으로 건조, 소각하는 방식이다. 유동상의 열용량이 커서 운전중단 상황에 잘 대처할 수 있어 단기간 정지하여도 약간의 열로 재가동이 가능하다. 주로 균질한 성상을 가진 미세한 입자로 구성된 슬러지류나 산업폐기물, RDF(Refuse derived fuel: 폐

기물 고형연료)의 소각에 쓰인다.

다) **회전로식(Rotary kiln) 소각로:** 회전 원통내에 폐기물을 투입하고, 열풍 또는 화염을 그 속에 주입시켜 가열하는 소각방식이다. 소각로가 매우 견고하여 종류와 성상에 관계없이 거의 모든 폐기물을 소각할 수 있으나 설치비가 비싸 주로 유해 폐기물이나 의료폐기물의 소각에 사용된다. 폐기물 연소시 회전로의 운전 온도는 약 500(기화장치인 경우)~1,450°C(고온 재용융로인 경우)의 범위이다. 전통적인 산화연소를 할 때 온도는 대개 850°C 이상, 유해성 폐기물을 소각할 때의 온도는 900~1,200°C 정도이다. 일반적으로 운전 온도가 높을수록 회전로의 내화벽 부착 및 열응력의 위험성이 커진다. 내화벽의 내구성을 높이기 위해 공기나 물을 이용한 냉각장치가 설치되어 있다.

라) **액상 소각로:** 액상 폐기물을 소각하는 것으로 Atomizer에 의해 폐액을 미세한 액적으로 만들어 소각로 내부로 분사하고 내부에서 복사, 대류 전열, 증발 가스화를 촉진시켜 연소속도와 연소효율을 높이는 연소방법이다. 분무형식에는 가압 분무, 2유체 분무, 회전식 분무 방식이 있다. 분무하는 액체의 입경은 10~30 μm 범위가 일반적이며 액적입경이 작을수록 연소상태는 양호해진다. 액적의 연소시간은 분무입경의 제곱에 비례하며 미립화 될수록 불완전연소를 저감하고 발생되는 분진을 줄이는데 현저한 효과가 있다.

마) **열분해 기술:** 열분해는 산소가 없거나 매우 적은 상태에서 열을 가하여 유기물질을 Gas, Oil, Tar/Char로 분해하는 공정이다. 500~900°C 정도의 저온 열분해를 Pyrolysis라고 하여 일반적으로 열분해라고 부르며 1,100~1,500°C의 고온 열분해는 가스화(Gasification)라고 한다. 열분해 과정(원료 + 열 → 기체 + 액체 + 고체)과 용융 미열물질(탄화물 및 무기물)을 고온의 온도로 녹여 유리화하는 용융과정을 포괄한다. 완전 연소가 가능하고 무(저)산소 상태에서 물질을 분해하므로 다이옥신 등 유해물질 발생이 크게 감소된다. 설치비용은 비싸나, 단위 폐기물당 발전효율이 약 25% 정도로 기존방식(7~13%)보다 높다. 과잉공기비가 적어 방지시설이 작아지므로 Plant가 소형화 되어 운영비는 절감되나 초기 투자비용이 크다.

③ 퇴비화(Composting) 및 사료화

퇴비화는 미생물에 의해서 유기물질을 분해하여 유용한 비료 성분으로 변환 · 재활용하는 중간처리 방법의 일종이다. 음식물쓰레기와 같은 유기성 폐기물이 다량 배출되는 지역에서 적용할 수 있는 중간처리 방식이다. 퇴비화시설을 설치하고자 하는 경우 유기성 폐기물의 배출량 외에 퇴비의 수요처를 고려해야 한다. 퇴비가 인근 농경지에 사용되기 어려운 경우는 처리비용만 증가되기 때문이다.

퇴비를 만들기 전에 전처리 설비를 통해 폐기물 내의 금속류 등 불순물을 선별하고, 필요한 약품을 추가하는 경우가 많다. 퇴비화 공정에서는 미생물의 활력이 유지되도록 적당한 조건을 유지해 주어야 하며 공정에 영향을 미치는 주요 인자는 온도, pH, 산소공급, C/N비, 유해물질 함유여부 등이다. 호기성 미생물(aerobes) 또는 혐기성 미생물(anaerobes)을 이용할 것인지에 따라 공정이 달라진다. 퇴비화 기간은 공정 선정의 중요한 변수이며 기간에 따라 야적 퇴비화, 고속 퇴비화, 준고속 퇴비화로 구분된다.

사료화 방식은 폐기물내의 음식물쓰레기를 발효시켜 가축의 사료로 사용하는 방법으로 퇴비화와 함께 음식물쓰레기를 재활용하는 방법으로 사용되고 있다. 음식물쓰레기의 사료화는 기존의 배합사료에 비해 저렴하고 매립 · 소각비용을 절감하는 효과가 있다. 그러나 음식물쓰레기는 부패되기 쉽고 유해세균이 잔존할 경우 가축에게 좋지 않은 영향을 미칠 수 있는 단점이 있다. 특히 광우병 사태 이후 사료화의 안전성에 논란이 있어 점차 감소되는 추세이다.

④ 폐기물 에너지화

폐기물 에너지화는 폐기물을 원료로 에너지를 생산하는 방법으로 중요한 재생에너지원이다. 폐기물 에너지화에는 다음과 같은 방법이 있다.

가) 가연성 폐기물의 소각공정에서 소각열을 회수하여 발전을 하거나 스팀을 생산하는 방법

나) 폐기물에서 타지 않는 무기물과 발열량이 낮은 유기물을 제거한 후에 남은 물질을 균질화하여 그대로 이용하거나 펠렛화하여 이용하는 폐기물 고형연료화 방법(RDF)

다) 음식물쓰레기, 하수슬러지 등 생분해성 폐기물을 혐기성 소화시켜 메탄가스(바이오가스)를 생산하는 방법

라) 폐플라스틱, 폐타이어, 폐고무 등 고분자폐기물을 열분해하여 액체연료로 변화시키는 방법

마) 폐유를 정제하여 재생연료유를 생산하는 방법

1) RDF

2) 바이오가스 생산시설

그림 5.8 • 폐기물 에너지화 방법

바) 매립지에서 발생하는 메탄가스(LFG)를 포집하여 가스로 사용하거나 발전하는 방법

(4) 최종처분: 매립(Landfill)

매립은 폐기물을 최종적으로 처리하여 자연으로 환원하는 것이다. 소각이나 퇴비화와 같은 중간처리 과정에서 나오는 잔재물도 결국 매립과정을 거쳐야 한다. 미국의 토목학회는 위생매립의 정의를 "주민을 포함한 공공의 건강이나, 안전에 해(hazard)가 되지 않도록 폐기물을 처분하는 행위로서 공학적으로 가능한 적은 면적에 폐기물 부피를 최소화하여 묻은 후 처분된 폐기물을 최소한 매일 흙으로 덮는 방법이다."라고 설명하고 있다.

매립의 종류는 단순매립, 위생매립, 안전매립으로 나눌 수 있다. 단순매립(open dump)은 구덩이나 야적지에 폐기물을 묻는 비위생적 매립 형태이다. 우리나라도 1991년 수도권 쓰레기 매립지를 준공하기 전까지 전국의 생활쓰레기를 대부분 단순 매립하였다. 위생매립(sanitary landfill) 방식은 폐기물 처분시 2차 오염물질을 제거하는 처리공정을 적용한 매립방식으로 선진국들의 일반적인 처리방식이다. 안전매립은 유해폐기물의 최종처분 방법으로 많이 적용되는 방식으로 밀폐형 시설에 폐기하여 자연계와 완전히 차단하는 방법이다. 처리비용은 매우 비싸지나, 안전성을 확실히 담보할 수 있다.

매립지의 운영시에 나타날 수 있는 오염현상은 다음과 같고 토양과 지하수 오염에 가장 유의해야 한다.

1) 침출수 발생으로 인한 토양 및 지하수오염
2) 매립 가스 발생으로 인한 대기오염
3) 매립지 주변에 서식하는 식물의 오염

이러한 2차 오염을 최소화하기 위해 매립지 구조물의 설계, 시공, 운영 및 사후 관리시 오염정화 및 차단 시설을 설치 · 운영해야 한다. 여기에는 침출수 집배수 및 처리시설, 매립가스 수집 및 처리시설, 우수 집배수시설, 홍수 대비용 차수시설 등이 있다.

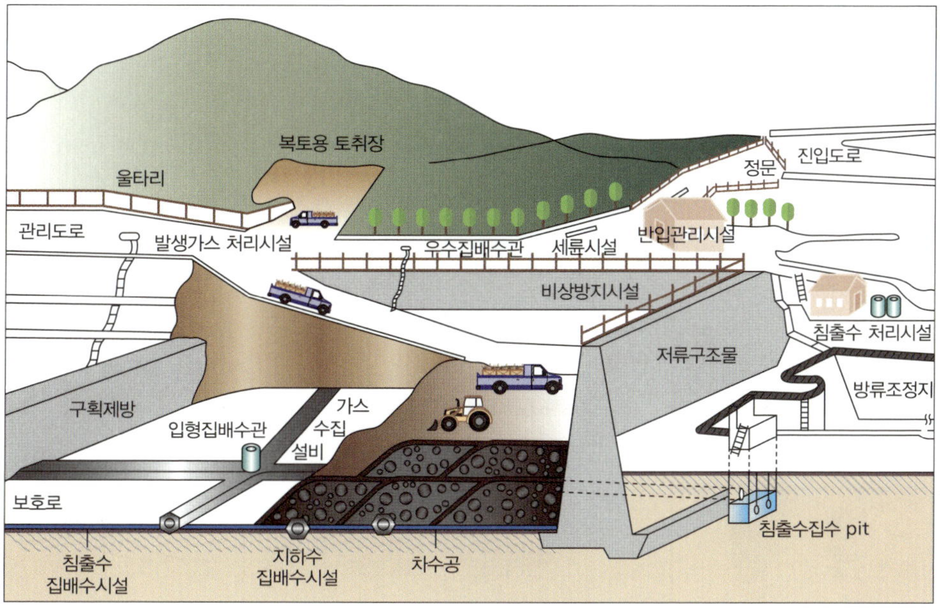

그림 5.9 • 매립시설 개요도

① 매립지 가스 처리

매립지에서 발생하는 가스는 메탄, 탄산가스, 질소가 주된 성분이고 그 외에 암모니아, 일산화탄소, 수소, 황화수소, 산소 등이 포함되어 있다. 유기성 폐기물의 혐기성 분해에 의해 발생되는 가스의 주성분은 메탄이 대략 55%, 이산화탄소가 45%를 차지한다. 초기에는 탄산가스의 농도가 메탄보다 높은데 이는 호기성 분해의 결과이다. 산소가 소비되고 나면 혐기성 분해로 이어져 메탄가스의 양이 탄산가스보다 많아지는데 시간이 경과하면서 메탄 발생량은 계속 증가하는 반면 이산화탄소는 매립지 아래층으로 확산되기 때문이다. 매립지는 매립종료 후에도 사후관리 기간이 10~20년 가량 필요한데, 매립가스가 계속 발생되고 지반침하가 일어나기 때문이다.[3]

3) 서울 난지도 쓰레기 매립장의 경우 매립 종료 후 20년 이상 지났어도 충분히 안정화되지 않았다. 이와 같이 쓰레기 매립지는 사용 후에 상당기간 유휴지나 녹지로 자연안정화 과정을 거쳐야 다시 사용할 수 있다. 최근에는 수도권매립지 내의 사용 완료된 부지에 골프장을 건설하여 활용하고 있다.

메탄가스는 공기 중에 5% 이상 존재하면 폭발할 가능성이 높은 위험한 가스인데 흔히 5%를 최저폭발한계(LEL : Low explosive limit)라고 한다. 미국의 경우 매립지 주변 가스 검사에서 메탄가스 등의 함유율이 LEL의 25%를 초과하면 매립가스 환기설비를 설치하도록 하고 있다. 메탄가스는 공기보다 비중이 낮아 매립지 내에서 위로 상승하며 지하시설물 내에 축적될 경우 폭발할 가능성이 있다. 최근에는 매립가스를 포집하여 발전하는 시설이 선진국을 중심으로 크게 확산되고 있다. 가스 발전시설은 방치되거나 소각하던 가스를 재활용하고 온실가스 저감에도 기여하게 된다. 우리나라도 수도권 쓰레기매립지에 50 MW 급의 대형 매립가스 발전시설을 설치 · 운영하고 있다.

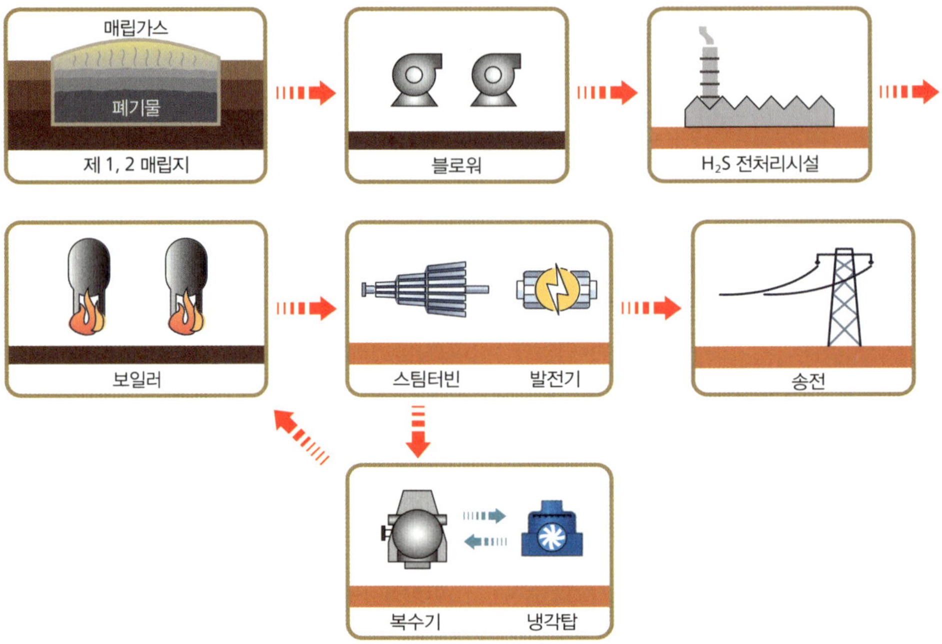

그림 5.10 • 수도권매립지 가스 발전시설(50 MW)

② 침출수 처리

침출수(leachate)란 매립지 내부의 쓰레기에서 유출되는 액체로서, 매립지 하부로 침투하면서 흘러나온다. 침출수는 대부분 매립된 쓰레기에 빗물이 침투하면서 다량 발생되며 대개 강우량의 50% 정도가 침출수로 나온다. 따라서 침출수 발생을 최소화하기 위해서는 매립된 곳에 빗물이 들어가지 않도록 하는 배수설비와 매립 후 복토가 중요하다. 침출수는 유기물질과 중금속 등의 각종 유해물질의 농도가 높아 그 처리가 상당히 어렵고, 제대로 처리하지 않으면 생태계에 심각한 영향을 주게 된다. 침출수의 성상은 폐기물의 종류와 분해 특성에 따라 크게 달라지므로 항목별 평균값을 나타내기가 어렵다. 따라서 매립장별로 성상을 사전에 분석하여 최적 처리방법을 강구해야 한다.

침출수의 처리는 매립지 내에 자체 처리장을 설치하는 경우와 인근 하수처리장으로 이송하여 병합 처리하는 방법이 있다. 자체 처리하는 경우 하 · 폐수 처리공정인 생물학적 처리방법과 화학적 처리방법을 함께 적용하며, 일반 처리기술에 고도처리 공정이 보강되어야 한다. 병합 처리하는 경우는 하수처리장의 수용능력을 고려하여 적정량 이하로 유입시켜야 안정적으로 운전할 수 있다.

③ 복토

복토는 매립된 쓰레기를 흙으로 덮어주는 것이다. 매립지에서 복토는 악취나 먼지 발생, 우수침투 방지를 위해 중요하다. 복토에는 1일 복토, 중간복토, 최종복토 과정이 있다. 매일 매립작업 후에 시행하는 1일 복토는 15 cm 이상, 매립종료 후의 최종복토는 통상 30 cm 이상 덮어준다. 복토재로는 자연토사 외에 인공복토재를 쓰기도 한다.

그림 5.11 • 매립지 복토작업 현장

5.3 우리나라 폐기물 발생 및 처리현황

가. 폐기물의 발생 추이

우리나라의 폐기물 발생량은 지속적으로 증가하는 추세이며, 2021년 기준으로 1억 9,728만 톤이 발생하였다. 그림 5.12와 같이 건설폐기물과 사업장 배출시설계 폐기물은 계속적으로 증가하는 경향을 보이는 반면 생활폐기물과 지정폐기물의 발생량은 거의 일정한 수준을 유지하고 있다.

2021년의 폐기물 발생량을 종류별로 보면 표 5.3과 같이 생활폐기물 11.5%, 사업장 배출시설계 폐기물 43.0%, 지정폐기물 3.0%, 건설폐기물 42.5%를 차지하고 있다. 건설폐기물과 사업장 배출시설계 폐기물이 85.5%를 차지하고 있으므로 폐기물의 발생량을 줄이기 위해서는 이 부분의 감량 정책이 중요하다.

표 5.3 • 2021년 전국 폐기물 발생량

구분		1일 발생량(만톤)	연간 발생량(만톤)	비율(%)
생활폐기물		6.2	2,270	11.5
사업장폐기물	사업장 배출시설계	23.3	8,490	43.0
	건설폐기물	23.0	8,381	42.5
	지정폐기물	1.6	598	3.0
총계		54.1	19,738	100

생활폐기물의 1인당 발생량은 1994년에는 1일 1.3 kg 수준이었으나 종량제 시행이후 다소 감소되어 2021년에는 1일 0.95 kg으로 선진국들과 유사한 수준을 보이고 있다. 음식물쓰레기의 비중이 높은 것이 특징이다.

표 5.4 • 1인당 생활폐기물 배출량(2021년)

(단위: g/일/인)

구분	계	종량제 폐기물	음식물류 폐기물	재활용
1인당 1일 배출량	950.6 (100%)	330.8 (34.8%)	310.9 (32.7%)	308.8 (32.5%)

(자료: 환경부, 2023, 제6차 전국폐기물통계조사)

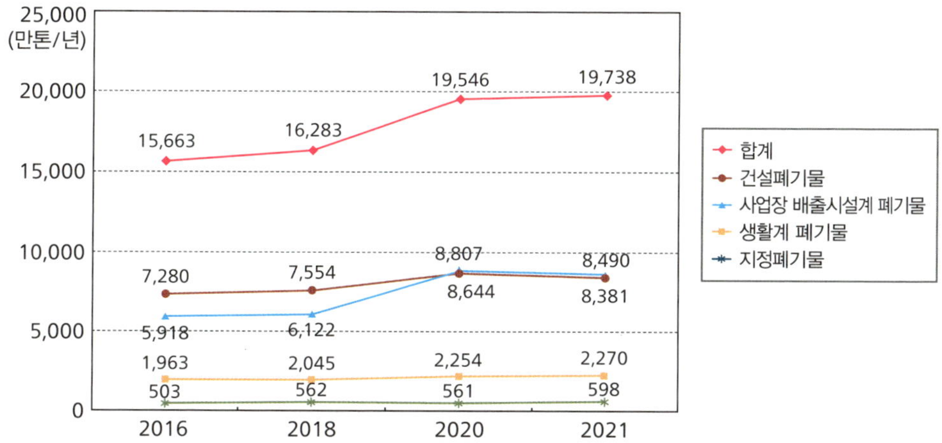

그림 5.12 • 폐기물 발생량 변화 추이
(환경부, 2022, 2021년도 전국 폐기물 발생 및 처리현황)

나. 폐기물의 처리 추이

(1) 생활계 폐기물 처리

생활계 폐기물의 처리는 그림 5.13과 같이 1990년대 이후 재활용량은 계속 증가하고 매립량은 급격하게 감소하였다. 1995년에 72.3%를 매립하고, 23.7%만을 재활용하였으나, 종량제가 도입되고 재활용품의 분리배출이 확대되면서 2021년에는 재활용률이 56.7%로 크게 증가하고 매립률은 12.9%로 감소하였다. 또한 소각률도 1995년에는 4.0%이었으나 도시지역의 소각장이 증설되면서 2021년에는 24.9%로 크게 증가하였다. 이와 같이 폐기물의 처리가 단순매립 위주에서 중간처리에 의해 자원과 에너지를 회수하고 잔재물을 매립하는 방향으로 전환되는 추세이다.

(2) 사업장폐기물의 처리

사업장폐기물은 생활폐기물에 비하여 배출원별로 성상이 균질하고 다량 발생하는 배출원이 많기 때문에 기술적으로 재활용이 상대적으로 용이하다.[4] 재활용품으로 가공하여 유가물로 판매하는 경우가 많고 소각 · 매립 처리에 비하여 처리비용이 적게 소요되어 재

4) 폐기물관리법에서는 사업장폐기물 중 재활용이 가능한 것은 재활용하고 가연성 물질은 소각처리 하도록 규정하여 사실상 직접 매립하는 것을 제한하고 있다.

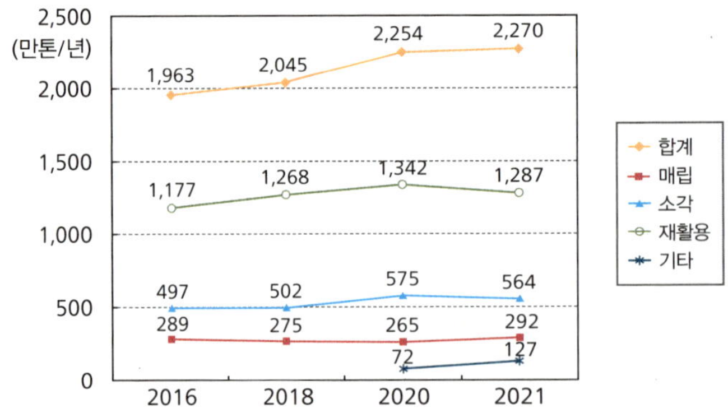

그림 5.13 • 생활폐기물 처리현황 추이

(환경부, 2022, 2021년 전국 폐기물 발생 및 처리현황, 2018년도까지는 재활용에 포함되어 있던 소각을 제외한 중간처분량, 화학적 · 생물학적 처분이 2019년부터 "기타"항목으로 분리됨)

활용 위주로 처리되어 왔다. 건설폐기물과 사업장배출시설계 폐기물의 발생량은 지속적인 증가 추세를 보이고 있다. 매립과 소각에 의해 처리한 폐기물량에는 큰 변화가 없고 재활용량이 크게 증가하는 추세이며 2021년에는 사업장폐기물의 90.8%가 재활용되었다. 2021년 기준으로 전체 사업장폐기물 발생량 17,469만톤을 종류별로 구분하면 배출시설계 폐기물 48.6%, 건설폐기물이 48.0%, 지정폐기물 3.4%, 순으로 나타났다. 처리방법별로는 재활용이 90.9%로 가장 높고, 매립 4.3%, 소각 2.4% 순이었으며, 특히 건설폐기물 및 배출시설계 폐기물의 재활용 비율이 각각 99%, 84%로 높게 나타났다.

표 5.5 • 사업장폐기물 발생 및 처리현황(2021년)

(단위: 만톤/년)

구분	처리현황				
	매립	소각	재활용	기타	합계
사업장배출시설계 폐기물	617	321	7,166	386	8,490
건설폐기물	49	14	8,318	–	8,381
지정폐기물	88	81	390	39	598
합계	754	416	15,874	425	17,469

(자료: 환경부, 2022, 2021년 전국 폐기물 발생 및 처리현황, 2018년도까지는 "기타"에 해역배출량만 포함되며, 2019년부터 재활용에 포함되어 있던 소각을 제외한 중간처분량, 화학적 · 생물학적 처분, 해역배출량이 2019년도부터 "기타"항목으로 분리됨)

5.4 우리나라 폐기물 관리 정책

가. 폐기물 관리 여건

우리나라는 1970년대 이후 급속한 경제성장으로 폐기물의 발생량이 지속적으로 증가하고 있으며, 생물학적 분해가 어려운 유기합성물질과 대형 폐기물, 유독성 폐기물 역시 증가하여 질적으로 악성화 되었다. 우리나라는 좁은 국토와 높은 인구밀도, 제조업 위주의 산업구조로 폐기물 관리가 쉽지 않다. 소각장, 매립장 등 폐기물 처리시설의 설치도 주민반대로 용이하지 않고 재활용의 경우 경제성이 부족한 경우가 많아 한계가 있다. 이러한 여건에서 지난 1980년대부터 폐기물 위생처리장을 확충하기 시작하였고 1990년대부터는 재활용 위주의 관리정책을 강화하여 왔다.

나. 폐기물관리 법규 및 제도

(1) 폐기물 관련 제도의 발전과정

우리나라는 1987년에 폐기물의 위생처리 개념을 강화하고 재활용 개념을 도입한 "폐기물관리법"이 제정되면서 본격적인 폐기물관리가 시작되었다. 1990년대부터 재활용을 활성화하고 폐기물 처리시설을 확충하기 위하여 세분화 · 전문화된 다수의 법률을 제정하였으며 2016년에는 자원순환기본법이 제정되었고, 이 법은 2024년 순환경제사회 전환 촉진법으로 개정되었다. 폐기물관리법 체계의 발전과정을 요약하면 표 5.6과 같다.

표 5.6 • 폐기물관리법 체계의 변천

정책기조 (법규)	단순 청소 (오물청소법)	폐기물처리 (환경보전법)	통합관리 (폐기물관리법)	재활용 활성화 (재활용법)	자원순환정책 (전문화 분법)
시기	1961~1977	1978~1986	1987~1992	1993~2002	2003~현재
주요 내용	생활쓰레기 등의 단순매립 처리	산업폐기물의 안전한 처리에 관한 내용	생활폐기물과 산업폐기물의 관리를 통합	감량화와 재활용 촉진을 위한 법률의 제정	• 건설폐기물, 전기전자폐기물, 폐차의 재활용 촉진 법률 제정 • 자원순환기본법 제정
비고	이원화 관리체계		일원화 관리	분법화 관리체계	

(2) 폐기물관리법의 주요내용

폐기물관리법에서는 폐기물을 수집 · 처리해야 하는 책임주체를 규정하고 수집 · 보관 · 운반 · 중간처리 및 최종처리 등 처리 단계별로 준수해야 할 기준을 명시하고 있다. 생활폐기물의 처리는 공공적 성격을 지니므로 시장 · 군수에게, 사업장폐기물은 사업자에게 기본적인 처리 책무를 부여하고 있다. 폐기물 처리시설의 설치 · 운영 기준도 제시하고 있으며 개략적인 내용은 표 5.7과 같다.

표 5.7 • 폐기물관리법의 구성과 주요내용

구분	개요
총칙	• 목적, 정의, 적용범위 • 폐기물관리의 기본원칙, 국가 및 지방자치단체, 국민의 책무 • 폐기물의 투기 금지
폐기물의 배출과 처리	• 폐기물의 처리기준, 폐기물의 재활용 용도와 방법 • 생활폐기물의 처리 등에 대한 폐기물배출자의 협조 등 • 사업장폐기물 배출자와 처리자의 의무 • 폐기물 분석 전문기관
폐기물처리업	• 폐기물처리업, 결격사유, 허가의 취소, 과징금 처분 • 폐기물처리시설의 설치 · 검사 · 관리 • 허가 · 신고의 의제, 권리 · 의무의 승계
폐기물처리업자의 지도 · 감독 등	• 기술관리인, 폐기물처리담당자 등에 대한 교육 • 방치폐기물처리, 폐기물처리공제조합의 설립

(3) 자원순환정책의 발전과정

우리나라의 감량 · 재활용 정책은 1980년대 후반부터 도입되었다. 1980년대 후반 생활쓰레기의 분리수거가 대도시를 중심으로 시작되어 종래 고물상을 중심으로 회수되던 폐지, 고철, 공병 등 재활용이 가능한 폐자원들이 지역단위로 회수되기 시작하였다. 1993년에는 "자원의 절약과 재활용촉진에 관한 법률"이 제정되었다.[5] 이 법에서는 폐기물 감량화를 촉진하는 제도와 함께 재활용 확대를 위한 예치금 및 부담금제와 같은 경제적 수단, 재활용품 수요 확대방안, 사업자의 책무 등을 규정하였다. 1995년에는 생활쓰레기 수거료

5) 이는 폐기물의 재활용을 촉진하기 위해 "폐기물관리법"에서 재활용 관련 사항을 분리한 동시에 새로운 재활용 관련 제도를 대폭 포함하여 별도의 법률로 제정한 것이다.

종량제를 전국적으로 시행하였으며 2001년에는 예치금제도를 발전시켜 생산자에게 직접 재활용의무를 부과하는 '생산자책임 재활용제도(Expanded Producer Responsibility)'를 도입하게 되었다.

건설폐기물의 경우 1990년대 후반부터 재개발 · 재건축 등 건설공사가 급증함에 따라 발생량이 크게 증가하였다. 앞의 표에서 보듯이 2011년에 전체 폐기물의 48%를 점하고 있다. 이렇게 다량 발생되는 건설폐기물의 처리난을 해소하고자 순환골재 등으로 자원화하는 방안이 확산되고 있다. 정부는 기존에 "폐기물관리법"에 규정되어 있던 건설폐기물 관련 내용을 분리 · 보완하여 건설폐기물의 분리배출과 처리, 순환골재 품질기준 및 품질인증, 재활용 기준 등에 관한 사항을 규정한 "건설폐기물의 재활용촉진에 관한 법률"을 2003년 12월에 제정하였다.

21세기 들어 유럽연합과 일본 등에서 제품 생산에 다량의 자원을 사용하는 전기 · 전자제품과 자동차 등의 재활용을 촉진하는 제도가 도입된다. 우리나라도 제조시 납, 수은 등 유해물질의 사용을 억제하여 처리과정에서 환경오염을 방지하는 동시에 재활용이 용이하게 제품을 설계하도록 의무화하는 "전기 · 전자제품 및 자동차의 자원순환에 관한 법률"을 2007년 7월에 제정하였다.

최근에는 선진국을 중심으로 폐기물을 잠재적 자원으로 인식하여 최대한 재순환하는 정책으로 전환되고 있으며 우리나라도 제품의 생산부터 유통 · 소비 · 폐기에 이르기까지 보다 효율적으로 자원이 이용되도록 관리하고, 폐기물의 발생량을 극소화시켜 환경부하를 줄이는 한편, 자원의 순환이용을 촉진함으로써 자원이 순환되는 사회 기반을 구축하기 위하여 "자원순환기본법"을 2016년에 제정하였다. 이 법에는 자원순환사회 발전을 위한 원칙과 책무, 순환자원의 인정범위, 자원순환기본계획의 수립, 자원순환 성과관리제, 제품의 유해성 및 순환이용성 평가, 폐기물처분부담금 등의 내용을 포함하고 있다. 이 법은 2024년에 경제 · 사회구조의 근본적인 전환을 도모한다는 목적아래 "순환경제사회 전환 촉진법"으로 개정되었다.

다. 폐기물 관리정책 체계

현행 폐기물 관리정책의 기본 틀은 표 5.8과 같이 발생량의 원천적 저감, 발생 폐기물의 재사용 · 재활용과 폐자원 에너지화의 극대화, 위생 소각 및 매립 처리로 구분할 수 있다.

표 5.8 • 우리나라의 폐기물 관리체계 요약

단계	구분	내용
발생억제 (Reduce)	1회용품 사용억제	– 규제방법 : 사용억제, 무상제공 및 제작 · 배포 금지 등 – 대상품목 : 1회용 컵 · 용기 · 수저, 면도기 등
	과대포장 규제	– 음식료품류, 화장품, 세제류, 잡화류, 종합제품 등
	폐기물부담금제도	– 살충제 · 유독물, 부동액, 껌, 1회용 기저귀, 담배, 플라스틱제품
재사용 (Reuse)	빈 용기(공병) 보증금제도	– 맥주, 소주, 청량음료류 등 반복 사용이 가능한 유리병의 세척 · 재사용
재활용 (Recycle)	생산자책임 재활용제도(EPR)	– 7개 제품군 : 전자제품(10종), 타이어, 전지(7종), 윤활유, 형광등, 합성수지 재질의 1회용 봉투 및 쇼핑백 – 4개 포장재군 : 금속캔, 유리병, 종이팩, 합성수지포장재
	재활용시설 지원	– 선별 · 보관 및 압축 · 파쇄시설 등 국고 지원
	재활용산업 육성	– 재활용시설자금 지원, 재활용품 사용 촉진, GR마크제도
에너지화	가연성 · 유기성 폐기물	– 고형연료제품(SRF, Solid Refuse Fuel) 제조, 유기성 폐기물의 바이오가스화(연료, 전력생산)
	소각여열/매립가스 회수 및 이용	– 지역난방, 산업용 스팀 공급, 전력생산
소각/매립	소각시설의 설치	– 다이옥신 등 배출가스 관리기준 강화, 주민지원사업
	매립시설 설치	– 위생매립 및 침출수 위생처리, 가스발전, 주민지원사업

쓰레기 종량제 도입 배경

1995년 이전의 쓰레기 수수료제도는 배출량과 관계없이 건물 면적이나 재산세를 기준으로 부과하는 방식이었다. 따라서 국민들은 쓰레기를 줄일 필요를 느끼지 못하였다. 당시 폐기물의 발생량이 계속 증가하였고, 그 처리비로 인한 재정 부담과 매립지 확보난이 가중되었다. 정부에서는 쓰레기의 발생량을 줄이는 방안으로 쓰레기의 배출량에 따라 수수료를 부과하는 쓰레기 종량제를 도입하게 되었다.

1995년 1월부터 전국적으로 시행한 결과 쓰레기 발생량이 20~30% 감소하고, 재활용품은 30% 이상 증가하는 성과를 얻었다. 이는 쓰레기 중 재활용품을 처리대상 쓰레기와 분리하여 배출하면 무상으로 수거해 가는 재활용품 분리수거제도를 함께 시행하여 경제적 인센티브를 부여했기 때문이다. 종량제는 비교적 성공한 폐기물 관리제도로 평가된다. 한편 비닐재질인 종량제 봉투가 추가로 폐기물을 발생시키기 때문에 일부 선진국과 같이 용량별로 규격화된 쓰레기통 단위의 새로운 종량제를 도입해야 한다는 의견도 제기되고 있다.

CHAPTER 06

토양 · 지하수 오염

6.1 토양 · 지하수의 개요

가. 토양의 정의

토양은 수자원 함양 및 홍수 예방, 오염물질의 정화, 토사붕괴 및 지반침하 방지, 침식 억제, 지표의 온도 · 습도 유지, 토양 생물종 보호 등의 다양한 환경적 기능을 갖고 있다. 또한 식물을 물리적으로 지지하고 수분과 양분을 공급해 주는 재배지이자 환경오염물질의 수용체로서의 기능도 가진다. 여기서 토양이란 식물의 생장의 관점에서 물질적인 측면을 중시한 개념으로서 곧 흙이며, 토지는 농업지역, 공업지역 혹은 거주지역 등 어떤 이용 상태에 대한 개념에 주로 사용된다. 따라서 우리는 환경오염 문제를 논할 때 토양오염이란 용어를 쓰는 것이다.

나. 토양의 조성

토양은 지각의 표면을 덮고 있는 부드러운 물질로서 암석이 풍화되어 생성된 소석, 모래, 점토 등의 무기물과 생물체를 포함한 유기물, 그리고 이들 고체 입자들 사이에 함유된 수분과 공기로 구성되어 있다. 즉 고체상, 액체상, 기체상의 3상으로 구성된다.[1] 토양은 일반적으로 암석이 물, 바람, 공기, 생물 등의 작용으로 변화되어 형성되며, 직경 0.05∼2 mm 정도의 입자는 모래, 0.002∼0.05 mm의 입자는 미사토(silt), 0.002 mm 이하의 입자는 점토로 구분한다. 입자 간극은 토양 부피의 대략 30%에 달하며 입자가 클수록 입자 간의 기공이 커서 토양의 통기성이 크다. 지각과 토양의 화학적 조성을 보면 표 6.1에서

1) 토양은 성상에 따라 고체상, 액체상, 기체 상태로 분류할 수 있다. 토양은 이러한 성상을 갖는 복합체이다. 이들 3상의 구성 비율은 토양의 상태와 유형에 따라 변화하며, 육지토양의 경우 식물이 잘 자라는 3상의 비율은 고체상 50%, 액체상 25%, 기체상 25% 정도이다. 고체상 50% 중에 무기물이 45%, 유기물이 5% 정도이다.

표 6.1 • 토양의 화학적 조성

주요 성분(7개 성분)	조성비(%)
계	100
규산(SiO_2)	69
반토(Al_2O_3)	11
산화철(Fe_2O_3)	11
석회(CaO)	2
고토(MgO)	1
소다(Na_2O)	2
칼리(K_2O)	1
기타	3

보듯이 규산(SiO_2) 등 7개 성분이 토양의 97%로 대부분을 차지하고 그밖에 TiO_2, MnO, P_2O_5, CO_2, SO_3, H_2O 등이 있다.

다. 토양의 성질

토양에 함유된 공기는 미생물의 활동으로 산소가 감소하여 산소결핍 상태가 되기도 하고 이산화탄소를 1~10% 함유하는 수도 있다. 또한 토양은 철분 등 산화되기 쉬운 성분을 함유하고 있다. 물에 용해된 물질이나 가스 등은 토양입자의 표면에 흡착되는데 1 g의 토양 입자의 전 표면적은 0.1~0.95 m^2 정도이며, 미립자일수록 면적이 커서 흡착력이 강하다. 토양의 흡착작용은 취기 제거에도 효과가 있다. 토양에 매립된 부패물에서 악취가 서서히 사라지는 것은 이 때문이다. 화학비료의 사용은 일시적으로 수확량을 증가시키나 과도하게 사용하면 지력이 저하되는데 이는 토양 콜로이드의 응집현상 때문이다.

토양 중에는 각종 미생물이 생존하고 있으며, 토양 1 g 중 10만개 이상에 달한다. 이러한 미생물들은 생태계에서 분해자의 역할을 함으로써 토양에 양분을 공급한다. 따라서 좋은 흙, 즉 비옥한 토양이라 하면 미생물의 개체수가 많은 토양을 말한다. 토양 위의 낙엽은 좋은 유기물로 미생물의 생육에 양질의 영양분을 공급하는 효과가 있다. 사람이나 동물의 배설물 혹은 사체 등은 토양 중에서 미생물의 작용으로 혐기성의 부패 발효나 호기성의 산화분해가 진행되어 점차 단순한 무기물로 변화한다. 한편 단백질 등에 함유된 유기성 질소는 암모니아성 질소, 아질산성 질소, 질산성 질소의 순으로 변화하는데, 이는 토양속의 질산화균에 의해 산화되는 것으로서 이 과정을 질산화라 한다.

이와 같이 토양은 흡착작용과 미생물에 의한 분해작용 등에 의하여 각종 오염물질을 분해하여 정화하는 기능을 가지고 있으며 이것이 토양의 자정작용이다. 병원균도 특별한 것 이외는 이 자정작용에 의하여 비교적 빠르게 사멸한다. 그러나 중금속처럼 분해가 되지 않는 오염물질이나 PCB와 같이 난분해성 물질로 오염된 경우는 자정작용에 의한 정화가 불가능하다.

6.2 토양 · 지하수 오염의 정의와 발생과정

가. 토양오염의 정의

토양이 식물 생육과 식량 생산의 근원지임에도 불구하고 도시화와 산업 발전으로 오염되어 양질의 경작지가 점차 줄어들게 되었다. 인류는 식량 증산을 위해 과학기술을 토대로 농업생산성을 높이기 위해 노력하였고 이 과정에서 각종 농약과 비료가 개발되어 단위면적당 생산량이 크게 증가하였다. 이러한 농약 · 비료의 과도한 사용과 오염물질의 유입으로 토양의 질이 저하되는 지역이 많이 나타나고 있다. 이처럼 토양의 질이 지금과 같은 비율로 계속 저하된다면 앞으로 20년 안에 세계의 경작지 가운데서 거의 1/3이 황폐해질 것이라는 보고도 있다.

토양오염을 토양환경보전법에서는 "사업활동 기타 사람의 활동에 따라 토양이 오염되는 것으로서 사람의 건강이나 환경에 피해를 주는 상태"라고 정의하고 있다. 즉 인간의 활동에 의해 만들어진 여러 가지 물질이 토양에 들어가 그 성분이 변화되어 환경 구성요소로서의 토양 기능에 악영향을 미치는 상태라 하겠다. 국가별 오염토양의 정의는 표 6.2와 같다.

나. 토양오염의 특징

토양오염은 통상 수질 · 대기오염과 달리 오염 현상이 단기간에 가시적으로 나타나지 않는다. 따라서 토양오염이 상당히 진전되어 피해를 입은 후에야 오염 사실을 알게 되는 경우가 많다. 또 토양오염은 토양에 서식하는 생물체와 지하수 오염을 통하여 인간에게 피해를 유발하므로 일반적으로 오염 시점과 피해 발생시점 간에 상당한 시차가 있어 오염 원인이 불명확해진다. 이와 같이 토양오염으로 인한 피해는 장기간에 걸쳐 나타나고, 오염

표 6.2 • 국가별 토양오염의 정의

국가	오염토양의 정의
덴마크	지하수를 오염시킬 수 있거나 또는 지역주민의 건강을 위협할 수 있는 오염물질이 있는 토양
핀란드	토양중의 오염물질 농도가 자연함유량을 "기록적으로" 초과하여 그 총량이 유의성을 갖거나, 또는 토양중의 화학물질이 인간의 건강 및 환경에 위해성을 나타낼 수 있는 토양
독일	인간의 건강과 복지 및 가축, 작물 또는 지하수 등의 경제적으로 중요한 자연적 재산에 직접적 또는 간접적인 악영향을 미칠 수 있는 토양
네덜란드	토양에 존재하는 물질의 농도가 일반적인 농도보다 높으며 한 가지 또는 그 이상이 토양의 기능에 비가역적인 영향을 주는 토양
영국	그 이전의 이용에 의하여 향후 재개발 등의 이용에 위해한 영향을 줄 수 있는 물질을 포함하고 있으며, 이로 인하여 제한된 개발이 진행되거나 어떠한 종류의 복원 또는 위해성 평가가 요구되는 토양

정화에 많은 시간과 비용이 요구된다.

지하수 오염 측면에서 보면 모래성분이 많은 토양은 배수성과 투수성이 큰 반면 흡착력이 작아져 오염수가 토양에 흡착되어 제거되는 양이 작아지므로 지하수를 오염시키기 쉬운 조건이 된다. 일반적으로 점토량에 비례하여 지하수 오염 정도가 낮아지는 것이다. 쓰레기 매립장의 바닥재나 골프장 바닥에 점토 성분을 사용하는 것이 이러한 이유 때문이다.

오염물질이 지하에 침투하면 지질을 오염시키는데, 토양은 물론 지하수나 지하공기 등 지질에 존재하는 모든 것이 대상이 된다. 또 일반적으로 토양오염 이후에 지하수오염이 발생하기 때문에 두 가지 오염현상에 대한 대책은 함께 추진하는 것이 바람직하다. 토양오염은 대기나 수질오염과는 달리 축적성이 있기 때문에 사후 정화시에도 누적된 물질을 모두 정화해야 하는 특징이 있어 비용과 시간이 많이 소요된다. 세계적으로 대표적인 토양정화 법규인 미국의 슈퍼펀드법(1980년 제정)에도 이러한 사항을 명시하고 있고, 일본에서 1996년에 개정된 수질오염방지법에 오염자에 대한 정화의무를 명시한 이유도 이러한 누적오염 현상 때문이다.

다. 토양 및 지하수의 주요 오염원

토양오염 물질은 농약이나 비료와 같이 인위적으로 투입한 물질과 외부에서 유입된 오염물질로 구분된다. 지하수 오염의 경우는 토양오염으로 인한 경우 이외에 지하수 채취공에 직접 유입되는 오염물질로 인해 발생하기도 한다. 표 6.3에 토양 및 지하수 오염물질의 배출원과 이에 따른 오염물질의 종류를 예시하였다. 표 6.4는 일반적인 토양 및 지하수 오염의 피해와 복원의 특징을 표시하였다.

표 6.3 • 토양 및 지하수 오염물질 배출원과 오염물질의 종류

오염원	오염 요인	예상 오염물질
석유류 제조 및 저장시설	저장탱크 배관 부식, 누출사고	– BTEX, TPH, PAHs, PCP 등
유독물질 저장시설	저장탱크 배관 부식, 누출사고	– VOC, PAHs 등
산업지역	저장탱크 배관 부식, 누출사고, 배출가스	– 유류 및 유기용제(TCE, PCE 등) – 석유화학 원료(톨루엔, 페놀 등) – 중금속(카드뮴, 납, 6가 크롬, 비소, 수은 등)
폐기물 매립지	침출수 누출	– 유기물, 중금속, VOC 등
폐기물 소각장	배출가스 및 소각재	– 다이옥신, PAHs – Pb, Cd 등 중금속
휴 · 폐광산	폐광재, 갱내수	– 폐광재 : 중금속 – 갱내수 : 중금속, 산성폐수
군부대	폐기물 매립, 유류저장, 사격장, 군항, 비행장 등	– BTEX, PAHs, 중금속 등

표 6.4 • 토양/지하수 오염의 피해와 복원

특징	개요
간접적 피해	토양 내부 생물체 오염과 지하수 오염을 통해 인간에게 간접적인 피해
만성적 피해	급성적인 피해보다 오랜 기간 누적되어 지속적인 피해를 야기
복원 곤란	일단 오염된 토양의 복원을 위해서는 많은 시간과 비용이 소요

(1) 농약

토양에 농약을 과다하게 살포하면 토양오염 물질로 작용할 뿐만 아니라 지하수도 오염시키게 된다. 특히 농약이 난분해성일 때는 토양에 오래 잔류하게 되며, 먹이사슬을 통해 농축되어 인간이나 동물에게 심각한 해를 주기도 한다.

농약에는 살균제인 황산동(보르도액), 유기수은제 등과 살충제인 유기염소계 화합물

(DDT, BHC, 엘드린, 에드린 등), 유기인계 농약(파라티온, 악티온, 펜티온 등) 등이 있고, 제초제로서 2,4-D, 2,4,5-T 등이 있다. 이중에서 DDT와 BHC, 파라티온은 분해가 잘 되지 않는 난분해성이고, 먹이사슬을 통해 생물에 농축되는 물질로 현재는 사용이 금지되어 있다. DDT는 살포한지 20년이 지난 밭에서도 검출되고, 남극의 얼음 속에서 검출되기도 하였다.

우리나라의 경우 농지 면적이 적어 생산성을 높이기 위해 단위 면적당 농약을 많이 사용하였다. 특히 영농 방식이 자본집약적 방식으로 바뀌면서 1970년대 이후 농약 사용량이 크게 늘어났다. 농약의 위해성이 널리 알려지면서 2000년대 이후에는 사용량이 소폭 감소 추세를 보이고 있으나 아직도 다른 국가에 비해 사용량이 매우 많은 편이다.

표 6.5 • 우리나라 농약 및 비료 사용량

(단위: kg/ha(성분량))

구분	2000년	2011년	2016년	2020년
무기질비료 사용량	381	249	277	271
농약 사용량	11.7 (2001년)	9.5 (2015년)	9.3	9.0

(자료: 2022, 한국농촌경제연구원, KREI 현안분석, 주요 농자재 가격 동향 및 시사점, 한국비료협회, 농약연보, 경지이용면적은 180만 ha(2011년) → 162만 ha(2020년)로 감소)

(2) 비료

비료의 과다 사용도 토양오염의 원인이 된다. 유안, K_2SO_4, KCl과 같은 산성 비료를 사용하면 비료성분인 NH_4^+, K^+ 등이 토양과 식물체에 흡수되고 SO_4^{2-}만 남게 되어 토양의 산성화를 촉진하게 된다. 우리나라의 경우 비료도 농약과 마찬가지로 지속적으로 증가하여 단위 면적당 사용량이 매우 높은 편이다. 2000년대 이후에는 사용량이 소폭 감소하는 추세이다.

(3) 산업폐수

산업폐수가 농경지나 토양으로 유입되면 산업폐수에 함유된 중금속, 난분해성 물질, 기타 독성물질에 의해 심각하게 오염되고 인체 건강에도 영향을 미친다. 일본에서 문제가 된 이따이이따이병은 산업폐수에 함유된 카드뮴이 원인이었다.

(4) 폐기물 매립지

폐기물 매립시 발생하는 침출수는 높은 COD와 암모니아성 질소 농도를 나타내고 폐기물종류에 따라 휘발성 유기화합물을 함유하기도 한다. 위생매립지는 침출수를 수집하여 별도 처리하는 매립지를 말하는데 매립 종료 후에도 수년간 침출수가 계속 발생하므로 처리시설을 계속 운영해야 한다.[2] 침출수를 별도 처리하지 않는 경우 주변 토양 및 지하수에 심각한 영향을 미친다.

(5) 유류저장시설

토양 및 지하수 오염에 가장 취약한 시설이 유류 저장시설이다. 여기에는 비축기지, 정유공장 내의 원유 및 제품 저장시설, 중간 저장시설과 주유소, 송유관 시설 등이 있다. 특히 지하저장시설에서의 유류 누출은 저장탱크의 부식, 외부부하로 인한 균열, 탱크의 부적합한 설치로 발생되며 발견이 어려워 심각한 토양오염을 유발한다. 따라서 유류저장 탱크는 설치시에 엄격한 시공 관리가 필요하다. 유류저장시설 내의 유류가 누출되는 경우에는 벤젠, 톨루엔, 자일렌, 에틸벤젠 등의 방향족 탄화수소류 화합물(BTEX)에 의한 오염이 발생하며, 이들 물질은 물보다 비중이 가벼워서 다량 누출되는 경우에 지하수면 근처에서 이른바 LNAPL(light nonaqueous-phase liquid)[3] 층이라 불리는 기름층을 형성하게 된다.

(6) 폐광산

폐광산에서 유출되는 폐수는 다량의 중금속 성분과 각종 유해화학물질을 함유하고 있어 주변 토양을 심각하게 오염시키고 특히 농경지의 경우 농작물의 안전성을 위협하므로 피해 규모가 큰 오염원이다. 광산은 크게 석탄광산, 금속광산, 기타 석회석광산 등으로 구분되며 이중 토양오염원이 되는 물질은 금속광산의 광석에 포함되어 있는 중금속 성분, 제련과정에서 사용되는 화학약품, 갱구에서 유출되는 갱내수 등이다.

(7) 산업시설 지역

대부분의 제조 · 가공업 시설은 토양오염을 유발할 가능성을 가지고 있는데 이중 제철

2) 우리나라도 1980년대까지 위생매립 개념이 없어 침출수를 별도로 처리하지 않아 사용중이거나 사용종료된 매립지로 인한 토양오염에 무방비 상태였다.

3) '비수성상 액체'로 번역한다.

소 및 제련소, 도금업체 등 금속제조 · 가공시설, 화학물질 제조 · 가공시설, 발전소 등은 오염물질 유출시 심각한 토양오염이 우려되는 시설들이다.

(8) 군부대 주둔지역

군부대 지역의 경우 토양오염의 가능성이 높은 지역이다. 주로 유류저장소 및 수송시설에서의 유류 오염과 화약 사용으로 각종 화학물질이 토양내 축적되어 오염이 발생된다. 우리나라는 군부대 주둔지역이 많으므로 세심한 관리가 요구된다.

(9) 핵 폐기물

방사능(radioactivity)이란 불안정한 원소의 원자핵이 붕괴하면서 α, β, γ 등의 방사선을 방출하는 능력을 의미하며,[4] 이러한 방사능을 지닌 물질을 방사성 물질이라 한다. 원자력 시설의 운용, 핵폭탄 실험, 원자력 시설 사고 등으로 인해 Cs, I, Sr, Co와 같은 방사성 물질이 환경으로 방출될 수 있으며, 먹이사슬을 통해 인간에서 축적될 수 있다. 이 물질들은 토양에 흡착 · 축적되고 농작물을 오염시킬 수 있기 때문에 대부분의 나라에서 규제치를 정하여 감시하고 있다.

6.3 토양보전 제도와 기준

가. 토양환경보전법의 내용

1995년에 토양환경보전법이 제정되면서 토양오염을 규제하는 법률 체계가 만들어지게 된다. 주요 내용은 토양보전기본계획의 수립, 토양오염 우려기준의 설정, 토양오염도 측정망 구성, 표토침식 조사, 토양환경평가, 오염원인자의 범위, 토양오염 관리대상 시설의 범위, 오염토양 정화 기준과 방법, 토양오염 대책기준과 대책지역 지정 등이다. 사전오염방지 제도와 오염토양 정화사업에 대하여도 규정하고 있다. 주요 내용은 다음과 같다.

4) 프랑스의 물리학자 Bequerel이 1896년 처음 발견하였다.

(1) **오염원인자 부담원칙:** 토양오염 원인자로 토양오염을 유발한 시설의 소유자 · 운영자뿐 아니라 이를 인수한 자를 포괄하고 있다. 또한 원인자에게 토양오염에 대한 피해배상은 물론 오염토양의 정화책임도 부여하여 오염원인자 부담원칙을 비교적 엄격하게 적용하고 있다.

(2) **토양환경평가:** 원인자를 명확하게 구별하기 위하여 토양오염유발시설이 설치된 부지를 양도 · 양수하는 경우에 양도 · 양수인이 부지의 토양오염을 사전에 조사하는 제도로 토양오염에 대한 책임을 명확히 하기 위한 제도이다.

(3) **토양오염 조사체계:** 통상 특정지점에서 반복 조사하는 대기질이나 수질과는 달리 시 · 도지사는 매년 3,000여개의 다른 측정지점을 선정하여 국토 전반의 오염조사가 가능하도록 규정하고 있다.

(4) **토양오염 관리대상시설 지정:** 폐기물매립지, 폐광지역 등 오염 우려가 있는 시설 · 장치 · 건축물 등을 '토양오염 관리대상시설'로, 특히 오염 우려가 큰 유류 및 유독물저장시설, 송유관시설은 '특정토양오염 관리대상시설'로 정하여 별도로 관리하도록 규정하고 있다.

나. 토양오염 기준

"토양환경보전법"에서 규정한 규제대상 토양오염물질은 카드뮴, 구리, 비소, 수은, 유류, 유기용제 등 23개 물질이다. 토양오염 기준은 우려기준과 대책기준으로 구분된다. 우려기준은 사람의 건강 및 재산, 동 · 식물의 생육에 지장을 초래할 우려가 있는 정도의 기준을 말한다. 대책기준은 토양오염도가 우려기준을 초과하여 실제로 사람의 건강 및 재산, 동 · 식물의 생육에 지장을 주는 상태로 토양오염 정화가 요구되는 기준이다.[5] 토양오염기준은 다음 표와 같이 토지 용도별로 구분하여 설정하고 있다. 전 · 답 · 과수원 등 상대적으로 오염가능성이 적은 지역을 '1'지역으로, 임야, 염전, 창고용지, 하천 등을 '2'지역으로, 공장용지 · 도로 · 철도용지 등 비교적 오염가능성이 큰 지역을 '3'지역으로 구분하여 기준을 설정하고 있다.

5) 토양오염물질이란 개별 환경관련법령에서 규정하고 있는 거의 모든 오염물질이 대상이라 할 수 있으나, 토양환경보전법에서는 특히 토양 중에서 분해되지 않고 오랫동안 잔류하는 물질로 농작물의 생육을 저해하거나, 지하수를 오염시키는 등의 작용으로 사람의 건강에 악영향을 미치는 물질을 대상으로 하고 있다.

표 6.6 • 토양오염우려기준(23개 항목)

(단위: mg/kg)

구분	카드뮴	구리	비소	수은	납	6가크롬	아연	니켈	불소	유기인	PCB	시안	페놀	벤젠	톨루엔	에틸벤젠	자일렌	TPH	TCE	PCE	벤조피렌	1,2-디클로로에탄	다이옥신
1지역	4	150	25	4	200	5	300	100	400	10	1	2	4	1	20	50	15	500	8	4	0.7	5	160
2지역	10	500	50	10	400	15	600	200	400	10	4	2	4	1	20	50	15	800	8	4	2	7	340
3지역	60	2,000	200	20	700	40	2,000	500	800	30	12	120	20	3	60	340	45	2,000	400	25	7	70	1,000

(자료: 토양환경보전법 시행규칙 별표3)

표 6.7 • 토양오염대책기준(23개 항목)

(단위: mg/kg)

구분	카드뮴	구리	비소	수은	납	6가크롬	아연	니켈	불소	유기인	PCB	시안	페놀	벤젠	톨루엔	에틸벤젠	자일렌	TPH	TCE	PCE	벤조피렌	1,2-디클로로에탄	다이옥신
1지역	12	450	75	12	600	15	900	300	800	–	3	5	10	3	60	150	45	2,000	24	12	2	15	500
2지역	30	1,500	150	30	1,200	45	1,800	600	800	–	12	5	10	3	60	150	45	2,400	24	12	6	20	1,000
3지역	180	6,000	600	60	2,100	120	5,000	1,500	2,000	–	36	300	50	9	180	1,020	135	6,000	120	75	21	210	3,000

(자료: 토양환경보전법 시행규칙 별표7)

다. 토양오염 조사 및 정화 체계

그림 6.1과 같이 토양오염도 조사결과 토양오염우려기준을 초과하는 경우 정밀조사를 시행한다. 정밀조사에서도 우려기준을 초과하는 경우에는 방지조치를 취하여야 한다. 대책기준을 초과할 경우에는 '토양보전 대책지역'으로 지정하여 특별 관리하게 된다. 여기서 정화의 주체는 앞에서 설명한 바와 같이 오염원인자가 된다.

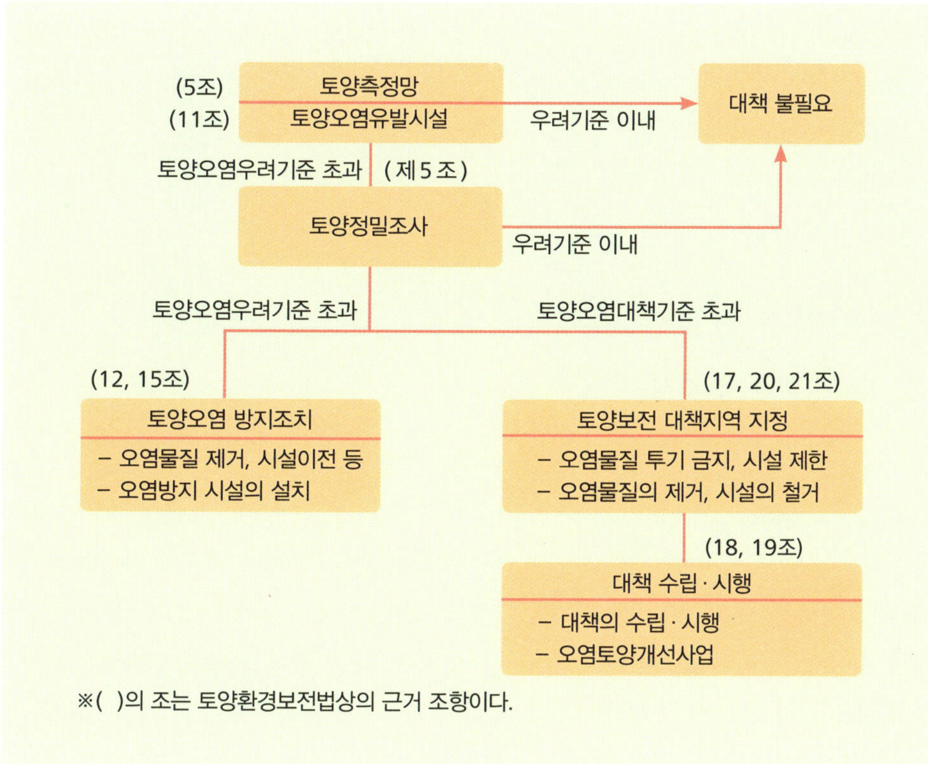

그림 6.1 • 토양오염 조사 및 정화체계도

미국의 러브캐널 사건과 슈퍼펀드법

러브캐널 사건(love canal disaster)은 미국의 대표적인 유해폐기물에 의한 토양오염 사고이다. 1890년대 미국의 윌리암 러브가 나이아가라 폭포 부근에 운하를 계획하였으나 경기 침체로 회사가 도산하여 약 1.6 km의 운하만 파고 중단하게 된다. 이 장소는 방치되었다가 1940년대 초 인근 화학공장에서 산업폐기물을 투기하는 장소로 사용한다. 이후 도시가 확장되면서 운하를 복개하고 그 위에 학교, 주택 등을 세운다. 1978년에 호우와 폭설이 내리는데 폐수가 누출되고 악취를 풍기는 등 이상한 현상이 일어났다. 조사 결과 투기된 유해폐기물이 원인이며 인체에 악영향을 미쳤을 가능성이 크다는 결론을 내린다. 이후 아동의 심한 천식, 선천적 기형, 여성들의 유산 등이 여기에 원인이 있음을 밝혀낸다.

1978년 8월 미국 카터대통령은 이 지역을 국가 재난지역으로 선포하고 주민을 이주시키는 동시에 가옥과 학교는 불도저로 모두 파괴하여 사람의 접근을 막았다. 주민들은 수십억 불에 달하는 손해 배상소송을 제기하였으며, 이 사건은 영화로 제작되기도 했다. 현재도 주변 지역은 폐쇄 상태에 있다. 이 사고를 계기로 미국정부는 1980년 오염지역의 정화를 목적으로 슈퍼펀드법이라 불리는 "통합환경 대응 · 보상 및 책임법(CERCRA)"을 제정한다. 이 법에 따라 오염물질을 배출하는 기업 등에 정화비용을 부담시킨다.

6.4 지하수의 이용 현황 및 기준

가. 지하수의 이용 특성

지하수는 지표수에 비하여 과도하게 채취하지만 않으면 계절 변화와 무관하게 안정적으로 이용할 수 있는 수자원으로 음용수의 상당 부분을 지하수에 의존하는 국가들이 많다. 수질 측면에서 보면 빗물이 땅으로 스며들면서 자연 정화되므로 인위적인 외부적 오염행위만 없으면 지표수보다 좋은 수질을 유지할 수 있다. 또한 지층내의 다양한 물질과 접촉하여 지표수보다 많은 광물질이 포함되어 있어 음용수로서 가치가 높고, 일반적으로 수자원 확보 비용이 적게 드는 장점도 있다. 따라서 지하수를 지속적으로 이용하기 위해서는 지하수의 오염을 사전에 방지해야 하고, 적정한 이용량을 과학적으로 산정하여 체계적으로 채수하는 것이 중요하다. 무분별하게 채수할 경우 지반 침하나 지하수 고갈 등 심각한 부작용을 유발할 수 있기 때문이다.

지하수의 수질을 좋게 유지하기 위해서는 인간의 생활 · 산업 활동으로 발생되는 오염물질이 유입되는 것을 최소화해야 한다. 지하수가 오염되었다는 것은 오염물질의 농도가 인간의 건강이나 주변 환경에 피해를 미치는 유해한 수준으로 악화된 것을 의미한다. 자연 상태에서 지하수는 매우 느리게 이동하기 때문에 대수층이 일단 오염되면 특별한 방법으로 정화하지 않는 한 반영구적으로 잔류하게 된다. 그림 6.2는 지표면 부근에서 누출된 유해물질로 인하여 지하수가 오염되는 경로를 보여주고 있다. 지하수 오염은 통상 먼저 토양이 오염된 후 발생되므로 토양보전 및 정화가 지하수 보전의 선결 조건이 된다. 일반적으로 토양오염이 심화된 지역에서 지하수 오염이 확산되게 된다. 우리나라의 경우 과거 농업용이나 산업용으로 채수한 후에 사후 관리가 미흡하여 오염물질이 채수공으로 직접 유입된 경우가 많이 있다.

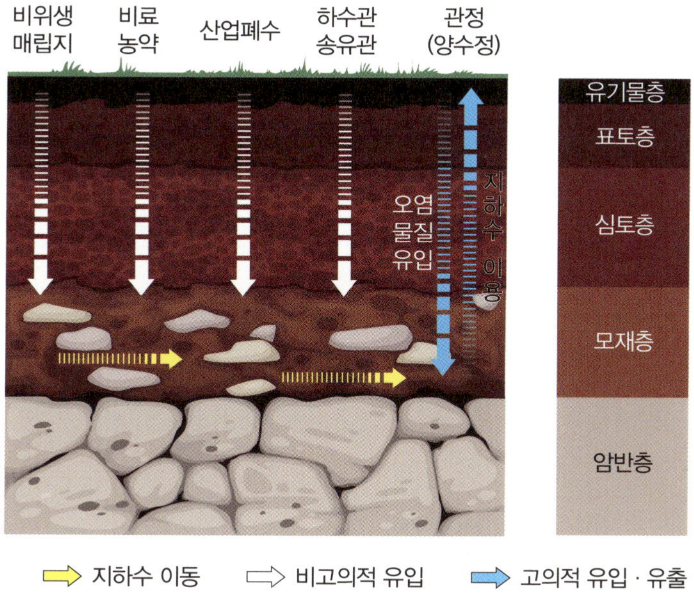

그림 6.2 • 지하수의 오염경로

나. 우리나라 지하수 이용현황

우리나라의 지하수 이용량은 2016년 기준으로 41억 m^3/년으로 수자원 총 이용량 372억 m^3/년의 11% 수준이다. 대부분의 선진국들이 20% 이상 사용하는 것에 비해 비중이 낮은 편이다.[6] 지하수의 이용량이 크지 않는 것은 지질 구조상으로 대수층이 발달하지 않아 지하수 부존량이 적고 과학적인 이용 체계가 미흡하기 때문이다. 우리나라의 연간 지하수 이용가능량은 약 130억 m^3로 추정되고, 그 중 32% 정도를 이용하고 있다. 상수원수를 지표수에 주로 의존하고 지하수는 갈수기의 농업용수나 저렴한 공업용수로 인식되는 것도 문제이다.

6) 미국의 지하수 이용률은 용수이용량 4,768억 톤 중 24.1%, 일본의 경우는 용수이용량 870억 톤 중 12.6%를 차지하고 있다(OECD Environmental data compendium 2006~2008).

다. 지하수 수질기준

지하수 수질기준은 표 6.8과 같이 용도별로 구분하여 정하고 있다. 지하수를 개발·이용할 때에는 이 수질기준에 적합한지 여부를 판정하기 위해 지하수 수질검사를 받아야 한다. 기준을 초과할 경우에는 사전에 지하수 이용시설에 대한 오염방지 조치를 취해야 한다.

표 6.8 • 지하수 수질기준

(단위: mg/L)

구분		생활용수	농·어업용수	공업용수
일반 오염 물질 (4개)	수소이온농도(pH)	5.8~8.5	6.0~8.5	5.0~9.0
	총대장균군	5,000 이하 (군수/100 mL)	–	–
	질산성 질소	20 이하	20 이하	40 이하
	염소이온	250 이하	250 이하	500 이하
특정 유해 물질 (16개)	카드뮴	0.01 이하	0.01 이하	0.02 이하
	비소	0.05 이하	0.05 이하	0.1 이하
	시안	0.01 이하	0.01 이하	0.2 이하
	수은	0.001 이하	0.001 이하	0.001 이하
	다이아지논	0.02 이하	0.02 이하	0.02 이하
	파라티온	0.06 이하	0.06 이하	0.06 이하
	페놀	0.005 이하	0.005 이하	0.01 이하
	납	0.1 이하	0.1 이하	0.2 이하
	크롬	0.05 이하	0.05 이하	0.1 이하
	트리클로로에틸렌	0.03 이하	0.03 이하	0.06 이하
	테트라클로로에틸렌	0.01 이하	0.01 이하	0.02 이하
	1,1,1-트트리클로로에탄	0.15 이하	0.3 이하	0.5 이하
	벤젠	0.015 이하	–	–
	톨루엔	1 이하	–	–
	에틸벤젠	0.45 이하	–	–
	자일렌	0.75 이하	–	–

(자료: 지하수법 시행규칙)

라. 지하수 수질현황[7]

2020년도 지하수 수질검사 현황을 보면, 총 조사건수 47,461건 중 2.8%인 1,318건이 수질기준을 초과하였다. 항목별로는 총대장균군, 질산성 질소, 염소이온, 수소이온농도(pH), 트리클로로에틸렌(TCE), 비소, 테트라클로로에틸렌(PCE) 등이 수질기준을 초과하였다.

2010년부터 추가된 측정항목인 총대장균군의 초과율이 높은 것으로 나타났으며 이는 생활하수와 가축분뇨, 비료 성분의 침투가 주 원인으로 파악된다. TCE, PCE는 세정제 등으로 사용되는 물질로서 산업단지 지역에서 주로 초과되었다.

표 6.9 • 연도별 지하수수질검사 결과

구분	2012	2016	2018	2020
전국 지하수 수질검사 건수(A)	42,585	46,592	54,601	47,461
부적합 건수(B)	1,059	1,016	1,417	1,318
기준 초과율(B/A, %)	2.5	2.21	2.6	2.8

(자료: 국가지하수 정보센터)

7) 환경부, 2012, 환경백서

PART 03

생태계와 자연환경

학습목차

CHAPTER 07

생태계

7.1 생태계의 개념

가. 생태계의 정의

자연환경은 대기, 물, 토양 등의 무기환경과 동물, 식물 등의 생명체로 구성되며, 이들 구성요소는 기능면에서 상호 끊임없이 물질 순환을 하고 있다. 따라서 각 구성요소들을 분리하면 전체적인 자연환경의 메커니즘과 요소별 기능을 알 수 없기 때문에 무기환경과 생물체를 묶어서 하나의 총체적인 체계(system)로 파악하며, 이를 '생태계(ecosystem)'라고 한다. 즉 생태계란 어떤 지역이나 공간에 존재하는 생물들과 이것을 유지하고 있는 무기적 환경이 통합된 물질계 또는 기능계를 의미한다. 예로서 호소의 경우 호소수, 바닥의 암석 및 저토와 함께 호소에 서식하는 동식물 및 미생물들로 호소 생태계가 형성된다.

'생태계'란 용어는 1935년 영국의 생태학자인 A. G. Transley가 처음으로 사용하였다. Transley는 생물과 물리적 환경을 별개로 분리해서 연구하는 것은 불가능하기 때문에 생태계는 자연의 기본단위라고 주장하였다. 즉, '각 시스템 내에는 구성 요소들간에 다양한 종류의 상호작용이 항상 존재하며, 이러한 상호작용은 생물체 사이에만 일어나는 것이 아니라 생물과 비생물간에도 일어난다.'는 것이다. 이후부터 생물학자를 중심으로 대기, 담수, 해양, 육상 등에서 어떤 환경 상태나 변화를 연구할 때 자연은 하나의 '계(system)'로서 작용한다는 조건을 고려하기 시작하였다.

생태계는 생물체의 활동과 생물체를 매개로 한 에너지 · 물질의 순환 · 전환 및 축적, 즉 생물체가 광합성, 분해, 포식, 기생, 에너지의 이동 · 저장 등에 관여함으로써 기능을 유지한다. 다양한 생물종이 물리적 환경을 변화시키고 그 변화를 통해 상호 영향을 미치게 되며, 이 과정에서 생물체의 작용은 에너지와 영양분의 흐름에 의해 크게 영향을 받는다.

나. 생태계의 구성요소

생태계는 자연의 기본이 되는 기능적 단위로서 생물학적 환경과 무생물학적 환경으로 구성된다. 생물학적 환경의 구성요소는 생산자(producer), 소비자(consumer), 분해자(decomposer)의 세 가지 생물군으로 나눌 수 있다.

생산자는 다른 모든 생물체가 직간접적으로 먹이로 이용할 수 있는 유기물을 생산하며, 모든 녹색식물이 생산자에 해당한다. 식물은 탄산가스와 물을 흡수하여 광합성 작용을 하여 유기물을 생산하고 이러한 유기물과 광합성 과정에서 발생되는 산소는 소비자가 에너지원으로 이용하게 된다. 여기서 광합성 작용은 무기물을 유기물로 변환시키는 식물의 고유한 능력이다.

소비자는 생태계를 구성하는 생물 중에서 광합성을 통해 스스로 양분을 생산하는 식물(생산자)과 달리 먹이를 통해서만 양분 생산이 가능한 생물체로서 대부분의 동물이 여기에 속한다. 식물을 먹는 초식동물을 1차 소비자, 1차 소비자를 먹는 동물을 2차 소비자, 2차 소비자를 먹는 동물을 3차 소비자로 구분한다.

분해자는 생물의 배설물이나 사체 중의 유기물을 무기물로 분해하면서 생존하는 생물체로 토양속의 작은 동물이나 균류, 세균류 등을 말한다. 자연계에서 생산자에 의해 생산된 물질은 소비자에 의하여 소비되며, 생산자와 소비자의 사체 및 배설물은 분해자에 의해 분해된다. 분해된 물질은 다시 생산자에 의해 이용되는 무기물로 변한다. 분해자는 생산자 · 소비자와 더불어 생태계를 형성하며 물질순환에 직접 관여한다. 이와 같이 생산자, 소비자, 분해자는 서로 보완적 관계를 형성하고 있으며 어느 한 요소라도 빠져서는 안정된 생태계를 유지할 수 없다.

무생물적 환경의 구성요소는 C, N, CO_2, H_2O 등과 같이 순환되는 무기물과 탄수화물, 단백질, 지질, 부식질 등의 유기화합물을 말하며 우리가 흔히 일상생활에 접할 수 있는 공기, 물, 기후, 온도 등 기후조건과 기타 물리적 인자를 포괄한다.

다. 생태계의 분류

무생물적 요소와 3종의 생물적 구성요소를 가지고 있는 공간은 어느 곳이나 하나의 생태계라 할 수 있다. 따라서 지구상에는 여러 형태의 생태계가 존재하는데, 생물적 구성요소를 기초로 구분하면 산림생태계, 초원생태계, 툰드라생태계, 사막생태계 등이 있다. 경

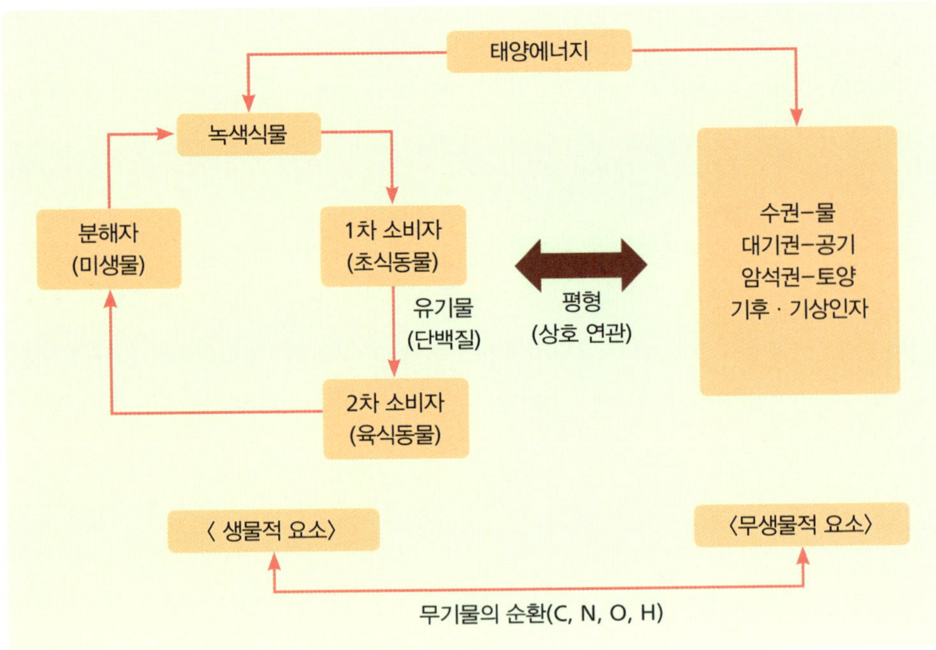

그림 7.1 • 생태계의 구성

우에 따라서 담수생태계, 해수생태계 등 무생물적 구성요소의 특징에 따라 다루기도 한다.

지구는 여러 개의 생태계로 이루어져 있지만 4개의 권(sphere)으로 구성된 하나의 커다란 생태계로도 볼 수 있다. 즉 공기는 대기권(atmosphere), 토양과 암석은 암석권(lithosphere), 물은 수권(hydrosphere), 그리고 생물은 생물권(biosphere)을 이루고 있다. 각 권역은 타 권역의 일부를 포함하거나 타 권역 속에 포함되어 있다.

각 생태계는 상호 물질을 교환하고 생물체가 이동하면서 영향을 미치게 되고 고유의 기능을 유지한다. 많은 동물들이 한 생태계에서 다른 생태계로 이동하고, 유동성을 가진 공기나 물은 생태계 사이를 이동하면서 각종 물질을 운반하는 것이다. 따라서 생태환경을 조사 · 분석할 경우에는 각각의 생태계 성질과 상호관계의 인식이 중요하다.

7.2 생태계의 특징

가. 생태계의 기능

생태계의 구조와 기능은 단순하지 않다. 생태계의 기능은 크게 에너지 이동(energy

flow)과 물질순환(material cycle)의 두 가지 흐름에 의해 유지된다. 즉 주변의 물리적 환경요인과의 적절한 조화를 통해 항상성을 유지하는 것이다.

(1) 에너지 이동(energy flow)

어떤 식물 군집의 일부가 초식동물에 먹히면 그 에너지는 이에 의존해 사는 존속 영양생물로 옮겨간다. 예로서 메뚜기는 그들이 먹는 식물에 저장된 에너지로 활동을 하며 살아가고. 메뚜기는 개구리 같은 육식동물의 먹이가 된다. 이와 같이 생물에서 생물로의 에너지 전환과정이 계속되는데 개구리는 뱀에게 잡아먹히고 뱀은 다시 매에게 잡아먹히게 된다. 이와 같은 먹이의 경로를 먹이연쇄 또는 먹이사슬이라 한다. 먹이연쇄의 각 소비 단계에서 순 생산성의 일부는 다음 단계로 전이되지 않고 생물이 죽은 후 부패 미생물에 의해 분해된다.

생물권을 통한 에너지 흐름은 태양에서 생산자로, 그 다음 소비자로, 부패생물로 연계되면서 한 방향으로 이동하며 태양에너지를 저장한 생물체 내의 물질들은 생태계가 작동되는 한 계속 재순환된다. 이러한 재순환은 각 영양단계에서 생성되어 유기물질의 사체에 작용하는 부패생물로 가능해진다. 생물체가 얻은 에너지의 대부분은 생물이 살아가는데 사용되므로 100% 저장될 수 없다. 생물체에 흡수된 에너지는 세포호흡에 의하여 ATP[1] 에너지 형태로 전환된다. 이 에너지는 생물체의 대사활동에 사용되기 때문에 먹이 사슬의 상부로 올라갈수록 일정량의 에너지 손실이 발생된다.

(2) 물질 순환

생물에 필요한 모든 물질은 비생물 환경으로부터 생산자로 들어오고, 먹이 연쇄를 통하여 소비자로 옮겨가며 마침내 분해자에 의하여 다시 비생물 환경으로 되돌아간다. 즉, 생태계에서는 태양에너지를 화학에너지로 전환시켜 유기물이 생산 · 축적되고 이 유기물은 다시 소비 · 환원됨으로써 지구의 생물학적 · 화학적 물질순환이 이루어진다. 이 순환과정에서 식물은 무기물, 즉 탄소 · 질소 · 인 등을 받아들여 유기물을 만드는 생산자로서 중요한 위치를 차지하고 있다. 또, 유기물의 소비자인 동물류는 균류의 활동을 돕고, 균류는 유기물을 무기물로 만들어 무기적 환경으로 되돌리는 환원자로서 중요한 역할을 한다. 그

1) ATP(아데노신 삼인산, adenosine triphosphate)는 생명체의 주된 에너지원이다. ATP는 고에너지 인산 결합을 가지며, 이 결합이 깨지면서 에너지를 방출하고, 이 에너지는 특정 물질의 수송이나 신진 대사에 쓰인다.

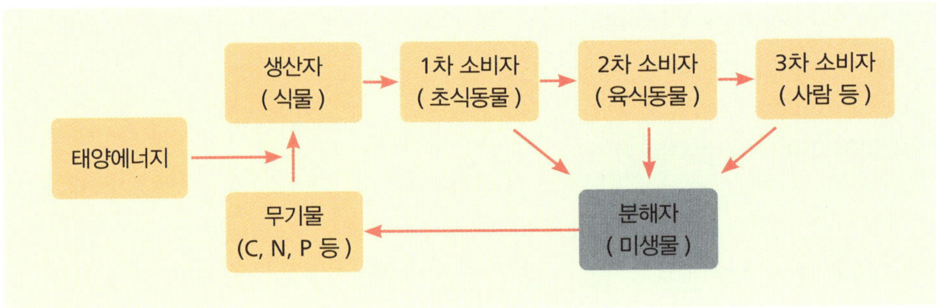

그림 7.2 • 생태계의 물질순환

림 7.2와 같이 물질순환은 생태계에서 생물들 사이 또는 생물과 비생물과의 사이에 물질을 무한하게 이용하는 메커니즘을 체계화한 것이라 할 수 있다.

생물권을 유지하고 있는 지구 자체에서도 지구화학적 물질순환이 이루어지고 있다. 각종 암석과 퇴적물은 생물의 작용으로 토양을 형성하고 토양은 다시 침식 · 붕괴하여 퇴적물이 됨으로써 지구화학적 물질순환이 이뤄지는 것이다. 물질순환에서 태양에너지는 지구에 끊임없이 유입되나, 생명체를 유지하기 위한 탄소, 질소, 인, 황, 기타 수많은 물질들은 지구생태계 외에서 공급되지 않으므로 끊임없이 재순환해야 한다. 이들 물질들은 대기권, 수권, 암석권 내에서 이동하거나 권역간에 상호 이동하면서 순환한다. 여기서는 이들 물질 중 생태계 유지에 가장 중요한 질소, 탄소, 인, 황의 순환에 대하여 살펴본다.

① 질소의 순환

질소는 모든 생물의 영양소인 단백질의 구성성분이다. 79%가 질소로 이루어져 있는 공기는 주요한 질소 저장소이다. 공기 중의 질소량이 이렇게 많더라도 질소는 살아있는 생물체에게 직접적인 영향을 미치지 못하는데 그 이유는 대부분의 생물체는 N_2로 되어 있는 기체상태의 질소는 이용할 수 없기 때문이다. 식물이 단백질을 생성하기 위해서 고정된 형태의 복합물로 된 질소를 확보해야만 한다. 가장 널리 이용되는 형태는 질산이온이다. 농업에서 비료로 사용되는 암모니아와 요소와 같은 질소화합물 또한 생태계에서 이용된다.

가스 상태의 질소가 이러한 화합물로 바뀌는 것을 질소고정이라 하며, 이러한 작용을 하는 생물을 질소 고정자(주로 질소고정 박테리아)라고 한다. 질소 고정자는 질소의 주 저장소와 다른 생물들을 연결시켜준다. 즉 질소 고정자는 에너지를 식물로부터 얻고 에너지를 이용하여 질소고정 반응을 수행한다.

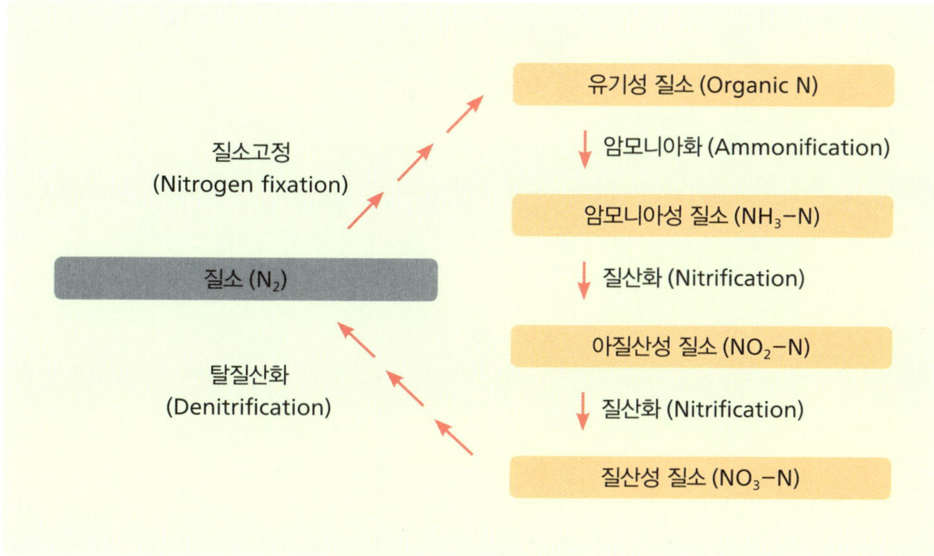

그림 7.3 • 질소의 순환

생물학적 질소고정은 여러 종류의 효소와 많은 양의 ATP를 필요로 한다. 이 과정에서 첫 번째 안정화된 생성물이 암모니아이며 암모니아는 곧 질소를 함유하는 다른 유기물과 결합하여 단백질로 전환된다. 질소고정 생물과 결합할 수 없는 식물은 주로 질산염의 형태로 토양으로부터 흡수한 질소를 사용하여 단백질을 생성한다. 여기에 질산화작용과 탈질산화작용을 반복함으로써 질소순환 시스템이 완성된다. 그림 7.3은 자연계에서의 질소 순환 과정을 보여주고 있다.

② 탄소의 순환

탄소는 생물체를 구성하는 가장 중요한 물질이다. 탄소는 모든 유기화합물의 기본 구성 원소로서 대부분의 생물구성 원소 중 가장 많이 포함되어 있다. 인간의 경우 수분을 제거한 건조 원소 중 49%가 탄소로 구성되어 있는데 이는 모두 식물의 광합성 작용으로 생성되는 유기물로부터 공급된다. 탄소원자가 다른 원자와 결합할 수 있는 능력은 생물을 이루는 분자 크기와 모양의 다양성을 제공해 준다. 살아있는 생명체에서 탄소는 구성성분일 뿐만 아니라 에너지를 저장하고 분배하는 물질이기도 하다. 주로 녹색식물인 독립영양생물은 이산화탄소를 흡수하여 탄수화물, 지방, 단백질, 핵산 등의 유기물질로 환원시키며 생물의 호흡과 발효, 연소 등에 의해 다시 이산화탄소로 변환된다.

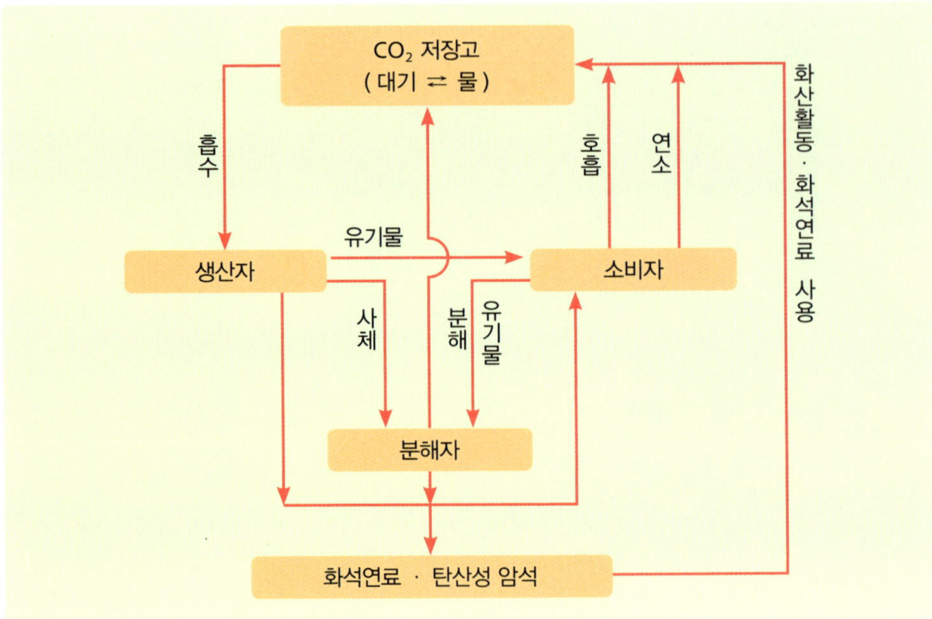

그림 7.4 • 탄소 순환 과정

탄소의 가장 큰 저장고는 공기와 물이다. 식물은 대기 중의 이산화탄소를 흡수하여 광합성 작용에 의해 유기물로 저장하고 생산자, 소비자, 분해자를 거쳐 다시 대기권에 가스 상태로 방출한다. 이산화탄소는 탄산염 형태로 물속에 존재하기도 하는데 바다는 대기 중의 이산화탄소 농도를 일정하게 유지시키는 역할을 한다. 그림 7.4는 자연계의 탄소 순환을 나타낸 것으로 지구상의 이산화탄소는 오랜 시간 평형상태를 유지하였으나, 산업혁명 이후 화석연료의 사용 증가로 대기 중의 이산화탄소는 매년 증가하고 있는 추세이며, 지구 온난화 현상의 원인이 되고 있다.

③ 인의 순환

인은 핵산(DNA, RNA) 분자의 기본원소이고 세포의 에너지 순환에 관여하며 광합성과 세포호흡에 관여하는 많은 중간산물들이 인과 결합한다. 따라서 생명체의 필수 요소로서 생체 내 에너지 저장물질인 ATP, Phosphate(인산염)의 주요 구성 성분이다. 인은 인광석이 풍화되면서 대부분 바다로 흘러가 침전, 퇴적되므로 앞으로 인의 공급이 지구 생태계을 유지하는데 중요한 과제가 될 것이라는 주장이 설득력을 얻고 있다. 생태계에서 인은 주로 인산염 형태로 존재하므로 인산염이 지속적으로 순환되도록 해야 한다.

④ 황의 순환

황은 내부순환과 외부순환으로 이루어진 두 개의 순환 사이클로 생물권을 이동한다. 내부순환은 토양이나 물로부터 먹이사슬로 이동하고 다시 미생물에 의하여 토양이나 물로 되돌아오는 순환이다. 외부순환은 이러한 내부순환 중 황화합물의 일부가 토양과 함께 강물을 통하여 바다로 흘러 들어가고 바다 속으로 유입된 황은 황화수소나 이산화황과 같은 기체상태의 화합물로 전환되어 대기중으로 들어가며 다시 육지로 이동되는 것이다. 이산화황의 일부는 직접 식물이 흡수하며, 이들 기체들의 대부분은 비나 눈에 의하여 땅으로 내려온다.

황은 호기성 상태에서 산소와 반응하여 황산기를 생성하며, 혐기성 상태에서는 주로 황화수소와 디메틸황화물이 생성된다. 황화수소와 디메틸황화물은 공기에서 산화, 빗물에 용해되어 황산과 황산염이 됨으로써 산성비의 주범으로 작용하기도 한다. 또한 석탄이나 석유계연료의 연소로 다량의 이산화황이 대기 중으로 방출되어 산성비를 유발하는 것으로 알려져 있다. 공기 중에 들어 있는 기체상 황의 15~25% 정도는 산업활동에 의하여 발생된 것이다. 실제로 산업시설이 밀집된 유럽과 북미, 동북아지역과 이곳으로 부터 바람이 불어오는 지역에서는 이산화황의 농도가 증가되어 산도(pH)가 낮은 눈과 비가 내린다.

나. 생태계의 특성

(1) 항상성

생태계는 자연적인 상태에서 지속적으로 순환하며 일정한 복원 능력이 있으므로 항상성을 가진다. 그러나 환경이 자연의 복원능력 이상으로 파괴되면 항상성이 저해되며 훼손된 생태계를 복원하는데 많은 비용과 시간이 소요되는 것이다. 자연의 생태계는 무기적 환경 조건에 따라서 각기 다른 특징을 가진 수많은 생물 집단으로 이루어져 있으며, 각 구성원은 경쟁이나 먹이연쇄를 비롯한 여러 가지 상호 관계를 통하여 서로 연관된다. 이러한 연관성은 그 생태계에 속하는 생물의 종류가 많을수록 복잡해지고 다양해진다.

(2) 안정성

자연계는 스스로 안정성을 지향한다. 그런데 여러 종류의 동식물이 동시에 존재하는 조건이 아니면 생태계 자체의 안정성이 사라진다. 예로서 산림을 개간해서 농지로 바꾸어 단일 농작물을 대규모로 재배하면, 병충해가 크게 발생하여 작물 성장이 저해되기 쉽다. 또, 삼림에서도 단일 수종이 밀집된 곳은 해충에 의한 피해를 입기 쉽다. 예로서 캐나다 동부의 발삼전나무 숲에서는 몇 가지 활엽수가 섞여 있는 경우에 그렇지 않은 경우보다 해충에 의한 피해가 적은 것으로 관찰되었다. 포도의 해충에 시달리던 미국의 한 지방에서는 그 천적인 기생벌의 생존조건을 만들기 위해 과수원 안에 검은 딸기를 곳곳에 심어서 피해를 크게 감소시켰다. 검은 딸기에는 포도를 해치지 않는 해충인 매미충이 붙어서 살고 있어 매미충에서 증식된 기생벌이 포도의 해충을 제거하였기 때문이다.

이와 같이 자연계에서의 동식물의 군집은 포식자와 피포식자의 관계, 숙주와 기생벌의 관계와 같은 먹이연쇄, 나아가 먹이그물이라는 복잡한 관계에 의해서 서로 연결되어 있다. 이러한 관계가 복잡할수록, 즉 그곳의 생태계에 다양성이 풍부할수록 동식물군은 전체적으로 유연하고 탄력적인 안정성을 가진다. 안정된 생태계의 평형은 특별한 일이 없는 한 깨어지지 않는다. 삼림 생태계의 경우 자연적인 상태에서 심한 폭풍우나 산불로 인해 부분적으로 평형성이 붕괴되는 경우가 있으나, 일정한 시간이 지나면 대개는 원래의 상태로 안정화된다. 그러나 산업혁명 이후 급증한 환경오염물질의 배출로 생태계의 안정성이 심각하게 위협받고 있으며 복원이 불가능해질 정도로 파괴되고 있다.

(3) 복잡성

생태계는 복잡하고 미묘한 상호관계의 사슬에 서로 얽혀져 있다. 예컨대 한 생태계를 통과하는 어떤 단일한 화학성분의 이동은 매우 복잡하다. 또한 생태계는 여러 물질과 가공물을 포함하고 있으며 이것들이 환경에 관여하고 변화를 초래함으로써 그 상호관계는 상상할 수 없을 만큼 복잡하다.

(4) 적응성

적응이란 주어진 환경에서 생물체가 생존에 유리한 방향으로 스스로 생존체계나 환경을 형성할 수 있도록 반응하여 진화해 나가는 것을 의미한다. 동일한 환경조건이라고 할지라도 생물종의 특성에 따라 적응에 미치는 영향이 다르며, 이로 인하여 생태계 내에서의 차이를 가져온다.

다. 생태계의 제한요소

생물체가 왜 환경오염의 영향을 받는가 하는 의문은 생물권의 기능을 지배하는 기본 원리의 하나인 제한요소(limiting factor)의 원리를 이해함으로써 쉽게 풀리게 된다. 예로서 과다하게 방출되는 인산염이 하천을 오염시키는 것은 인산염이 조류라는 집단의 생물을 급격히 증대시키기 때문이다. 즉 조류가 성장하려면 인산염을 필요로 하는 것이다. 그런데 인산염의 농도가 조류집단의 성장을 위한 최적치를 초과하게 되면 조류집단의 일부에 해롭게 된다. 경우에 따라서는 인산염의 농도가 조류를 전멸시키는 값에 도달하기도 한다. 이렇게 생태계는 최적조건을 기점으로 너무 적어도 좋지 않고 너무 많아도 균형이 깨지는데 이 곡선을 제한요소곡선(limiting factor curve)이라 부른다. 이와 같이 모든 종류의 생물은 각기 온도, 산소, 에너지, 질병 등 개개의 환경요소에 대하여 특유의 제한요소곡선을 가진다. 이들 각 요소에 대한 최적조건이 있으며 그 최적조건보다 적거나 많은 경우 생태계는 변화하게 된다.

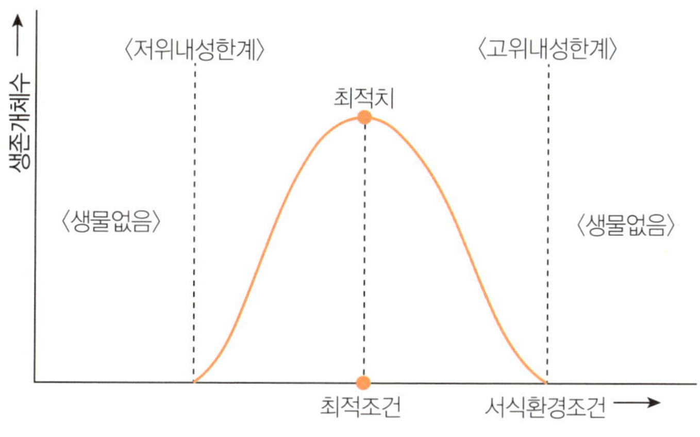

그림 7.5 • 제한요소곡선

유전정보의 변화를 돌연변이(mutation)라 부르는데 어떤 생물에 돌연변이가 생기면 각 환경요소에 대한 그 생물의 제한요소곡선도 변하게 된다. 이 경우 돌연변이는 불규칙적으로 일어나는 현상이므로 환경에 대한 생물의 적응력을 약화시키는 경우가 많다. 돌연변이는 시계의 톱니구조에 불규칙적 변화가 생긴 경우에 비유할 수 있다. 시계는 정확하고 원활하게 움직이도록 정밀하게 만들어진 복잡한 부속품으로 조립된 것이다. 따라서 전문가가 아닌 사람이 시계의 톱니구조를 조정한다면 시계의 기능이 맞지 않을 것이며, 완전히 멈출지도 모른다.

생물도 마찬가지이다. 장기간에 걸쳐 복잡하게 진화해온 모든 생물은 정밀하게 조정된 복잡한 시계로 볼 수 있으며, 염색체 안에 들어 있는 각종 정보는 생물이 환경에 잘 적응하도록 선택된 최적의 특성인 것이다. 따라서 염색체에 생기는 불규칙적 변화는 생물의 적응력을 약화시키고, 심하면 멸종에 이르게까지 한다. 이러한 돌연변이가 생식세포에서 일어나게 되면 대부분 다음 세대에 전달되게 된다. 생태 · 환경 학자들이 돌연변이에 대하여 특별히 관심을 가지는 것은 일부 오염물질이 돌연변이를 일으키는 것으로 알려져 있기 때문이다. 핵분열 및 핵융합에서 발생되는 방사성 동위 원소가 심한 돌연변이를 일으키는 것은 이미 잘 알려진 사실이다. 또 일부 농약도 돌연변이를 유발하는 것으로 지적되고 있으며 특정 화학물질들도 염색체를 파괴하므로 제한요소곡선에 변화를 가져온다.

7.3 생태계의 변화

가. 인위적 개발행위에 의한 생태계 변화

인간의 개발행위는 에너지 · 물질 순환체계를 바꾸는 것이므로 어떤 형태로든 생태계를 변화시킨다. 그런데 문제는 자연의 자정능력인 환경용량 범위를 초과한 개발행위이며, 이는 생태계가 스스로 복원할 수 없는 상태가 되는 것을 의미한다. 인류가 생태계를 변화시키는 행위는 식량생산을 위한 농경지 개발, 삼림 벌채, 각종 구조물의 건설 등 다양하다. 예로서 대규모의 삼림 벌채는 단순히 수목을 훼손할 뿐만 아니라 나무에 의존해 생존하는 많은 동물들을 멸종시키는 등 생태계를 크게 교란시킨다.

과도한 개발로 인한 피해는 열대지방의 경우 극심하게 나타난다. 예로서 개발면적이 커지면 심한 강우로 인한 피해가 커진다. 지표면에서 지하수에 이르기까지 인, 칼륨, 칼슘과 같은 식물성장에 필요한 필수 미네랄이 다량 손실된다. 토양 영양물질의 공급원이 씻겨 내려가면 마지막에 남은 철과 산화알루미늄에 의해서 척박한 토양이 되고, 태양과 바람에 노출되어 일련의 복잡한 화학변화를 일으킨다. 그 결과 토양이 급격하게 암석화되어 딱딱하게 되는 일명 라터라이트(laterrite)[2] 현상이 열대지방에서 나타나는 것이다.

2) 라틴어로 벽돌이란 뜻이다.

나. 대기오염에 의한 생태계의 변화

대기오염은 인간의 건강에 직접적인 영향을 미칠 뿐만 아니라 생물체의 생육에 영향을 미쳐 결국 생태계의 균형을 파괴한다. 토양의 경우 에틸렌, 이산화황 등을 흡수하는 것으로 알려져 있는데, 도시화와 개발면적 확대로 인공적 포장면적이 늘어나 토양의 스펀지 기능을 없앰으로써 토양의 미생물상에 변화를 가져오고 대기오염은 더욱 심화되는 악순환이 반복된다.

또 지구는 대기를 통과하여 온 태양의 단파방사를 흡수하여 따뜻해지고, 반대로 우주공간을 향해서 적외선을 배출하며 방열하면서 일정한 온도를 유지한다. 즉 적외선의 일정량이 대기에 흡수되어 지구의 평균온도를 유지하는 것이다. 대기 중의 CO_2는 300~400 ppm 정도에 불과하나, 지구 역방사의 최고치 파장인 13~17 μm 부근에 넓은 흡수대가 있어서 온실효과의 주역을 맡고 있으며 적당한 온실효과는 지구온도와 생태계 유지에 필수적인 것이다. 그런데 인위적인 화석연료의 연소로 인하여 CO_2가 과도하게 증가하고 지구의 온도가 이상적으로 상승하면서 급격한 생태계 변화를 초래하고 있다.[3]

다. 농약 등 화학물질에 의한 생태계의 변화

인류는 많은 종의 농작물을 재배하고 약 25종의 동물을 사육하고 있다. 우리나라의 단위 면적당 쌀 생산량은 30년 전에 비해 약 2배 이상 증가되었는데, 주요 원인은 작물을 보호하기 위한 농약 살포에 기인하고 있다. 농약은 살포와 동시에 일정량이 토양을 통해 흡수된다. 그 결과 해충의 저항성(Resistance), 잠재 곤충의 병해충화(Resurgence), 농약의 잔류(Residue)라고 하는 소위 3R 문제를 일으키게 되었다. 특히 농약의 잔류로 인해 생태계가 파괴되고 인간의 건강을 위협하고 있다. 살충제가 단기간에 해충을 감소시키는데 유용하지만, 길게 보면 해충의 피해가 반드시 감소되는 것은 아니다. 살충제 살포라는 강력한 무기에도 불과하고 농업 생태계에는 오히려 세력이 증가된 곤충이 나타나기 때문이다(예: 과수원의 진드기류의 증가). 또 농약성분은 생물계에서 농축되어 생태계 전반에 걸쳐 영향을 미친다. 굴을 0.002 ppm의 DDT를 함유한 해수에 넣어 두면, 151 ppm의 DDT 농도를 나타내며, 이것은 약 7만 배의 농축률에 해당된다. 인류가 사용하는 많은 화학물질들 중 상당수가 농약과 같이 생태계에 영향을 미치고 있다.

3) 온실가스의 영향은 기후변화 장에서 상술한다.

CHAPTER 08

자연환경보전

8.1 자연환경 보전의 개념

자연환경은 생태계를 구성하는 모든 요소들을 의미하므로 자연환경을 보전한다는 것은 생태계를 안정적으로 유지하는 것이다. 자연환경은 "지하 · 지표 및 지상의 모든 생물과 이들을 둘러싸고 있는 비생물적인 것을 포함한 자연의 상태(생태계 및 자연경관을 포함한다)"로 정의할 수 있다.[1] 따라서 '자연환경 보전'이라 함은 자연환경을 체계적으로 보존 · 보호 또는 복원하고 생물다양성을 높이기 위하여 자연을 관리하는 것을 의미한다. 인간을 포함한 생물들은 생물적 환경과 비생물적 환경, 즉 자연환경 사이에서 균형을 맞추면서 생존한다. 인간 역시 자연환경을 이루는 한 구성요소이자 다른 생물들과의 상호작용을 통하여 생존할 수밖에 없다는 사실을 인지한다면 우리가 왜 자연환경 보전에 노력해야 하는지를 이해할 수 있을 것이다.[2] 자연환경 분야의 법규에서 규정한 주요 용어의 정의는 표 8.1과 같다.

8.2 우리나라의 자연환경 여건

가. 지리적 특성

우리나라는 반도로서 내륙과 3,200여 개의 도서로 구성되어 있다. 한반도의 총면적은 약 22.3만 km^2이며 이중 남한 면적은 약 10만 km^2로 인구에 비해 국토면적이 매우 좁다. 지형적으로는 백두대간이 주요 산악축을 형성하고 있으며 국토면적의 약 2/3가 산림지역

1) 자연환경보전법에 의한 정의이다.

2) 유네스코한국위원회, 2010, 생물다양성은 우리의 생명, 궁리출판

표 8.1 • 자연환경과 관련된 용어의 정의

용어	정의
자연환경의 지속가능한 이용	현재와 장래의 세대가 동등한 기회를 가지고 자연환경을 이용하거나 혜택을 누릴 수 있도록 하는 것
생태계	식물 · 동물 및 미생물 군집(群集)들과 무생물 환경이 기능적인 단위로 상호작용하는 역동적인 복합체
소생태계	생물다양성을 높이고 야생동 · 식물의 서식지간의 이동가능성 등 생태계의 연속성을 높이거나 특정 생물종의 서식조건을 개선하기 위하여 조성하는 생물서식공간
생물다양성	육상생태계 및 수생생태계와 이들의 복합생태계를 포함하는 모든 원천에서 발생한 생물체의 다양성을 말하며, 종내(種內) · 종간(種間) 및 생태계의 다양성을 포함
생태축	생물다양성을 증진시키고 생태계 기능의 연속성을 위하여 생태적으로 중요한 지역 또는 생태적 기능의 유지가 필요한 지역을 연결하는 생태적 서식공간
자연경관	자연환경적 측면에서 시각적 · 심미적인 가치를 가지는 지역 · 지형 및 이에 부속된 자연요소 또는 사물이 복합적으로 어우러진 자연의 경치
생물자원	사람을 위하여 가치가 있거나 실제적 또는 잠재적 용도가 있는 유전자원, 생물체, 생물체의 부분, 개체군 또는 생물의 구성요소

(자료: 자연환경보전법, 생물다양성 보전 및 이용에 관한 법률 발췌)

으로 산림생태계가 양호하다. 남서지역을 중심으로 평야가 형성되어 있고 하천은 대부분 남서쪽으로 흘러 해양으로 유입된다. 삼면이 해안으로 둘러싸여 있고 해안선은 약 11,352 km에 달하며 삼면의 바다는 비교적 풍부한 해양생태계를 형성하고 있다. 기후는 지리적으로 대륙의 영향을 받는 한랭건조한 겨울과 해양의 영향을 받는 고온다습한 여름이 교차하는 온대계절풍 기후이다. 연평균 강수량은 남한이 1,200 mm~1,300 mm 수준이다.

나. 토지이용 현황

우리나라의 자연생태계[3]는 19세기까지 인위적인 오염 활동이 미미하여 잘 보전된 편이었으나 일제시대와 6.25전쟁, 이후 급격한 산업화 과정을 겪으면서 산림훼손과 환경오염, 각종 개발사업 등 인위적인 요인에 의해 크게 훼손되었다. 그럼에도 자연생태계가 어느 정도 유지되고 있는 것은 자연환경에 중요한 기능을 하는 산림과 농경지 등 자연녹지가 국토의 81.7%(산림 63.2%, 농경지 18.5%)를 차지하기 때문이다.

3) 자연생태계는 크게 산림, 농경지, 도시, 호소, 하천, 습지, 해양 생태계로 나눌 수 있다.

표 8.2 • 2021년 국토 이용상황 (단위: 천 ha)

국토 면적	농경지				산림		기타	
	면적	%	논	밭	면적	%	면적	%
10,043	1,857	18.5	1,104	753	6,349	63.2	1,837	18.3

(자료: 산림청, 2022, 임업통계연보)

산림은 1960년대 후반부터 시작된 산림보호 운동을 통해 비교적 양호한 생태계를 갖게 되었다. 1970년대까지 계속된 치산녹화계획 기간 동안에 심어진 인공림이 전체 산림 630만 ha 중 약 1/4을 차지[4]하고 있다. 자연림은 대부분 온대 낙엽활엽수와 소나무로 구성되어 있다. 인공림은 대부분이 리기다소나무, 일본잎갈나무(낙엽송), 잣나무 등의 침엽수로 되어 있고 활엽수 조림의 경우에는 유실수, 속성수와 사방수종이 대부분이다. 한편, 도시화에 따른 산림면적의 감소와 공해물질에 의한 서식처 오염으로 많은 야생생물종이 감소 또는 멸종위기에 처해 있다.[5]

표 8.3 • 전국 산림의 임상분포(2020년)[6]

구분	침엽수림	활엽수림	혼효림	죽림 · 무립목지	계
면적(천ha)	2,324	2,006	1,666	302	6,298
비율(%)	36.9	31.8	26.5	4.8	100

(자료: 산림청, 2023, 삼림임업통계연보 2022(제52호))

농경지는 2021년 현재 약 185만 ha이며[7] 이 중 110만 ha가 논이고 나머지 75만 ha가 밭이다. 대부분이 단모작 농경지이고 그 중에서도 벼 재배면적이 73만 ha로 가장 많다. 우

4) 매년 약 2~3만 ha 면적에서 조림사업이 시행되고 있다.

5) 우리나라에서 멸종되었거나 멸종위기에 있는 종(멸종위기 I급)의 수는 68종으로 보고되고 있고, 자연적 · 인위적 위협요인으로 개체수가 감소되고 있어 장래에 멸종위기에 처할 우려가 있는 종(멸종위기 II급)도 214종이 지정되어 있다(환경부, 2023).

6) 산림자원분야(산림면적, 임목축적) 통계는 2011년부터는 5년 주기로 수행되는 국가산림자원조사의 조사주기를 고려하여 5년마다 공표키로 하였다(산림자원의 조성 및 관리에 관한 법률 시행규칙 제36조). 2025년까지는 2020년 말 기준 산림 기본통계가 우리나라의 공식적인 통계이다.

7) 1990년 210만 ha에 달하던 농경지가 도시구역, 공장부지, 댐 수몰지 등 공공용지로 편입됨에 따라, 지난 10년간 매년 평균 11.2천 ha씩 줄어들고 있다. 또한 주거, 공업용지와 도로 등 사회간접자본시설 확충 수요가 계속 증가되고 있어 향후 농지 감소추세는 더욱 심화될 것으로 예상된다(박용하, 2001, 21세기 자연환경보전정책 발전방향, 한국환경정책평가연구원). 2000년대 이후에 감소 비율은 줄어들었다.

리나라의 농경지는 도시와 공장으로부터 유입되는 공해물질과 과다한 농약 및 비료 사용으로 농경지 생태계의 지속가능성이 위협받고 있다. 또한 가축분뇨에 의한 지하수 오염과 토양 염류의 축적으로 농업 환경문제가 발생하고 있다.

우리나라의 도시화율은 1960년 39.1%에 불과하였으나 이후 가파른 증가세를 보여 2022년 기준으로 91.9%의 도시화율[8]을 기록하고 있어 거의 최고치에 도달한 것으로 보인다. 이러한 도시화 추세는 필연적으로 생태계의 중요한 요소인 임야와 농지의 훼손을 초래하고, 특히 자연환경이 우수한 지역의 훼손을 수반하였다. 많은 도시 외곽의 산림은 물론 도시내 소규모 산림들도 많이 사라지고 있는 것으로 나타나고 있다.

표 8.4 • 도시화 추세

(단위: 천명, %)

구분 \ 연도별	1960	1970	1980	1990	2000	2010	2020	2022
전국 인구	24,989	31,435	37.449	43,390	47,964	50,516	51,829	51,439
도시 인구	9,784	15,750	25,738	35,558	42,375	45,933	47,571	47,294
도시화율	39.1	50.1	68.7	79.6	88.3	90.9	91.8	91.9

(자료: 국토교통부, 2023, 도시계획현황)

다. 생물종

우리나라에 존재하는 생물종의 수는 면적이나 기후를 고려할 때 약 10만종 정도로 추정하고 있으나, 현재까지 약 3만 9천여 종이 확인되었다. 종별로는 동물 22,502종, 식물 5,281종, 균류 · 지의류 4,113종, 원생생물 1,573종, 조류 4,672종, 박테리아 1,009종 등 총 39,150종이다. 이러한 생물종의 수는 지난 30여 년간 급격한 경제성장을 성취하는 과정에서 나타난 각종 개발행위, 밀렵 및 남획, 환경오염 등으로 다소 감소된 것으로 추정된다.

8.3 자연환경 보전을 위한 법률과 제도

가. 자연환경보전 관련 법규

우리나라의 자연환경 보전 기능은 환경부, 산림청, 국가유산청, 해양수산부 등으로 분

8) 국토교통부, 2022년도 도시계획현황(주민등록 통계인구 기준, 외국인은 제외)

산되어 있으며 대상에 따라 관리 기관을 달리하고 있다. 자연환경 보전업무는 크게 ① 자연환경 및 생태계 조사, ② 생물다양성 보전과 생태계 복원, ③ 자연생태계 보호지역의 지정 · 관리, ④ 야생 동식물 보호, ⑤ 지구환경문제와 연계한 생물주권의 보호 · 관리 분야로 구분된다.

자연환경보전을 위한 법령도 보전 대상별로 소관 부처에서 운영하고 있다. 표 8.5에서 보듯이 환경부에서 "자연환경보전법"을 비롯한 법률을 관장하고, 해양수산부에서 해양환경 보전을 위한 "해양환경관리법", "해양생태계의 보전 및 관리에 관한 법률" 등을, 산림청에서 "산림법", 국가유산청에서 "자연유산의 보존 및 활용에 관한 법률"을 각각 관리하고 있다.

표 8.5 • 환경부소관 자연환경 관련 법률

법률명	제정일	제정목적
자연환경보전법	1991.12	자연환경보전의 기본법
습지보전법	1999. 2	습지 · 갯벌의 조사 및 관리
독도등 도서지역의 생태계보전에 관한 특별법	1997.12	생태계우수 무인도서의 조사와 보전
백두대간 보호에 관한 법률	2003.12	백두대간 지역의 훼손방지와 복원
야생생물 보호 · 관리에 관한 법률	2004. 2	야생동식물 및 멸종위기 야생동식물 보호
자연공원법	1980. 6	국립 · 도립 · 군립공원의 지정과 관리
문화유산과 자연환경자산에 관한 국민신탁법	2006. 3	문화유산 · 자연환경 국민신탁에 관한 절차규정
생물다양성의 보전 · 이용 법률	2012. 2	생물다양성 및 생물자원의 보전과 관리
유전자원의 접근 · 이용 및 이익공유법	2017. 1	유전자원의 접근 신고 및 이익공유

(자료: 환경부, 2023, 환경백서)

나. 우리나라 자연보호지역의 종류

우리나라의 자연보호지역은 환경부, 농림축산식품부(산림청), 문화관광부, 해양수산부 등 각 부서에서 다양하게 정하고 있다. 환경부의 경우 생태경관보전지역, 습지보호지역, 특정도서, 국립 · 도립공원 등을 지정하고 있고 산림청은 천연보호림, 국가유산청은 천연기념물, 천연보호구역 등을 각각 지정하고 있다. 자연보호구역은 2022년 기준 국토의 17.3%

수준으로 OECD국가 평균인 22%에 못 미치고 있으나 높은 인구밀도로 확대하기가 매우 어려운 실정이다. 보호지역으로 지정되면 보전하고자 하는 생태계 목표 수준에 따라 차이는 있으나 각종 개발행위를 제한하여 자연 훼손을 예방하고, 이미 훼손된 지역에 대하여는 복원사업을 추진한다. 생태계 보전을 주요 목적으로 하는 보호구역 외에 국토이용 관련법에 따라 개발행위를 제한하거나 상수원보호구역과 같이 수질개선을 위해 토지이용을 규제하기도 한다.

표 8.6 • 주요 자연보호구역의 종류

(단위: km^2)

명칭	지정 목적	지정주체	개소수	면적	비고
생태경관 보전지역	우수한 생태 · 자연경관을 엄격히 보전	국가	9	248	
		시 · 도	23	38	
습지보호지역	생태가치가 높은 습지지역 보호	국가(내륙습지)	30	135	환경부
		국가(연안습지)	14	1,491	해양수산부
		시 · 도	7	8	
특정도서	생태가치가 높은 도서의 행위제한 및 보호	국가	257	14	
자연공원	생태 및 경관가치가 높은 지역의 보전과 지속가능한 이용	국립공원	23	6,888	해면 2,754 포함
		도립공원	30	1,147	
		군립공원	27	238	
국가지질공원	지구과학적으로 중요하고 경관이 우수한 지역	국가	15	551	명소면적 기준

국립공원은 우리나라를 대표하는 자연생태계 보유지역이나 수려한 자연경관지로서 환경부장관이 지정한다. 표 8.7과 같이 1967년 지리산국립공원 지정을 최초로 1960년대에 지리산 · 경주 등 4개소, 1970년대에 설악산 · 속리산 등 9개소, 1980년대에 다도해 해상 등 7개소, 2013년 무등산, 2016년 태백산, 2023년 팔공산이 지정되어 2024년 현재 23개소, 총면적 6,888 km^2로서 육상면적 기준으로 전 국토의 4%(해면 2,754 km^2 제외)에 달한다.

표 8.7 • 국립공원 현황 (단위: km^2)

지정순위	공원명	위치	공원구역		비고
			지정년도	면적	
계			22개소	6,888	해면 2,754
1	지 리 산	전남 · 북, 경남	1967	486	
2	경 주	경북	1968	137	
3	계 룡 산	충남, 대전	1968	64	
4	한려해상	전남, 경남	1968	537	해상 409
5	설 악 산	강원	1970	400	
6	속 리 산	충북, 경북	1970	279	
7	한 라 산	제주	1970	153	
8	내 장 산	전남 · 북	1971	80	
9	가 야 산	경남 · 북	1972	77	
10	덕 유 산	전북, 경남	1975	229	
11	오 대 산	강원	1975	328	
12	주 왕 산	경북	1976	106	
13	태안해안	충남	1978	389	해상 353
14	다도해상	전남	1981	2,276	해상 1,975
15	북 한 산	서울, 경기	1983	77	
16	치 악 산	강원	1984	177	
17	월 악 산	충북, 경북	1984	288	
18	소 백 산	충북, 경북	1987	321	
19	변산반도	전북	1988	155	해상 17
20	월 출 산	전남	1988	57	
21	무 등 산	광주, 전남	2013	76	
22	태 백 산	강원	2016	70	
23	팔 공 산	대구, 경북	2023	126	

(자료: 국립공원공단, 2024, 국립공원지정현황)

8.4 생물다양성(Biodiversity) 보전

생물다양성은 지구상의 자연계에 존재하는 생물의 다양한 정도를 의미하며 생명체가 살아가는 서식처의 다양성까지 포괄하기도 한다. 국제환경협약인 생물다양성협약(CBD,

Convention on Biological Diversity)에서는 생물다양성을 육상 · 해상 및 그 밖의 수중생태계와 이들 생태계가 부분을 이루는 복합생태계 등에서 나타나는 생물 간의 상이성을 말한다고 정의하고 있다. 지구상에 동식물을 비롯한 생물종과 생태계는 다양성이 잘 유지될수록 외부의 변화에 안정적인 상태를 유지한다. 생물다양성은 생명체를 보는 관점에 따라 유전자 수준의 다양성, 종 수준의 다양성 그리고 생태계 수준의 다양성 등 세 가지 유형으로 구분된다.[9]

(1) **종 다양성(species diversity):** 동식물, 곤충 및 미생물 등 다양한 생물종을 뜻하는 것으로, 환경에 적응하여 선택된 유전자가 특정 생명체의 형질로 진화되며, 그 결과 생물종의 다양성으로 나타난다. 따라서 지구상의 존재하는 다양한 생물의 종류를 뜻하며, 진화의 계통이나 생태계 특성에 따라 다르다. 우리가 통상 의미하는 생물다양성 개념이다.

(2) **유전자 다양성(gene diversity):** 유전정보의 총칭이며, 지구상에 생존하는 개체 생물의 세포 속에 들어 있는 유전자는 모두 포함된다. 형태학적으로 동일 생물종이거나 종내에서도 이들 개체를 구성하고 있는 유전자의 일차 구조(염기서열)에 변이가 있을 수 있다.

(3) **생태계 다양성(ecosystem diversity):** 생물종의 군집양상과 상호작용 시스템의 차이로 구분되며, 일반적으로 특정 서식지의 특성을 의미한다. 생태계 다양성은 에너지와 물질순환, 시스템의 재생력 등 생태계의 평형유지 기능에 필수적인 요소가 된다.

미스킴 라일락과 구상나무의 사연

해방 후 미군정청 소속의 미더(Meader)라는 직원이 도봉산에서 라일락나무의 열매를 채취하여 1947년 미국으로 가져간다. 식물 채집가였던 미더는 이를 개량해서 새로운 품종을 만들었고 당시 자료 수집을 도왔던 한국인 직원 미스킴의 이름을 따서 '미스킴 라일락(Miss Kim Lilac, Syringa patula Miss Kim)'이라고 명명한다. 미스킴 라일락은 미국에서 관상용으로 큰 인기를 끌게 되었고, 1970년대부터 우리나라에 역수입되어 가정용 관상식물로 판매되고 있다. 수수꽃다리속에 속하는 식물로 진보라색 꽃을 피우고 매혹적인 향을 갖고 있다.

---

9) 한국생명공학연구원 미생물자원센터, 2013

한라산과 지리산의 자생식물이었던 구상나무는 1900년대 초반에 유럽으로 반출돼 크리스마스 트리로 각광받고 있다. 하늘말나리, 털중나리 등 우리 토종을 교배해 얻은 나리꽃들은 이제 우리나라가 해마다 400여만 달러를 지불하고 수입하는 실정이다. 이러한 사례들은 우리나라가 생물자원의 중요성을 인식하지 못하던 시절 불법(당시에는 불법이 아니다)으로 유출된 자생식물들의 주권, 즉 생물주권을 잃은 셈이다. 생물자원 보전의 중요성을 일깨워주는 사례들이다.

그림 8.1 • 수수꽃다리와 구상나무
(자료: 국립공원관리공단 제공)

PART 04

환경과 에너지

학습목차

CHAPTER 09

에너지 현황과 전망

9.1 에너지의 개념

가. 에너지의 정의

에너지는 어떤 변화를 유발할 수 있는 능력으로, 물체가 물리적으로 일을 할 수 있는 힘을 의미한다. 에너지가 일을 한 것은 인류가 탄생하기 전부터 일어난 현상으로 태양계도 에너지에 의해서 탄생한 것이다. 일과 에너지는 밀접한 관계를 가지고 있는데 일을 하면 에너지가 증가하고, 에너지가 일로 바뀔 수도 있다.

에너지의 개념은 19세기 후반에야 명확해졌으며, 오늘날 우리가 열역학이라고 부르는 에너지에 관한 기본법칙도 이때 확립된 것이다. 에너지에 대한 최초의 사고는 운동 물체에 어떤 효과를 나타내는지 고찰하면서 시작되었다. 에너지의 크기는 에너지를 소비하여 나타나는 일의 양으로 표시한다. 이때 일의 양은 어떤 물체에 힘을 작용시켜 그 물체가 일정 거리만큼 이동하였을 때 힘(F)과 이동거리(S)의 곱으로 나타내며, 기본단위로 J(Joule)을 사용한다. 19세기 후반에 물체의 운동에너지와 위치에너지의 합은 불변이라고 하는 에너지역학 보존의 법칙이 확립되었으며 열도 에너지의 한 형태라는 이론이 정립되어 열역학 법칙이 제시되었다.

에너지에 대한 과학적 접근은 19세기까지는 에너지의 생성과 소멸, 형태의 변화를 대상으로 하였고 물질이 가지고 있는 전(全) 에너지의 절대 가치에 대한 개념이 없었다. 1905년에 아인슈타인이 특수상대성이론을 제시하면서 물체의 에너지에 대해 모든 질량은 그에 상당하는 에너지를 가지고, 반대로 모든 에너지는 그에 상당하는 질량을 가진다는 소위 질량-에너지 등가 관계를 정립하면서 에너지 연구에 대한 획기적인 지평을 열게 된다($E = mc^2$, c는 빛의 속도).

나. 에너지의 변천

신석기 시대에 인간이 불을 발견한 이래 인류 문명은 에너지의 변화와 함께 발전해 왔다. 원시시대에는 사냥한 동물을 요리하거나, 추울 때 따뜻하게 하고 어두운 밤을 밝히기 위한 목적으로 불을 이용하기 시작하였다. 농경시대에 접어들면서 작물 생산을 위해 인력 이외에 소나 말과 같은 가축의 힘, 물이나 바람 등 자연에너지를 이용하였다. 이러한 에너지 이용 양태는 18세기 산업혁명을 계기로 획기적으로 변화한다.

석탄을 이용한 증기기관을 발명하면서 각종 공업제품의 대량 생산을 가능하게 하였고, 기차나 선박 같은 현대 교통수단을 탄생시켰다. 즉 에너지 변환 · 이용 기술의 발달로 증기기관과 전기가 발명되고 이를 기반으로 대량 생산과 유통, 그리고 대량소비가 가능하게 된 것이다. 20세기에 접어들면서 더욱 진보된 과학기술을 기반으로 고열량을 가지면서도 경제성과 효용성이 뛰어난 석유와 천연가스가 주 에너지원으로서의 자리잡게 되면서 제조업과 교통 수단이 더욱 발전되었고, 이후 1960년대에는 발전용으로 원자력이 사용되기 시작하였다. 이러한 에너지 이용기술의 발전으로 현대 문명이 꽃피우고 인간 생활이 풍요롭게 되었으며, 앞으로도 안정적인 사회를 유지하기 위해서는 효율적인 에너지의 확보가 필수적이다. 그러나 에너지 사용이 급증하면서 여러 가지 부작용이 나타나고 있다. 화석연료 사용으로 인한 환경오염과 지구온난화, 원자력에너지 이용에 따르는 핵폐기물 처리와 안전 문제, 과도한 에너지원 사용으로 인한 에너지 자원의 고갈문제 등은 21세기에 인류가 해결해야 중요한 과제이다.

다. 에너지의 분류

(1) 에너지 자원(에너지원)의 분류

에너지 자원은 에너지로 활용이 가능한 자원을 뜻하며, 열에너지, 빛에너지, 운동에너지를 얻을 수 있는 화석연료 및 핵분열, 그리고 수력에너지, 태양에너지, 풍력에너지, 조력에너지, 지열에너지 등의 대체 에너지원[1]을 말한다. 즉 인간이 사용할 수 있는 에너지가 형태를 바꾸기 전의 상태인 모든 자원을 의미한다. 표 9.1은 자원의 성질에 따라 에너지원을 구분한 것이다.

---

1) 대체에너지는 좁게는 신재생에너지를 의미하기도 하고, 넓게는 석유를 제외한 모든 에너지를 가리키기도 한다. 여기서는 전자의 의미로 사용하였다.

표 9.1 • 에너지 자원의 분류

자원 구분	에너지 분류	주요 에너지원
비금속광물 자원	화석에너지	석탄, 석유, 천연가스
금속광물 자원	핵분열에너지	우라늄, 토륨
비광물 자원	대체에너지 핵융합에너지	태양열, 풍력, 수력, 지열, 폐기물, 생물체(바이오), 수소, 원자력
재생가능 자원		
동물 자원		소, 말, 개
인적 자원		인력

(자료: 간석호, 21세기의 에너지와 산업사회, 영남대학교 출판부, 1998)

(2) 에너지 흐름에 따른 분류

에너지를 자원으로부터 최종 소비까지의 흐름 측면에서 1차 에너지와 2차 에너지로 구분된다. 1차(Primary) 에너지는 오랜 기간동안 자연의 역학적인 변화에 따라 형성된 천연의 가공되지 않은 상태로 공급되는 에너지로 석탄, 석유, 천연가스와 같은 화석연료[2], 수력, 원자력, 태양열, 지열 등을 말한다.

2차(Secondary) 에너지는 1차 에너지를 변환하여 생산되는 에너지로서 최종 소비부문의 이용 설비에 알맞은 형태로 사용된다. 1차 에너지 중 직접 에너지로 사용되는 것은 그 자체이고, 일정한 변환과정을 거쳐서 다른 형태의 에너지로 전환되는 것은 그 산출물을 의미한다. 우리가 실생활에서 사용하는 전력, 가스, 석유화학제품 등이 여기에 속한다.[3]

(3) 에너지 본질에 따른 분류

에너지가 지닌 본질에 따라 분류하면 외부에너지, 내부에너지, 열에너지, 기계적 에너지, 화학에너지, 핵에너지 등으로 구분할 수 있다. 이러한 에너지 형태는 서로 변환되면서 인간 생활에 필요한 전기적 · 기계적 에너지 또는 열에너지를 공급한다.

2) 고대생물의 지구화학적 변화로 생성된 석탄, 원유, 천연가스 등을 화석연료(Fossil fuel)라 한다.
3) 실제 사용하는 에너지를 최종에너지라고 하기도 한다. 이때 최종에너지의 값은 2차 에너지에서 전송전선 손실분과 같이 운송과정에서의 손실분을 뺀 값이다.

(4) 에너지 소모 특성에 따른 분류

에너지가 사용된 후 완전히 소모되는지 여부에 따라 고갈성 에너지와 재생에너지(Renewable Energy)로 구분할 수 있다. 화석연료, 핵연료와 같이 한번 사용하면 완전히 없어지는 것이 전자이고, 태양광 및 태양열, 풍력, 해양, 지열에너지와 같이 사용해도 자연적으로 재생되는 것이 후자에 속한다.

라. 에너지 문제의 대두

현대 에너지 문제는 과학기술의 발전과 산업화로 인류가 소비하는 에너지가 급증하면서 불가피하게 대두되었다. 국제에너지기구에 따르면 전 세계가 지금과 같은 수준으로 화석연료를 사용하면 석유는 향후 40년, 석탄은 200년, 천연가스는 60년간 사용할 수 있는 양밖에 남아 있지 않다. 화석연료를 대체할 새로운 에너지원이 필요한 것이다.

에너지원의 확보 문제와 더불어 에너지 사용 증가로 인한 환경오염 문제도 시급히 해결해야 할 과제이다. 화석연료는 지구 최대의 환경 문제인 지구온난화의 주범이자 연소과정에서 이산화탄소, 일산화탄소, 황산화물, 질소산화물 등의 각종 대기오염물질을 배출하여 인간 건강과 생태계에 큰 영향을 미치고 있다. 화석연료의 연소과정에서 나오는 대기오염물질과 산성비로 인한 삼림 피해, 지구온난화에 의한 기후변화 등을 고려할 때 신재생에너지의 확대는 매우 시급한 과제이다.

9.2 에너지원의 특성

석탄, 석유, 천연가스 등의 주요 에너지 자원은 편재성을 지니고 있다. 국가적 또는 지리적으로 분포가 일정하지 않은 지역적 편재성과 함께 수자원, 풍력 등은 시기적인 편재성도 함께 가지고 있다. 또 특정 국가 또는 사회의 구성원 및 생활환경에 따라 에너지 사용형태가 달라 필요한 에너지의 양과 질이 변하게 되는데, 이는 수요적 특성으로 볼 수 있다. 또 에너지자원은 탐사 단계부터 생산 · 활용에 이르기까지 장기간 소요되므로 사회 · 경제적 구조와 산업화 추이에 근거한 장기적인 에너지 확보 계획이 필요한 특성도 있다.

에너지 종류별 특징은 표 9.2와 같으며 일반적으로 지역적 편재성, 환경문제 및 안정성

문제 등을 극복하여야 한다. 반면에 재생에너지는 아직까지 대부분 가격이 높은 것이 큰 단점이므로 이를 극복할 수 있는 에너지 이용기술의 효과적 개발이 필요하다.

표 9.2 • 에너지원의 종류 및 특징

구분	종류	특징	
		장점	단점
기존에너지원	석유	– 액체로서 취급용이 – 고발열량[10,000(kcal/kg)] – 연소조정 편리	– 심한 지역적 편재 – 부존량이 가장 적음 – 지구온난화 및 대기오염 유발
	석탄	– 부존량이 가장 풍부 – 편재성이 석유보다 작음 – 가격이 가장 저렴	– 취급 불편 – 심각한 대기오염물질 배출 – 온실가스 배출
	가스	– 불순물이 거의 없음 – 연소장치 간단 – 석유와 유사한 특징	– 기체로서 저장과 수송의 제한 – 거액의 투자(LNG) – 비교적 고가(LNG 및 LPG)
	우라늄	– 풍부한 자원 – 비축 및 수송의 편리	– 주로 발전용에만 이용 – 안전상 문제(방사능물질)
재생에너지원	수력	– 발전원가 저렴, 무공해	– 지역적, 시기적 편재
	태양열	– 에너지원이 무한정, 무공해	– 고가
	지열	– 인근에 에너지원 존재, 무공해	– 고온 지열지대의 지역적 편재
	풍력	– 에너지원이 풍부 – 무공해(소음공해 가능)	– 고가
	바이오	– 무공해	– 고가
	해양	– 풍부한 에너지원, 공해성 적음	– 해양생태계 훼손 우려, 고가

9.3 세계 에너지 이용 현황

가. 세계 에너지 소비 현황

2021년에 세계 에너지 소비량은 1차 에너지 기준으로 595.2 exajoules(14,219백만 TOE 상당)[4]에 달해 2000년대 이후 연평균 3~6%의 증가세를 보이고 있다. 최대 소비국

4) 석유환산톤(Tonne of Oil Equivalent, TOE)은 모든 에너지에 적용할 수 있는 에너지단위로 석유 1톤을 연소할 때 발생하는 발열량 10^7 kcal를 1 TOE로 정의한다. 1 exajoules은 10의 18승 joules로서, 석유환산톤으로는 약 23.9백만 TOE에 상당한다.

인 중국의 에너지 소비량은 전년대비 6.8% 증가하여 전세계 소비량의 약 26%를 차지하였으며 미국을 추월하였다. 에너지원별로는 여전히 원유가 30%를 차지, 최대 에너지원의 위치를 유지하고 있으나 2000년대 이후 점유율은 지속적으로 감소하고 있다.

표 9.3 • 세계 주요 국가별 에너지 소비량

(단위: exajoules)

구분	2021년							2020년
	석유	천연가스	석탄	원자력	수력	신재생	합계	합계
합계	184.2	145.4	160.1	25.3	40.3	40.0	595.2	564.0
중국	30.6	13.6	86.2	12.2	3.7	12.3	157.7	147.6
미국	35.3	29.8	10.6	7.4	2.4	7.5	93.0	88.5
인도	9.4	2.2	20.1	0.4	1.5	1.8	35.4	32.2
러시아	6.7	17.1	3.4	2.0	2.0	0.1	31.3	28.9
일본	6.6	3.7	4.8	0.6	0.7	1.3	17.7	17.1
캐나다	4.2	4.3	0.5	0.8	3.6	0.6	13.9	13.8
한국	5.4	2.3	3.0	1.4	0.1	0.4	12.6	12.0
브라질	4.5	1.5	0.7	0.1	3.4	2.4	12.6	12.0
독일	4.2	3.3	2.1	0.6	0.2	2.2	12.6	12.4
이란	3.3	8.7	0.1	0.1	0.1	0.1	12.2	12.0
사우디아라비아	6.6	4.2	0.0	0.0	0.0	0.1	10.8	10.6
프랑스	2.9	1.6	0.2	3.4	0.6	0.7	9.4	8.9
인도네시아	2.8	1.3	3.3	0.0	0.2	0.6	8.3	8.1

(자료: BP(British Petroleum), 2022, Statistical Review of World Energy)

나. 에너지 소비전망

국제에너지기구는 2035년의 세계 에너지 총 소비량을 17,197백만 TOE로 추정하여 1990년 대비 약 2배 증가할 것으로 전망하고 있다. 향후 연평균 약 1~2%의 성장세를 보이고 개도국은 이보다 높은 3~4%를 나타낼 것으로 예상된다. 석유, 석탄, 천연가스 등 화석연료 의존도는 2010년 81%에서 2035년에 75%로 감소할 것으로 추정하고 있다.

표 9.4 • 세계 에너지 소비량 및 수요 전망

(단위: MTOE)

구분	1990	2010	2020	2035	연평균 증가율
석탄	2,231	3,474	4,082	4,218	0.8%
석유	3,230	4,113	4,457	4,656	0.5%
가스	1,668	2,740	3,266	4,106	1.6%
원자력	526	719	898	1,138	1.9%
수력	184	295	388	488	2.0%
바이오/폐기물 E	903	1,277	1,532	1,881	1.6%
기타 신재생 E	36	112	299	710	7.7%
총계	8,779	12,730	14,922	17,197	1.2%
화석연료 비중		81%	79%	75%	

※ 연평균증가율은 2010~2035년간을 기준으로 한 것임. 2020년 실제 소비량은 표의 수요전망보다는 낮았다.
(자료: IEA, 2012.11, World Energy Outlook 2012)

9.4 우리나라 에너지 이용 현황

가. 1차 에너지 소비량

우리나라의 1차 에너지 이용량은 307백만 TOE에 달한다. 연평균 증가율은 1990년대에 7%대의 높은 성장세를 유지하다가 2000대 이후 연평균 3~4%대로 다소 하락하였으나 여전히 증가세를 유지하고 있다.

표 9.5 • 1차 에너지 수급 현황

(단위: 백만 TOE)

연도별		2000	2010	2015	2020	2021
에너지 수급량 (백만 TOE)	1차 에너지	193	264	287	292	307
	최종에너지	150	195	215	223	237
1차 에너지원별 구성비 (%)	석탄	22.2	29.2	29.8	24.7	23.6
	석유	52.1	39.6	38.0	37.7	38.4
	천연가스	9.8	16.3	15.2	18.8	19.5
	원자력	14.1	12.1	12.1	11.7	11.0
	기타	1.8	2.8	4.9	7.0	7.6
1인당 에너지 소비량(TOE)		4.11	5.33	5.63	5.63	5.94

(자료: KESIS, 2023, 기타에는 신재생에너지, 수력 등이 포함됨)

2021년의 1차 에너지원별 소비구조를 보면 석유가 38.4%로 가장 높은 점유율을 보이고 있고, 석탄 23.6%, LNG 19.5%, 원자력 11.0% 순으로 나타났다. 석유의존도가 1990년 53.8%에서 지속적으로 하락하는 것은 발전용 에너지원 중에서 주로 LNG, 재생에너지의 비중이 증가했기 때문이다.

선진국들은 대부분 에너지 소비량이 정체 또는 소폭 감소 추세를 보이는 반면 우리나라는 여전히 증가 추세이고 표 9.6과 같이 1인당 소비량이 미국과 중동국가를 제외하면 세계 최고 수준을 보이고 있어 앞으로 소비 저감을 위한 획기적인 노력이 요구된다.

표 9.6 • 국가별 1인당 에너지 소비량(2020년 기준) (단위: TOE/1인당)

국가	한국	독일	프랑스	영국	중국	미국	일본
소비량	5.42	3.54	3.21	2.30	2.48	6.17	3.29

(자료: 산업통상자원부, 2022, 에너지통계연보)

나. 최종에너지 소비

최종에너지 소비량을 부문별로 보면 산업부문이 빠른 증가세를 보이고 있고 전체 에너지에서 차지하는 비중도 1990년 48.1%에서 2021년 63.3%로 증가하고 있다. 이는 우리나라 산업구조가 여전히 철강, 석유화학 등 에너지 다소비업종 위주에서 벗어나지 못하고 있음을 의미한다. 가정 · 상업부문에서도 1인 가구가 늘어나고 냉난방용 전기기기 보급이 확산되면서 전력 소비량이 지속 증가하고 있다. 수송부문의 경우 차량 등록대수가 꾸준히 증가함에도 불구하고 고유가와 경제 침체로 휘발유와 경유 소비의 증가 추세는 다소 둔화되었다.

표 9.7 • 최종 에너지 수급 현황 (단위: 백만TOE)

연도별	1990	2000	2010	2015	2021
계	74.7	150.0	195.4	215.4	237.4
산업부문	36.1	84.2	116.6	133.4	150.3
수송부문	14.2	31.0	36.9	39.9	40.2
가정 · 상업부문	21.6	32.1	37.4	37.0	41.2
공공 · 기타부문	2.8	2.6	4.5	5.1	5.7

(자료, 산업통상자원부, 2022, 에너지통계연보)

CHAPTER 10

신재생에너지

10.1 신재생에너지 개요

가. 정의

신재생에너지는 인류가 현재 에너지원으로 주로 사용하는 석유, 석탄, 원자력 또는 천연가스 이외의 새로운 에너지 자원과 자연에너지 또는 재생 가능한 에너지 자원을 말한다. 즉 신에너지와 재생가능에너지를 합친 용어이다. 국내 법규[1]에서는 "기존의 화석연료를 변환시켜 이용하거나 햇빛, 물, 강수, 생물유기체 등을 포함하여 재생 가능한 에너지로 변환시켜 이용하는 에너지"로 정의하고 있다.

그림 10.1 • 해상풍력발전시설 전경

1) 신에너지 및 재생에너지 개발이용보급 촉진법

나. 필요성

세계적으로 화석연료를 중심으로 한 현재의 에너지 자원은 고갈문제와 함께 기후변화로 대변되는 환경문제를 안고 있다. 산업혁명 이후 인류가 주 에너지원으로 사용해온 화석연료의 가채년수는 석유가 30~50년, 석탄이 약 200년, 천연가스가 약 50년으로 추정되고 있다. 인류의 생존을 위해 새로운 에너지원을 확보해야 하는 것이다. 여기에 화석연료로 인한 지구온난화 현상은 이제 방치하기 어려울 정도로 가시적인 기후변화 현상을 나타내고 있다. 화석연료 사용량을 줄이지 않으면 기후변화라는 더 큰 재앙이 닥칠지도 모른다.

이러한 여건에서 지속적인 순환이 가능하여 고갈되지 않고 환경문제가 없는 신재생에너지는 인류의 미래를 위해 불가피하게 확대되어야 한다. 이러한 문제 때문에 신재생에너지가 아직까지 경제성이 떨어지고 초기 투자비용이 크다는 장애요인이 있음에도 불구하고 선진국을 중심으로 과감한 보급정책을 추진하고 있다. 에너지 자원을 대부분 수입에 의존하고 있고 인구밀도가 높아 면적당 환경부하가 큰 우리나라로서는 신재생에너지 보급을 서둘러 확대해야 할 것이다.

다. 신재생에너지의 분류

신재생에너지 분야에서는 우선 1차 에너지 자원 중 태양에너지, 풍력, 소수력, 바이오매스, 지열, 해양에너지 등과 같은 자연에너지가 있으며, 이 자연에너지는 기존의 수력에너지 등을 포함하여 재생에너지(Renewable Energy)라고도 한다. 그리고 신에너지에는 취급이 곤란한 고체연료(석탄)를 가스화 또는 액화하여 활용범위를 넓힌 석탄의 새로운 이용기술, 연료전지, 고효율 전동기, 열에너지 저장, 전력 저장 등과 같은 에너지 이용의 합리화 기술이 있으며 수소에너지도 신에너지 기술에 포함된다.

국내 법규에서는 신에너지로 수소, 연료전지, 석탄액화가스 등 3종, 재생에너지로 태양열, 태양광, 바이오에너지, 풍력, 수력, 지열, 해양, 폐기물 등 8종을 규정하고 있다. 그림 10.2는 신재생에너지를 분류한 것으로 자연에너지와 재활용에너지가 재생에너지이다.

라. 특징

신재생에너지의 특징은 영속성, 환경성, 공공성, 기술성으로 요약할 수 있다. 첫째, 지속적으로 재생되므로 고갈되지 않는 영속성을 가진다. 둘째, 표 10.1과 같이 화석연료

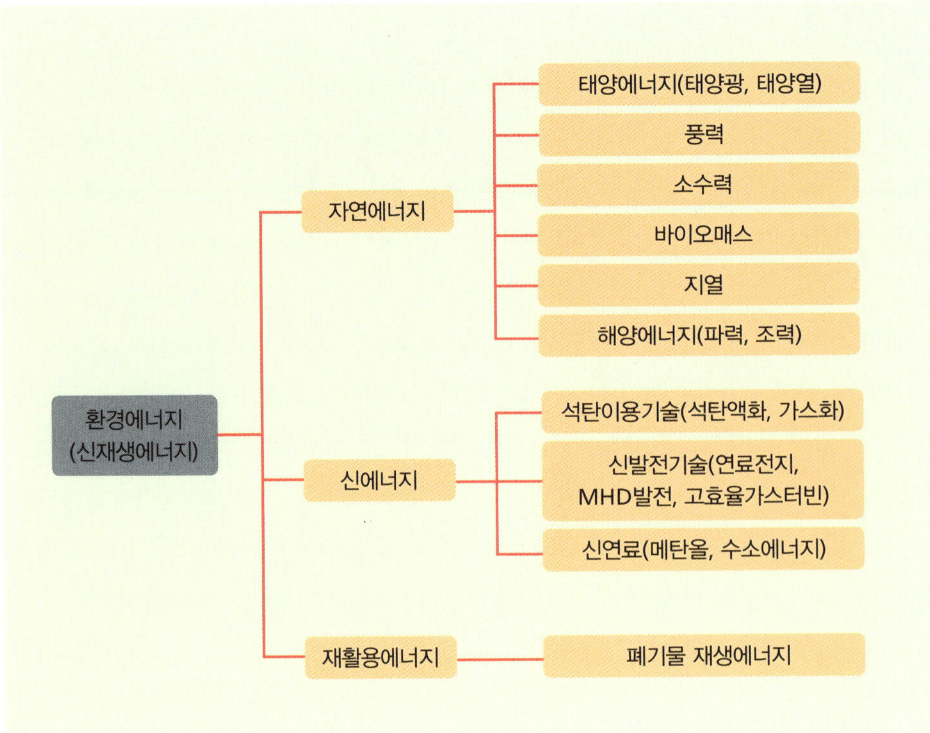

그림 10.2 • 환경에너지 분류

에 비해 대기오염물질과 지구온난화를 유발하는 이산화탄소의 배출량이 현저히 적다. 셋째, 인류가 선택할 문제가 아니라 생존을 위해 필수적으로 친환경적인 에너지를 확보해야 된다는 점에서 공공성을 지닌다. 넷째, 기존의 에너지원의 확보기술에 비해 상대적으로 고도의 기술이 요구된다.

신재생에너지의 개발 및 적용 기술은 몇 가지 특징을 갖는다. 첫째, 시장성을 확보할 때까지 장기간이 필요하다. 둘째, 기술적용의 불확실성이 높고 분야별 기술간에 경합하게 된다. 향후 어떤 기술이 시장을 주도할지 불확실하여 기술 경합성이 높다는 점이다. 셋째, 고위험, 고수익 창출형 기술이이다. 대부분 위험요소가 많으며, 시장에서 주도권을 확보하기 위해 상당한 기간이 소요되기 때문이다. 넷째, 정책 의존성이 높다는 점이다. 신재생에너지 기술은 많이 개선되고는 있으나 아직까지 경제성이 부족하므로 각국 정부의 지원정책에 큰 영향을 받을 수밖에 없다.

표 10.1 • 화석연료와 대체에너지로 생산된 에너지 1 kWh당 CO_2 배출량 (단위: g CO_2/kWh)

구분		1 kWh당 CO_2 배출량
기존에너지	석탄화력발전	975.2
	석유화력발전	742.1
	LNG화력발전	607.6
	LNG	518.8
	원자력	28.4
신재생에너지	태양광	53.4
	풍력	29.5
	지열	15.0
	수력	11.3

10.2 신재생에너지별 원리 및 특징

가. 태양광 에너지

태양광발전[2](PV, Photovoltaic)은 무한정, 무공해의 빛에너지를 직접 전기에너지로 변환시키는 태양전지 및 발전시스템 통합기술이다. 태양의 복사에너지를 흡수하여 열에너지로 변환하여 이용하는 태양열발전과는 달리 태양광발전은 반도체 혹은 염료, 고분자 등의 물질로 이루어진 태양전지를 이용하여 태양빛을 바로 전기에너지로 전환하는 기술이다.

태양광발전 시스템은 태양전지(모듈)와 PCS(Power Conditioning System), 축전장치 등의 요소로 구성된다. 일반적인 실리콘 태양전지는 그림 10.3과 같이 전기적 성질이 다른 N형(negative) 반도체와 P형(positive) 반도체를 접합시킨 구조를 하고 있으며 2개의 반도체 경계 부분을 PN접합(PN−junction)이라 일컫는다. 이 태양전지에 태양빛이 흡수되면 흡수된 태양빛이 가지고 있는 에너지에 의해 반도체내에서 전기를 갖는 정공(正孔, hole)과 전자(電子, electron) 입자가 발생하여 각각 자유롭게 태양전지 속을 움직이게 된다. 여기서 전자(−)는 N형 반도체 쪽으로, 정공(+)은 P형 반도체 쪽으로 모이게 되어 전위가 발생하게 된다. 이 전위차에 의해 앞면과 뒷면에 붙인 전극에 전구나 모터와 같

2) 햇빛을 받으면 광전효과에 의해 전기를 발생하는 태양전지를 이용한 발전방식

은 부하를 연결하게 되면 전류가 흐르게 되며 이것이 태양전지의 PN접합에 의한 태양광 발전 원리이다.

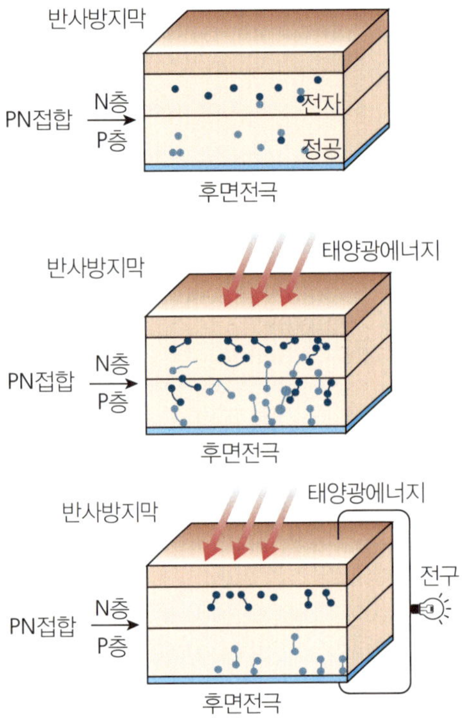

대표적인 결정질 실리콘 태양전지는 실리콘에 보론(boron: 붕소)를 첨가한 P형 실리콘반도체를 기본으로 하여 그 표면에 인(Phosphorous)을 확산시켜 N형 실리콘 반도체층을 형성함으로서 만들어짐. 이 PN접합에 의해 전계가 발생함.

이 태양전지에 빛이 입사되면 반도체내의 전자(−)와 정공(+)이 반도체 내부를 자유로이 이동하는 상태가 됨.

자유로이 이동하다가 PN접합에 의해 생긴 전계에 들어오게 되면 전자(−)는 N형 반도체에, 정공(+)은 P형 반도체에 이르게 됨. P형 반도체와 N형 반도체 표면에 전극을 형성하여 전자를 외부 회로로 흐르게 하면 전류가 발생됨.

그림 10.3 • PN접합에 의한 태양광발전의 원리
(자료: 한국에너지공단 신재생에너지센터)

태양광발전 시스템은 에너지원이 청정하고 고갈되지 않으므로 에너지가 필요한 특정 장소에서 어디에서든 발전이 가능하다. 또 유지보수가 용이하고, 무인화가 가능하며, 설비의 내구성(20년 이상)이 뛰어난 장점이 있다. 반면에 전력 생산량이 지역별 일사량에 크게 의존하고, 에너지밀도가 낮아 비교적 넓은 설치면적이 요구될 뿐만 아니라 시스템의 비용이 고가여서 초기 투자비용이 높아 결국 발전단가가 비싸지는 약점을 지니고 있다. 최근에는 각국의 기술개발로 설치비용이 낮아지는 추세이다.

그림 10.4 • 태양광발전 시스템 구성도
(자료: 한국에너지공단 신재생에너지센터)

나. 태양열에너지

(1) 원리 및 특징

태양열에너지[3]는 태양으로부터 지구표면으로 오는 복사에너지를 흡수하여 열에너지로 변화시켜 이용하는 것으로, 열에너지를 바로 이용하거나 저장하여 필요할 때 이용하는 방법이 있다.

세계적으로 태양열에너지는 주택의 난방 및 급탕 시스템, 온수기, 농 · 수산물 건조기,

3) 태양열에너지는 에너지밀도가 낮고 계절별, 시간별 변화가 심하므로 집열과 축열기술이 가장 기본이 된다.

저가 집열기를 중심으로 개발되고 적용되어 왔다. 아래 그림과 같이 태양열에너지를 모으는 집열부, 이를 저장하는 축열부와 온수 등으로 활용하는 이용부로 구성된다. 대부분 급탕용으로 많이 사용되어 왔다.

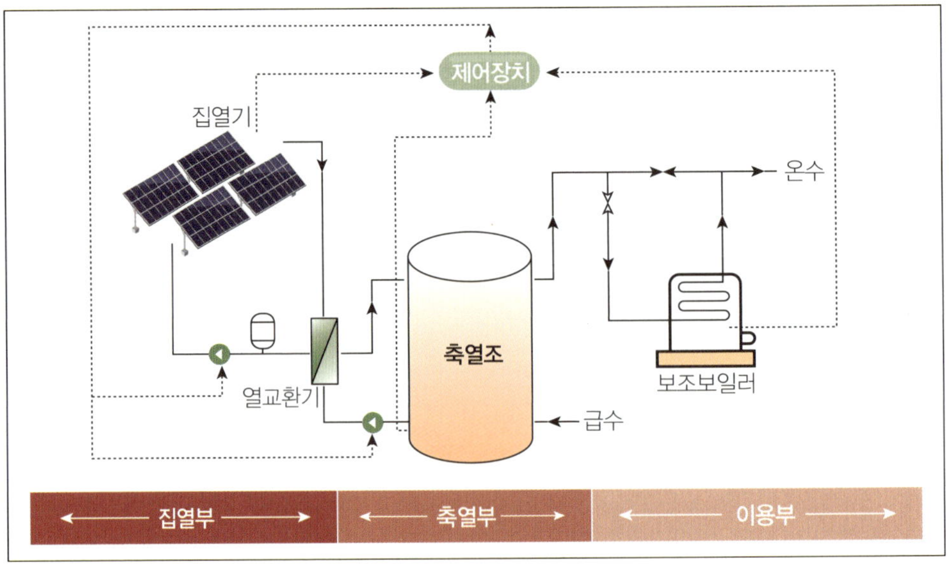

그림 10.5 • 태양열 이용시스템 구성도

(자료: 한국에너지공단 신재생에너지센터)

태양열발전에 관한 연구는 발전에 필요한 고온 확보기술의 문제로 큰 진전을 보지 못하다가 최근에 소규모 발전시설을 중심으로 적용되고 있다. 발전 원리는 거대한 태양 추적 반사경에서 반사된 태양광을 중앙에 위치한 탑의 한 점에 모아 고열을 얻고, 이 고열로 열교환기 등을 이용하여 고압 수증기를 발생시켜 전기를 얻는 방식이다.

태양열에너지는 화석연료를 대체할 수 있는 청정에너지로 기술이 타 분야에 비해 비교적 간단하여 재생에너지 중에서는 초기부터 관심을 갖고 개발해온 에너지이다. 또한 지역적 편중이 적어 적용이 비교적 용이하고 유지보수 비용도 크지 않은 장점이 있다. 반면에 에너지 밀도가 낮고, 시간적으로 집열용량이 일정치 않으며, 특히 겨울철에는 매우 불리한 단점이 있으며 초기 설치비용도 비교적 비싸다.

(2) 분류

태양열시스템은 표 10.2와 같이 열매체의 구동장치 유무에 따라서 자연형(passive)

시스템과 설비형(active) 시스템으로 구분된다. 전자는 온실, 트롬월과 같이 남측의 창문이나 벽면 등 주로 건축물을 활용하여 태양열을 집열하는 장치이며, 후자는 집열기를 별도 설치해서 펌프와 같은 열매체 구동장치를 활용해서 태양열을 집열하는 시스템으로 흔히 태양열 시스템이라 한다. 태양열에너지의 적용분야는 활용온도에 따라 구분되며, 온도가 100°C 이하이면 저온형이라 하고 건물의 난방과 급탕, 농산물 건조 등에 사용이 가능하다. 300°C 이하는 중온형(설비용)이라 하고 300°C 이상은 고온형(설비용)이라 하며 산업분야와 발전용에 주로 적용된다.

표 10.2 • 태양열시스템의 분류

구분	자연형	설비형		
	저온용		중온용	고온용
온도	60°C	100°C 이하	300°C 이하	300°C 이상
집열부	자연형 시스템 공기식 집열기	평판형 집열기	PTC형 집열기 CPC형 집열기 진공관형 집열기	Dish형 집열기 Power Tower 태양로
축열부	Tromb Wall (자갈, 현열)	저온축열 (현열, 잠열)	중온축열 (잠열, 화학)	고온축열 (화학)
이용 분야	건물공간 난방	냉난방, 급탕, 농수산물 건조	건물, 농수산분야 산업공정 열공급 담수화	산업공정 열공급, 열발전, 우주용, 광촉매 폐수처리

(자료: 한국에너지공단 신재생에너지센터)

다. 풍력에너지

(1) 원리 및 특징

풍력에너지는 통상 바람의 힘을 회전력으로 전환시켜 발생되는 유도전기를 활용하는 풍력발전을 의미한다. 그림 10.6에서 보듯이 공기의 유동으로 발생되는 운동에너지의 공기역학적(aerodynamic) 특성을 이용하여 회전자(Rotor)를 회전시켜 기계적인 에너지로 변환시키고, 이 기계적인 에너지에 의해서 생성되는 유도전기를 외부 전력계통이나 직접 수요자에게 공급하는 기술이다. 이 과정에서 바람의 운동에너지를 날개(blade)를 사용해서 전기에너지로 바꾸는데, 이때 이론상 바람에너지 중에 약 60% 정도가 전기에너지로 바

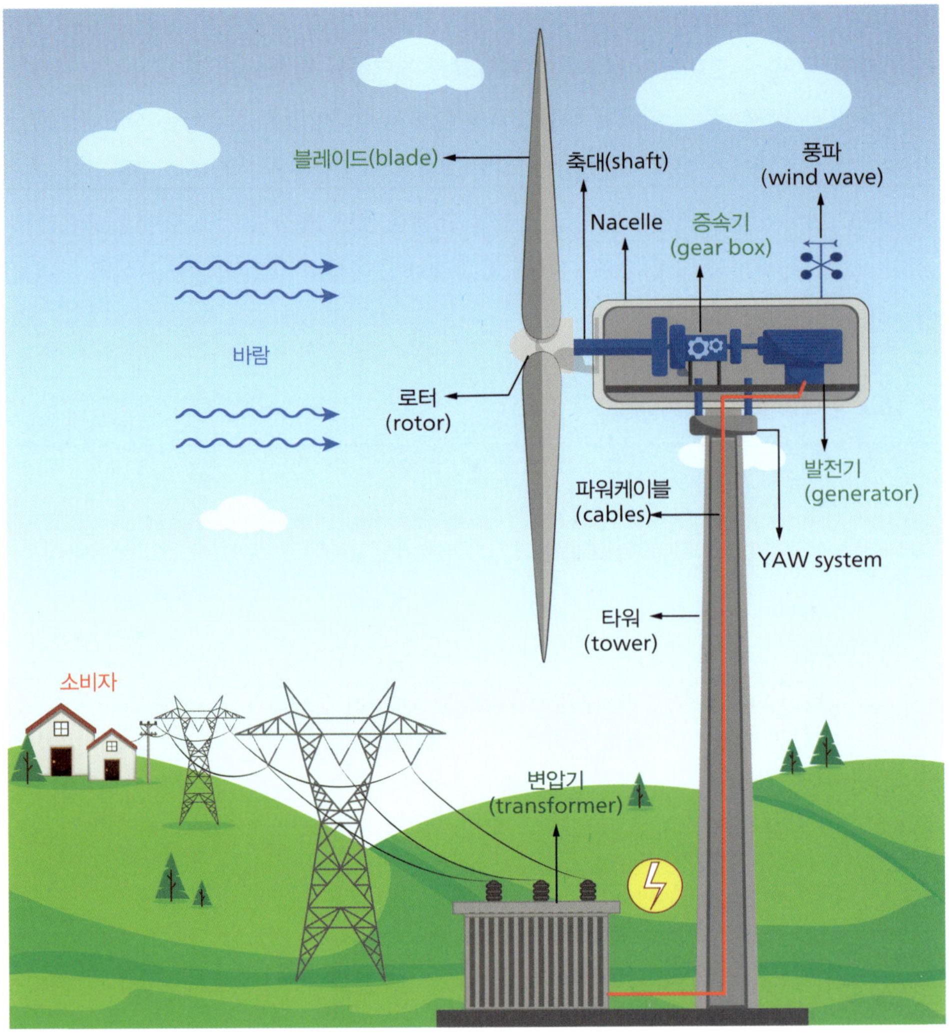

그림 10.6 • 풍력발전의 원리

뀔 수 있으며, 날개의 형상에 따른 효율과 기계적인 마찰, 발전기의 효율 등을 고려하면 실제적으로 20~40% 정도가 전기에너지로 이용된다.

(2) 분류

표 10.3은 풍력발전시스템을 구분한 것으로 회전축 방향에 따라 수평축 및 수직축 시스템으로 구분되며, 운전방식에 따라 정속 또는 가변운전방식을 택한다. 전력사용방식에

표 10.3 • 풍력발전시스템 분류

분류 기준	시스템 종류
구조상 분류(회전축 방향)	수평축 풍력시스템(HAWT): 프로펠라형
	수직축 풍력시스템(VAWT): 다리우스형, 사보니우스형
운전방식	정속운전(fixed rotor speed type): 통상 Geared형
	가변속운전(variable rotor speed type): 통상 Gearless형
출력제어방식	Pitch(날개각) Control
	Stall(先速) Control
전력사용방식	계통연계(유도발전기, 동기발전기)
	독립전원(동기발전기, 직류발전기)

(자료: 에너지관리공단 신재생에너지센터)

따라 풍력발전 장소에서 사용하는 독립전원 방식과 전력망으로 보내는 계통연계 방식으로 구분된다.

라. 연료전지

(1) 원리 및 특징

연료전지는 연료의 산화반응에 의해서 생기는 화학에너지를 직접 전기에너지로 변환시키는 전지로서 일종의 발전장치라고 할 수 있다. 산화 · 환원 반응을 이용한다는 점에서 원리상으로 보통의 화학전지와 같지만, 닫힌 계에서 전지반응을 하는 화학전지와는 달리 반응물질이 외부에서 연속적으로 공급되며 반응 생성물이 연속적으로 계의 외부로 배출된다. 가장 전형적인 것으로 수소 · 산소 연료전지가 있다. 그림 10.7은 연료전지의 발전원리를 나타낸 것이다. 수소 · 산소 연료전지의 경우 전극 사이에 산소와 공기를 넣어 화학반응을 유도한 다음 두 전극 사이에 음전하가 이동하면서 전기가 생성되도록 하는 원리이다.

수소 외에도 메탄 또는 천연가스와 같은 화석연료를 사용하는 기체연료 사용방식, 메탄올(메틸알코올) 및 하이드라진과 같은 액체연료 사용방식 등 여러 종류의 연료전지가 있다. 이중에서 작동 온도가 300℃ 정도 이하의 것을 저온형, 그 이상의 것을 고온형이라 한다. 연료전지 기술의 발전단계에 따라 발전효율을 향상시켰거나 귀금속 촉매를 사용하지 않는 고온형 용융탄산염 연료전지를 제2세대라 하고, 고효율 발전이 가능한 고체전해

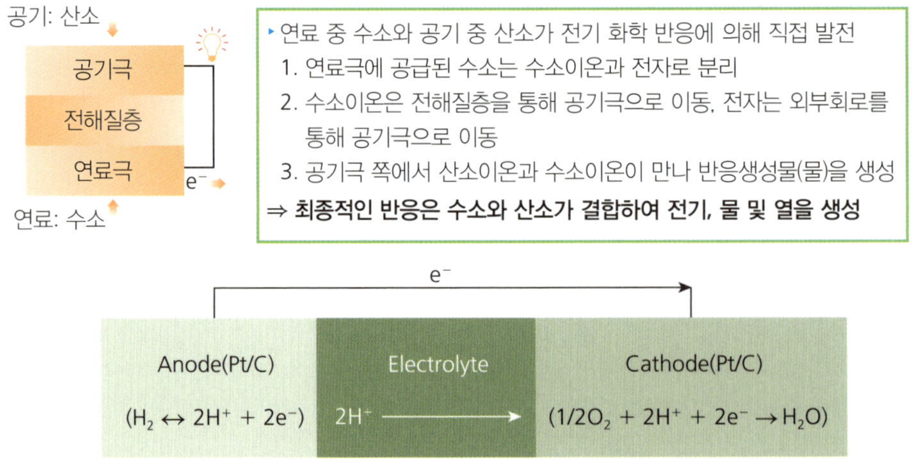

그림 10.7 • 연료전지 발전원리(단위전지)
(자료: 한국에너지공단 신재생에너지센터)

질 연료전지를 제3세대 연료전지라고 한다.

연료전지를 이용한 발전 시스템에서 발전효율은 40～60% 정도이고, 연료전지를 이용하여 열병합발전을 할 경우에는 효율이 80% 이상 가능하다. 배기가스 중 NO_x, SO_x 및 분진의 생성이 거의 없어 대기오염 영향이 미미하고, 화력발전에 비하여 CO_2 발생량도 20～40% 감소되어 환경성이 매우 높다. 회전부위가 없어 소음이 없으며, 기존 화력발전과 같은 다량의 냉각수가 필요하지 않다. 전력의 주요 수요처인 도심부근에 설치가 가능하여 송배전 설비가 절감되고, 전력 손실량이 상대적으로 적으며 부하변동에 따라 신속히 대응할 수 있는 특징을 가지고 있다.

(2) 연료전지의 종류

연료전지는 표 10.4와 같이 전해질 종류와 동작온도에 의해 분류되며, 용량이 수 mW의 아주 작은 용량에서 수 MW의 대용량까지 제작이 가능하며, 산업적인 응용분야는 마이크로 기기와 휴대용 전자기기의 기존 배터리 대용으로, 또 자동차의 구동 에너지원이나 발전설비로서 활용도 가능하다.

표 10.4 • 연료전지의 종류

구분	알칼리 (AFC)	인산형 (PAFC)	용융탄산염형 (MCFC)	고체산화물형 (SOFC)	고분자전해질형 (PEMFC)	직접메탄올 (DMFC)
전해질	알칼리	인산염	탄산염	세라믹	이온교환막	이온교환막
동작온도 (°C)	120 이하	250 이하	700 이하	1,200 이하	100 이하	100 이하
효율 (%)	85	70	80	85	75	40
용도	우주 발사체 전원	중형건물 (200 kW)	중 · 대형건물 (100 kW~MW)	모든 용량 (1 kW~MW)	가정 · 상업용 (1~10 kW)	소형이동 (~1 kW 이하)
특징	–	CO 내구성이 큼, 열병합 대응가능	발전효율 높음, 내부개질 가능, 열병합 대응가능	발전효율 높음, 내부개질 가능, 복합발전 가능	저온작동 고출력밀도	저온작동 고출력밀도

(자료: 한국에너지공단 신재생에너지센터)

마. 수소에너지

(1) 원리와 특징

수소에너지 기술은 물, 유기물, 화석연료 등의 화합물 형태로 존재하는 수소를 분해하여 이용하는 기술로 사용 후에 다시 물로 재순환된다. 자원의 고갈 우려가 없으므로 화석연료 자원이 빈약한 국가에 적합한 신재생 에너지원 중의 하나이다. 수소는 물의 전기분해로 가장 쉽게 제조할 수 있으나, 입력에너지(전기에너지)에 비해 수소에너지가 작아 경제성이 너무 낮으므로 대체전원 또는 촉매를 이용한 제조기술 연구가 진행되고 있다. 수소는 가스나 액체로서 수송할 수 있으며 고압가스, 액체수소, 금속수소화물 등의 다양한 형태로 저장이 가능하다. 현재 수소는 기체로 저장하고 있으나 단위 부피당 수소저장 밀도가 너무 낮아 경제성과 안정성이 부족하여 액체 및 고체저장 기술을 연구하고 있다.

수소를 연료로 사용할 경우에 연소 시 극미량의 질소산화물(NO_x)을 제외하고는 대기오염물질이 생성되지 않는다. 온실가스의 경우에도 단위에너지 제품기준으로 석탄의 이산화탄소 배출량을 100으로 할 때 석유와 천연가스는 각각 80 및 60의 이산화탄소를 배출하나 수소는 이산화탄소를 전혀 배출하지 않는다.

(2) 이용 분야

수소는 산업용의 기초 소재로부터 일반연료, 수소자동차, 수소비행기, 연료전지 등 현재의 에너지시스템에서 사용되는 거의 모든 분야에서 이용이 가능하다. 수소의 생산을 위해서는 물의 전기분해시 필요한 순수(純水) 생산비(전력비), 부생가스의 고순도 제조를 위한 장치비 등이 소요되며 이러한 생산비용이 고가이므로 현재는 특수분야인 고온 용접기와 반도체 분야 정도에서만 이용되고 있으나, 생산기술이 발전되어 경제성이 확보되면 일반 연료나 동력원 등으로 사용이 가능할 것이다. 표 10.5는 제조 · 저장 · 이용 분야의 주요 개발기술을 나타낸 것이다.

표 10.5 • 수소에너지 단계별 기술개발 내용

대분류	중분류	기술개발 내용
제조	물로부터 수소 제조 (세계적으로 연구단계임)	전기분해(SPE, 태양광, 풍력 등 대체전원이용 등)
		저온 열분해(산화물, 황화합물, 염화물, 불화물, 요오드화물 등)
		광촉매(금속산화물, 페로브스카이트, 제올라이트 등)
		바이오(광합성 직 · 간접, 혐기발효, 광합성 발효 등)
	화석연료로부터 수소 제조	수증기 개질(상용화 되어 있음)
		플라즈마 개질(반응기, 플랜트 건설) → 미국 상용화
		고온열분해(이론정립, 촉매, 반응기) → 미국 개발단계
	수소 정제	고순도 수소 제조(PSA, MH이용 등) → 선진국 기술 확보
저장	물리적 저장	기체저장(상용화 되어 있음)
		액체저장(저장용기, 극저온 연구 등) → 독일 상용화
		고체저장(재료, 고용량저장, 무게 등) → 일부 상용화
		CNT(재료, 합성, 공정기술 등) → 선진국 개발단계
	화학적 저장	CO_2이용 메탄올, 에탄올 합성(상용화 되어 있음)
이용	이용	가정(전기, 열) 및 산업(반도체, 전자, 철강 등) 분야는 응용, 수송(자동차, 배, 비행기) 분야는 수소의 제조, 저장기술이 확립되지 않아 실용화된 사례가 없음
	안전대책	역화방지 등

바. 바이오에너지

(1) 원리

바이오에너지(Bio-energy)란 바이오매스(Biomass, 유기성 생물체를 총칭)[4]를 직접 이용하거나 또는 생화학적, 물리적 변환과정을 통해 액체, 가스, 고체연료나 전기 · 열에너지 형태로 이용하는 것을 말한다. 현재 주로 이용되는 바이오매스에는 ① 곡물과 감자류를 포함한 전분질계의 자원, ② 목초, 볏짚, 왕겨와 같은 농수산물을 포함한 셀룰로오스계의 자원, ③ 그리고 사탕수수, 사탕무우와 같은 당질계의 자원은 물론 ④ 가축 분뇨, 사체와 미생물의 균체를 포함하는 단백질계의 자원까지를 포괄하므로 다양한 성상을 지니며, ⑤ 이들 자원으로부터 파생되는 슬러지, 음식찌꺼기 등의 유기성폐기물도 포함된다.

이러한 바이오매스를 이용한 에너지의 생산은 환경오염 및 온실가스 저감 효과와 함께 생산에너지의 형태가 연료, 전력, 천연화합물, 화학원료 등 다양하다는 장점이 있다. 반면에 바이오매스 자원이 지역적으로 산재되어 있어 수집 · 운송이 어렵고, 자원의 형태에 따라 에너지 생산 · 이용 기술이 상이하므로 각 자원의 형태에 맞는 기술개발이 필요하다는 문제점을 갖고 있다. 또한 과도하게 이용할 경우 자연환경이 훼손될 우려가 있고, 심하면 식량자원의 부족 현상을 초래할 수도 있으며, 대규모 설비 투자가 요구된다는 단점이 있다.

(2) 종류와 특징

표 10.6은 바이오에너지 생산기술의 종류를 나타낸 것으로, 크게 액체 및 가스연료의 생산기술과 바이오매스 생산 · 가공 기술로 나눠진다. 바이오 액체연료 생산기술은 당질계 및 목질계를 활용하여 연료용 에탄올을 생산하는 기술, 바이오디젤 생산기술, 바이오매스 액화기술로 나눌 수 있다.

가장 단순한 방법은 서울 목동 열병합 발전소와 같이 생활쓰레기 중에 들어 있는 바이오매스를 태워 에너지를 얻고 쓰레기양도 줄이는 방법이다. 또한 식물에 효모를 첨가하여 발효시켜 얻은 알코올을 이용하는 방법이 있으며, 식물체나 동물체를 공기가 없는 곳에서 썩히면서 박테리아의 작용에 의해 성분을 메탄가스로 전환하는 방법도 있다.

수송용 바이오연료는 현재 상용화된 1세대와 연구개발 단계인 2세대로 구분된다. 1세

4) Biomass란 태양에너지를 받은 식물과 미생물의 광합성에 의해 생성되는 식물체 · 균체, 그리고 이를 먹고 살아가는 동물체를 포함하는 생물 유기체이다.

표 10.6 • 바이오에너지 기술의 분류

대분류	중분류	기술 내용
바이오 액체연료 생산기술	바이오에탄올 생산기술	당질계, 전분질계, 목질계 이용기술
	바이오디젤 생산기술	바이오디젤 전환 및 엔진 적용기술
	바이오매스 액화기술(열적전환)	바이오매스 액화, 연소, 엔진 이용기술
바이오매스 가스화기술	혐기소화에 의한 메탄가스화 기술	유기성 폐수 · 폐기물의 메탄가스화 기술 및 매립지가스 이용기술(LFG)
	바이오매스 가스화기술(열적전환)	바이오매스 열분해, 가스화 및 발전 기술
	바이오 수소 생산기술	생물학적 바이오수소 생산기술
바이오매스 생산 · 가공기술	에너지 작물 기술	에너지작물 재배, 육종 및 운반 · 가공 기술
	생물학적 CO_2 고정화 기술	바이오매스 재배, 산림녹화, 미세조류 배양기술
	바이오 고형연료 생산 및 이용기술	바이오 고형연료 생산 및 이용기술(왕겨탄, 칩, RDF(폐기물연료) 등)

(자료: 한국에너지공단 신재생에너지센터)

대 바이오연료는 당질계 또는 전분계, 유기바이오매스 등의 식용작물로부터 생산 가능한 바이오에탄올, 바이오부탄올과 바이오디젤 등의 차량용 대체연료를 말한다. 2세대 바이오연료는 식용으로 사용이 불가능한 섬유소계 바이오매스로부터 생산되는 연료로써 원료가 식량 시장과 연계되어 있지 않으므로 1세대 연료에 비해 원료 수급의 안정성이 보장되는 장점이 있다. 바이오디젤은 유지계 식물로부터 추출한 기름을 알코올(메탄올)과 촉매를 넣고 반응시켜 생성하며 차량연료로 사용하게 된다. 일반 차량의 경우에는 20% 이하의 바이오디젤을 혼합하여 사용이 가능하며, 바이오디젤 전용차의 경우에는 100% 사용하게 된다. 바이오에탄올은 당의 고분자인 당질계, 전분질계 또는 섬유소계 바이오매스를 원료로 전통적인 생물적 공정(발효)에 의해 생산된다.

바이오수소는 바이오매스의 열분해 가스화에 의해 생산하거나 수소발효 미생물반응(혐기성미생물)에 의해 생산이 가능하다. 바이오매스를 이용한 수소 생산기술이 경제성을 확보할 경우 연료로서 보급이 크게 확대될 것이다.

유기성 폐자원이란 주로 음식물 쓰레기, 하수 슬러지, 축산분뇨 등을 의미하며 넓은 의미에서는 바이오매스(Biomass)의 개념으로 농가에서 나오는 농작물의 부산물(잔재물), 목재류 등 자연 생명체로부터 발생하는 모든 폐자원을 말한다. 유기성 폐자원으로 생산된 바이오가스는 미생물의 혐기성 소화작용으로 메탄 생성 박테리아가 바이오매스를 분해할 때에 발생하는 대사산물의 하나로서, 메탄과 이산화탄소의 혼합 형태인 기체를 말한다. 바이오가스의 형태는 퇴비가스, 습지가스 등 자연적으로 생성되는 것과 인위적인 공정제어를 거쳐 제조된 가스가 있다. 이들 폐자원을 이용하여 생산한 바이오가스로 전력 및 열 공급이 가능하다.

사. 폐기물 에너지

폐기물 에너지는 폐기물에서 고체연료, 액체연료, 가스연료, 폐열 등을 생산하고, 이를 에너지로 이용하는 재생에너지이다. 그림 10.8과 같이 사업장 또는 가정에서 발생되는 가연성 폐기물 중 에너지 함량이 높은 폐기물을 에너지로 전환하거나 유기성 폐기물에서 가스를 생산하는 것이 대표적이다.

폐기물 에너지화 기술은 크게 성형 고체연료(RDF)의 제조기술, 열분해에 의한 오일화 기술, 가스화에 의한 가연성 가스 제조기술, 소각에 의한 열 회수 기술 등으로 구분되며 대표적인 기술은 표 10.7과 같다.

〈가연성 폐자원〉

→

〈소각, 파쇄 · 선별 및 고형연료 제조〉

→

〈열, 전기 생산〉

그림 10.8 • 가연성 폐기물 에너지화의 기본 개념

표 10.7 • 폐기물 신재생에너지의 종류

종류	세부내용
성형 고체연료(RDF)	종이, 나무, 플라스틱 등의 가연성 폐기물을 파쇄, 분리, 건조, 성형 등의 공정을 거쳐 제조된 고체연료
폐유 정제유	자동차 폐윤활유 등의 폐유를 이온정제법, 열분해 정제법, 감압증류법 등의 공정으로 정제하여 생산된 재생유
플라스틱 열분해 연료유	플라스틱, 합성수지, 고무, 타이어 등의 고분자 폐기물을 열분해하여 생산되는 청정 연료유
폐기물 소각열	가연성 폐기물의 소각열 회수에 의한 스팀 생산 및 발전, 시멘트킬른 및 철광석소성로 등의 열원으로 이용 등

※ RDF: Refuse Derived Fuel

폐기물의 에너지화 기술은 다른 신재생에너지에 비하여 경제성이 매우 높고 조기에 보급이 가능하다는 장점과 함께 어차피 처리해야만 하는 폐기물을 재활용함으로써 처리 비용을 절감하는 효과가 있어 대체에너지원으로 주목받고 있다.

아. 지열에너지

(1) 원리 및 특징

지열에너지는 물, 지하수 및 지하의 열 등의 온도차를 이용하여 냉·난방에 활용하는 기술을 말한다. 태양열의 약 47%가 지표면을 통해 지하에 저장되며, 태양열을 흡수한 땅속의 온도는 지형에 따라 다르다. 이러한 지열에너지는 지표면으로부터 깊이에 따라 천부지열(shallow geothermal)과 심부지열로 구분된다. 지형과 지역에 따라 다소 차이가 있지만 전자의 경우 대략 10~20°C 정도이며, 후자는 40~150°C 정도이다.

지열에너지는 통상 건물의 냉난방 열원으로 활용되며 핵심 설비는 지열을 유효에너지로 변화시키기 위한 히트펌프(heat pump)이다. 히트펌프란 지열과 같은 저온의 열원으로부터 열을 흡수하여 고온의 열원에 열을 보내주는 장치로서 열을 빼앗긴 저온측은 여름철 냉방에, 열을 얻은 고온측은 겨울철 난방에 이용할 수 있는 설비이다.

(2) 종류

지열시스템의 종류는 대표적으로 지열을 회수하는 파이프(열교환기)의 회로 구성에

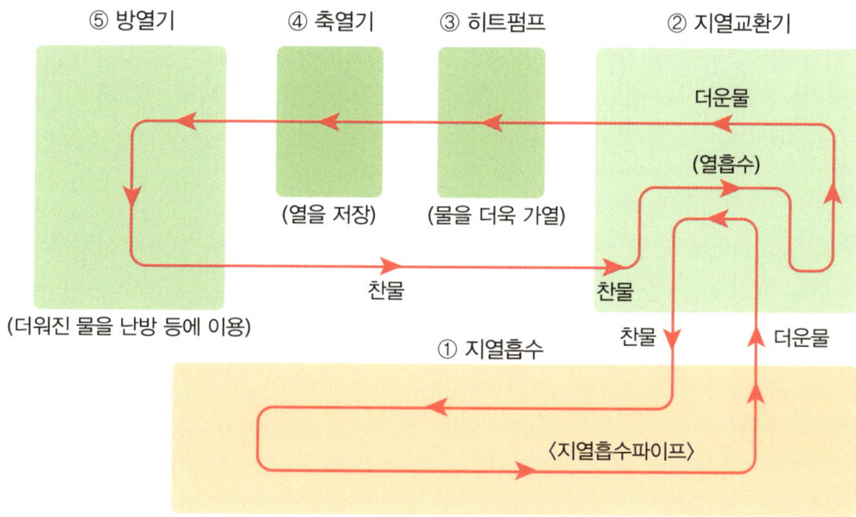

그림 10.9 • 지열 난방사례

따라 폐쇄회로(Closed Loop)와 개방회로(Open Loop) 방식으로 구분된다. 일반적으로 적용되는 폐쇄회로 방식은 파이프 내에 지열을 회수(열교환)하기 위한 열매체가 순환되고 파이프의 재질은 고밀도폴리에틸렌(HDPE)이 사용된다. 루프의 형태에 따라 수직 또는 수평 시스템으로 구분된다. 수직으로는 대략 100~150 m, 수평으로는 1.5~1.8 m 정도 깊이에 묻히게 되며 상대적으로 냉난방 부하가 적은 곳에 쓰인다. 반면에 개방회로는 수원지, 호수, 강, 우물 등에서 공급받은 물을 운반하는 파이프가 개방되어 있는 것으로 풍부한 수원지가 있는 곳에서 적용할 수 있다. 폐쇄회로가 파이프내의 열매체(물 또는 부동액)와 지열원(source)이 열교환 되는 것에 비해 개방회로는 파이프내로 직접 지열원이 회수되므로 열전달 효과가 높고 설치비용이 저렴한 장점이 있으나 폐쇄회로에 비해 잦은 보수가 필요한 단점이 있다.

자. 수력에너지(소수력)

(1) 원리

물은 중력의 영향을 받아 높은 곳에서 낮은 곳으로 흐른다. 그 흐름을 수로로 끌어들여 수차발전기를 회전시켜 전기에너지를 발생시키는 것이 수력발전(hydropower generation)이다. 즉 수력발전은 높은 위치에 있는 하천이나 저수지의 수자원이 가진 위치에너지(낙차)를 이용하여 수차에 회전력을 발생시키고, 수차와 직결되어 있는 발전기에 의해서 전기에너지로 변환시키는 것을 말한다. 국내법에서는 2005년 이전에는 시설용량 10 MW 이하인 수력발전을 소수력으로 규정하고 재생에너지로 구분하였으나, 이후 소수력을 포함한 수력 전체를 신재생에너지로 정의하고 있다.[5] 이중 신재생에너지 연구개발 및 보급 대상은 주로 발전설비용량 10 MW 이하를 대상으로 하고 있으며, 발전차액 지원제도는 5 MW 이하에 적용하였었다. 그림 10.10은 소수력발전 시스템의 기본적인 에너지 흐름과 구조를 나타낸 것이다.

(2) 종류 및 특징

수력발전은 설비용량과 낙차, 발전방식에 따라 분류되며, 이중 소수력발전은 소규모 하천의 물을 인공적으로 유도하여 저낙차 터빈을 이용한 발전방식이다. 소수력발전은 각지에 산재된 수자원을 활용할 수 있으며, 일단 건설 후에는 운영비가 저렴하고, 전력생산 외에 농업용수 공급, 홍수조절에도 일부 기여할 수 있는 장점을 가진다. 반면에 대수력이

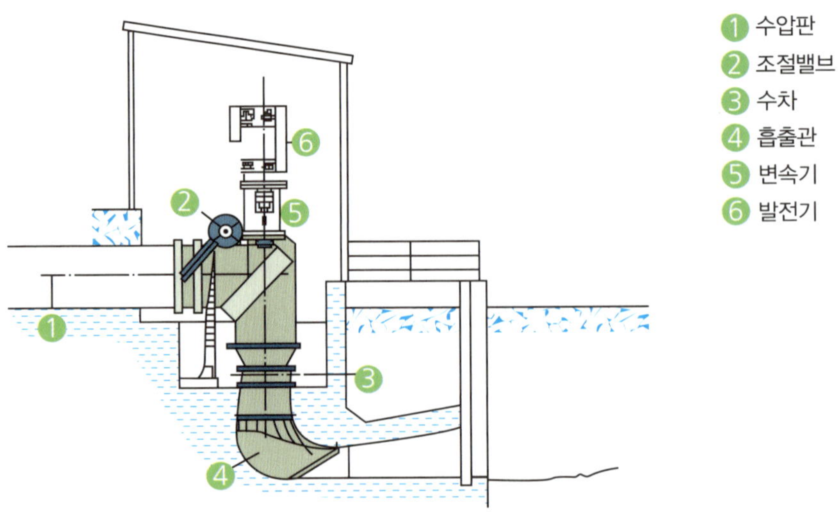

그림 10.10 • 소수력발전 시스템
(자료: 한국에너지공단 신재생에너지센터)

5) 국내법은 "신에너지 및 재생에너지 개발이용보급 촉진법" 이다.

나 양수발전과 같이 첨두부하에 대한 기여도가 적으며, 단위 생산량당 초기 건설비 소요가 크고, 발전량이 강수량에 따라 변동량이 크다는 단점이 있다.

차. 해양에너지 기술

해양에너지 이용기술은 해양의 물리적인 특성이나 바닷물과 해안의 구조적인 특성에 의해서 해양에 광범위 하게 분포하는 파랑, 조류, 조석, 수온, 바람, 염도 등의 물리적인 에너지를 전기에너지로 변환하는 기술이다. 에너지 이용방식에 따라 크게 조력, 파력, 조류, 온도차 발전으로 구분되며, 잠재에너지는 표 10.8과 같다. 이외에 근해 풍력발전, 해양 생물자원의 에너지화 및 염도차 발전 등이 있다.

표 10.8 • 잠재 해양에너지

해양에너지 이용 형태	잠재에너지
온도차 발전	10,000,000 MW
파력 발전	500,000 MW
해류 발전	50,000 MW
조력 발전	200,000 MW
염도차 발전	3,540,000 MW

그림 10.11은 해양에너지의 이용 흐름을 나타낸 것으로 1차로 물리적 에너지를 기계적 에너지로 변환시킨 후 저낙차발전 등의 설비를 이용하여 기계에너지를 전기나 열에너지로 변화시켜 사용하게 된다.

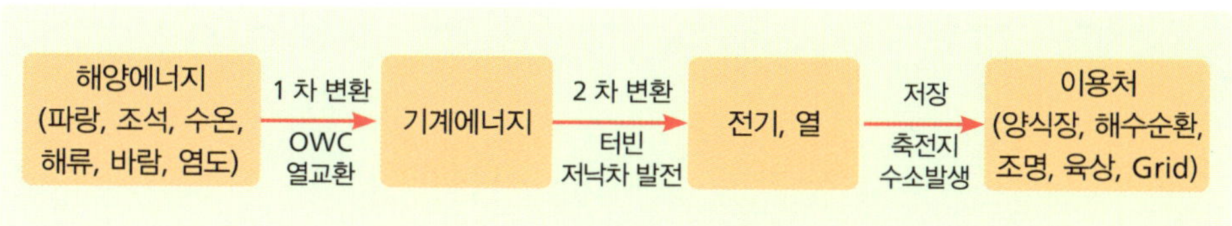

그림 10.11 • 해양에너지기술 시스템 구성도

10.3 국내 신재생에너지 정책 및 동향

가. 신재생에너지 보급현황

국내 신재생에너지 보급 비율은 선진국에 비해 매우 낮은 편으로 2021년 기준으로 총 1차 에너지 공급량 중 4.7%에 불과한 실정이다. 각 에너지원별로 2021년의 신재생에너지 보급 비중을 보면 그림 10.12와 같이 태양광의 비중이 전체의 약 38%를 점유하고 있으며 그 다음이 바이오가 30%, 재생폐기물이 8%를 차지하고 있다.

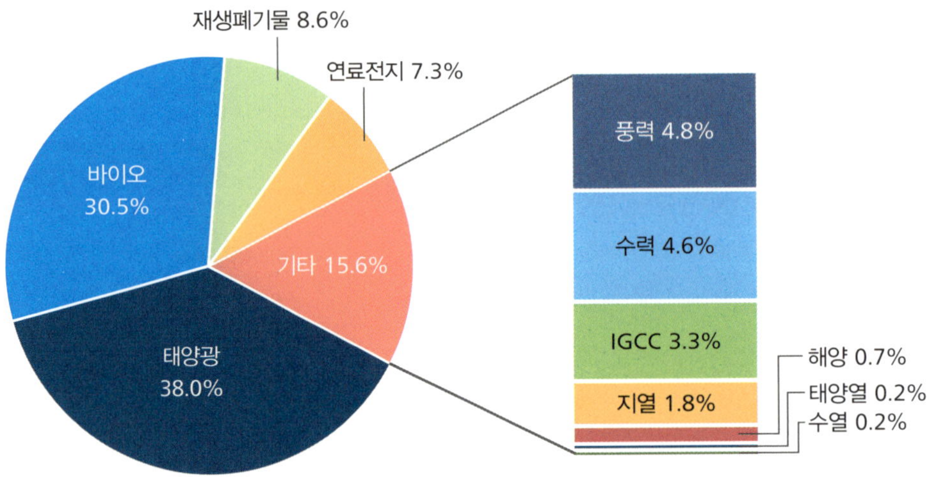

그림 10.12 • 2021년 신재생에너지 원별 공급 비중

(자료: 2021 신재생에너지 보급통계, 2023, 한국에너지공단)

표 10.9는 국내 신재생에너지원별 연도별 보급 추이를 나타낸 것으로 생산량은 연평균 10% 이상 증가하고 있으나 전체 에너지 소비도 꾸준히 늘고 있어 점유비율은 완만한 증가세를 보이고 있다.

표 10.9 • 신재생에너지 보급 현황

(단위: 천TOE)

연도		2016	2017	2018	2019	2020	2021
합계	공급량	6,684	8,481	10,102	10,595	12,378	14,000
	비율(%)	2.3	2.8	3.3	3.5	4.2	4.7
태양열		28	28	27	27	26	26
태양광		1,183	1,673	2,197	3,062	4,165	5,317
풍력		355	462	525	571	671	678
수력		603	601	719	595	826	651
해양		105	104	103	101	97	97
지열		162	184	205	225	241	256
수열		6	8	15	21	24	25
바이오		2,765	3,599	4,442	4,162	3,899	4,264
재생폐기물		1,158	1,235	1,127	1,120	1,166	1,198
연료전지		242	313	379	492	756	1,023
IGCC		76	274	363	220	506	467

※ 비율은 우리나라 총 1차 에너지 공급량에서 차지하는 비율이다.

※ IGCC: 석탄가스화복합발전 [Integrated Gasification Combined Cycle], 연료전지와 IGCC는 신에너지로, 나머지는 재생에너지로 분류된다.

표 10.10 • 신재생에너지 보급 활성화 정책

구분		내용
설치 지원	주택/건물 설치 지원	태양광, 태양열, 지열, 소형풍력, 연료전지 등의 신 · 재생에너지원의 설치비의 일부를 지원
	지자체 확대 기반	지방자치단체에서 추진하는 신 · 재생에너지설비 설치비용을 지원(50%)
제조 지원	설비제조 금융지원	신 · 재생에너지설비의 생산설비 설치 시 장기저리의 융자금 지원
	제조사 보증지원	기술력은 있으나 신용 및 담보능력이 부족한 설비 생산기업에 대해 녹색보증을 통해 대출 지원
신재생에너지 의무할당(RPS)		일정규모(500 MW) 이상의 발전사업자에게 발전량의 일정 비율 이상 신재생에너지를 이용토록 의무화('23.4월 기준 25개사 대상)
발전차액 지원(FIT)		소형태양광(30 kW 미만) 설비의 경우 고정가격으로 장기계약(20년)하여 발전사업자의 안정적인 운영 지원

(자료: 한국에너지공단, RPS(Renewable Portfolio Standards), FIT(Feed-In Tariff))

나. 신재생에너지 확대 정책

신재생에너지 보급을 확대하기 위해 각종 지원정책을 도입하고 있다. 대표적으로 재생에너지 시설을 설치하는 경우 표 10.10과 같이 설치비용을 융자하거나 보조하는 제도이다.

발전차액지원제도(FIT, Feed-In Traiff)는 신재생에너지 발전에 의하여 공급한 전기의 거래가격이 기준가격보다 낮은 경우에 그 차액을 지원함으로서 안정적인 운영을 지원하는 제도로 2002~2011년간 시행후 폐지되었다가 2018년 재개되었다. 한편 2012년에는 신재생에너지 공급의무화제도(RPS, Renewable Portfolio Standard)가 도입되었다. 일정 규모 이상의 발전사업자에게 총 발전량 중 일정량 이상을 신재생에너지 전력으로 공급토록 의무화하는 제도이다. 설비규모 500 MW 이상의 발전사업자를 대상으로 하고 있으며 2023년 기준으로 25개사가 대상이다, 표 10.11과 같이 총 공급량의 일정 비율을 신재생에너지로 충당해야 하며, 2026년에는 15%까지 늘리도록 의무화하였다. 우리나라는 그림 10.13과 같이 2021년에 총 발전량의 약 8.3%를 신재생에너지가 생산하였다.

표 10.11 • 국내 신재생에너지 공급의무화(RPS) 비율

연도	2012	2015	2018	2021	2024	2026
비율(%)	2.0	3.0	5.0	9.0	13.5	15.0
의무공급량 (GWh, 천REC)	6,420	12,375	21,999	39,206	–	–

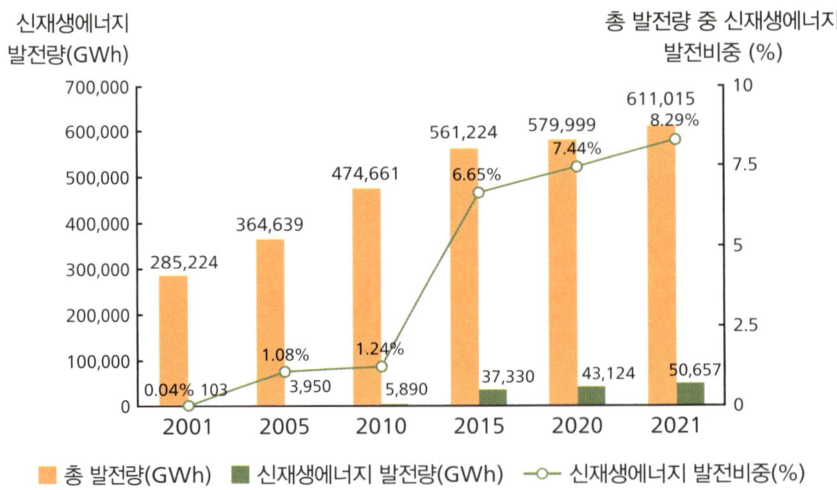

그림 10.13 • 신재생에너지의 총 발전량과 비중

(자료: 한국에너지공단, 2023, 신재생에너지 보급실적)

10.4 해외 신재생에너지 정책 및 동향

2020년 전세계 1차 에너지 공급량은 14,177 Mtoe로 이 중 재생에너지 공급량은 14.6%에 해당하는 2,077 Mtoe였다. 비중이 가장 높은 에너지원은 석유로 30.0%이고, 석탄 26.9%, 천연가스 23.5% 순이다. 재생에너지 공급비중은 12.0%에서 14.6%로 증가하였고 절대량으로는 32.4%(508 Mtoe) 증가하였다. 재생에너지 원별로는 2020년 기준 바이오매스[6]가 65.1%로 가장 높고, 수력 17.9%, 풍력 6.7%, 지열 5.3%, 태양광 3.4% 순이다. 2010년과 비교하여 풍력과 태양광의 증가율이 높게 나타났다.

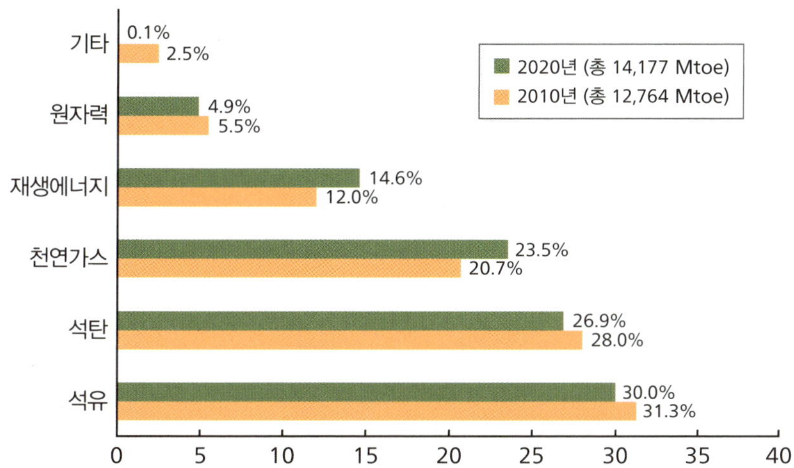

그림 10.14 • 세계 1차 에너지 공급량 및 에너지원 비중(2020년)

(자료: 국제 신재생에너지 정책변화 및 시장분석, 2022, 에너지경제연구원)

6) 바이오매스 비중이 높은 이유는 나무, 분뇨 등 난방과 취사용으로 활용되는 각종 고체바이오매스가 포함되기 때문이며, 이는 연소하면서 많은 오염물질을 발생시키며 엄밀하게는 재생에너지로 보기 어렵다.

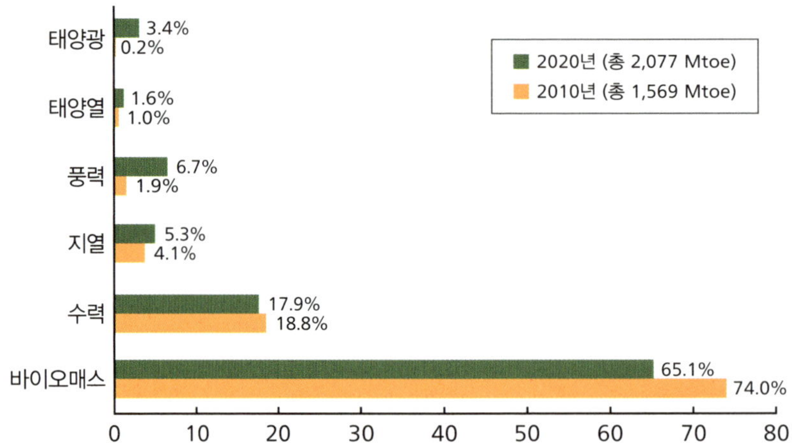

그림 10.15 • 세계 재생에너지원별 1차 에너지 공급량 및 비중(2020년)
(자료: 국제 신재생에너지 정책변화 및 시장분석, 2022, 에너지경제연구원)

표 10.12는 2019년 기준 OECD 주요 국가의 최종에너지 소비량 중 재생에너지 비중을 나타낸 것으로 OECD 회원국 평균은 23.4%이고 우리나라는 3.4%로 가장 낮은 수준이다.

표 10.12 • 주요 OECD 국가별 신재생에너지 보급률(최종에너지 소비량 대비)

국가명	보급률(%)	국가명	보급률(%)
OECD 평균	23.4	이탈리아	17.3
아이슬란드	81.1	독일	17.2
노르웨이	62.4	프랑스	15,5
스웨덴	45.8	영국	12.2
덴마크	37.5	미국	10.4
뉴질랜드	29.7	멕시코	10.3
포르트갈	28.2	호주	10.1
스위스	24.8	네덜란드	8.5
캐나다	22.1	일본	7.7
그리스	18.5	한국	3.4

(자료: 한국의 SDG 이행보고서 2023, 통계청)

신재생에너지는 최근 10여년간 유럽 및 미주 등 선진국은 물론 중국, 인도 등 개도국에서도 보급이 크게 확산되고 있다. 특히 2015년 제21차 유엔기후변화협약 당사국총회에서 파리협정이 채택되고 탄소중립이 국제사회의 주요한 의제로 제시되면서 불가피한 선택으로 간주되고 있다. 2021년 전세계 재생에너지 발전설비의 신규보급 용량은 315 GW로 전체 발전설비 도입 용량의 84%를 차지하고 있다. 또한 2021년 세계 발전량 중 재생에너지 설비 비중은 28.3%로 2011년 20.4%에 비해 크게 증가하였다. 국제에너지기구(IEA)에 따르면 재생에너지 발전비중이 2027년경 40%에 달할 것이며 주로 태양광과 풍력발전이 크게 증가할 것으로 예측하고 있다.

국가별로 보면 EU, 미국, 일본 등 주요 국가들은 대부분 2050년을 탄소중립 목표연도로 설정하고 이를 달성하기 위해 재생에너지를 지속 확대하고 있다. 특히 EU는 2030년까지 1990년 대비 온실가스 배출량을 55% 감축한다는 구체적인 목표를 세우고 2030년 재생에너지 목표비율을 45%로 제시하고 있다. 한편 세계 최대 에너지소비국인 중국의 경우 최근 10여년간 신재생에너지 부문에 투자를 크게 확대하여 발전량 기준으로 비중이 30%를 초과하였고 설비용량은 1,064 GW로 전체 발전설비의 약 45%를 차지하고 있으며 증가 추세가 지속될 것으로 예상된다.

재생에너지 발전 용량을 기준으로 한 국가별 순위를 보면 중국, 미국, 브라질, 인도, 독일 순이다. 브릭스(BRICs) 국가들이 세계 재생에너지 발전 용량의 1/2 이상을 차지하여 개도국으로 재생에너지 시장 중심이 서서히 이동하고 있다. 우리나라의 경우 수력과 지열, 바이오와 같은 자연에너지는 제한적이므로 태양광과 풍력을 중심으로 재생에너지 보급이 확대될 전망이다.

PART 05

환경보건 및 생활환경

학습목차

CHAPTER 11

환경보건과 환경성질환

11.1 환경보건(Environmental Health)의 개념

가. 환경보건의 정의 및 영역

환경보건은 그림 11.1과 같이 대기 · 수질오염 등 환경오염으로 유발되는 인간의 건강과 생태계에 미치는 영향을 규명하고 대응하는 분야이며 20세기 중반부터 학문적으로 정립되었다. 즉 인간과 환경간의 생태학적 균형을 이루고 인체 건강을 유지해 나가는데 필요한 인간과 환경과의 상호관계를 연구하는 분야라 하겠다. 세계보건기구(WHO)에서는 환경보건을 "인간 행동과 건강에 잠재적인 영향을 미칠 수 있는 환경 요인을 평가 · 제어하여 질병을 예방하고 건강을 보존할 수 있는 환경 조성을 목표로 한다"고 규정하고 있다.

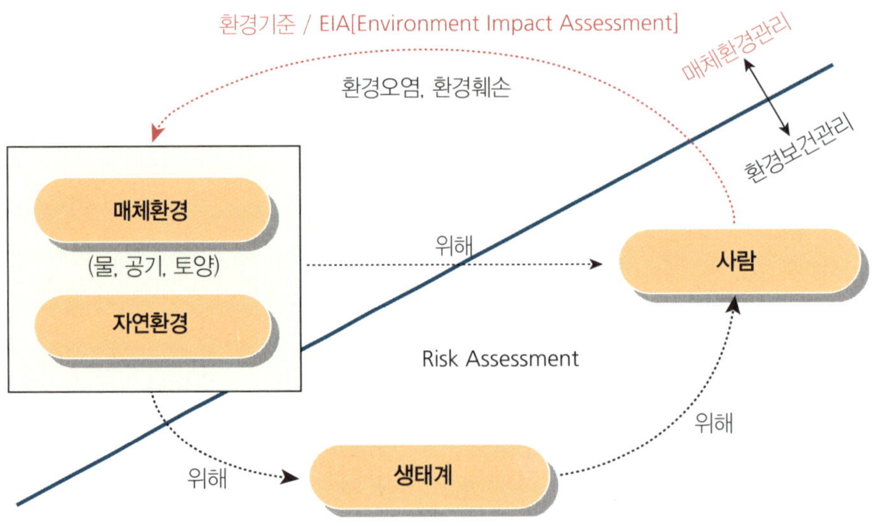

그림 11.1 • 환경보건의 관리영역

인체 건강에 미치는 환경요인은 표 11.1과 같이 크게 자연환경과 사회환경적 요인으로 분류할 수 있다. 오염매체별로 보면 대기환경, 토양환경, 수질환경, 소음환경, 폐기물 등이 포함되며 이들은 단독으로 또는 복합적인 요인으로 인체 건강에 직간접적인 영향을 미친다.

표 11.1 • 환경보건에 미치는 환경요인

구분	분야	환경 요인
자연환경 (1차적 환경)	이화학적 환경	공기, 토양, 광선, 물, 소리, 대기오염, 수질오염, 폐기물 등
	생물학적 환경	동물, 위생곤충(파리, 모기, 바퀴 등), 각종 병원미생물 등
사회환경 (2차적 환경)	인위적 환경	의복, 식생활, 주거지, 산업시설, 위생시설 등
	사회문화적 환경	정치, 경제, 문화, 종교, 교육 등

(자료: 국립환경과학원, 2013, 환경보건)

나. 환경성질환의 정의

환경성질환(environmental disease)이란 환경인자(environmental factor)와 관련되어 발생하는 건강상 장애로서 대표적으로 알레르기, 천식 및 아토피 피부염 등이 있다. 일반적으로 개인의 생활습관이나 직업적으로 노출되는 근무지의 환경적 요인을 제외하고 환경유해인자에 노출되어 발생하는 질병을 의미한다. 즉, 환경성질환은 중금속 유해물질, 대기오염, 수질오염, 유해물질, 토양오염 등 다양한 환경오염 매체를 통해 사람에게 발생하는 호흡기계, 순환기계, 신경계, 감각기 등의 급성 또는 만성 질환을 말한다. 따라서 환경성질환으로 판명하기 위해서는 역학조사를 통하여 환경유해인자와 질환 사이에 상관성이 인정되어야 한다.

다. 환경오염의 건강 영향

환경성질환에 미치는 환경오염의 영향에 대한 연구 결과 중 세계보건기구(WHO)와 선진국에서 발표한 주요 사례를 표 11.2에 요약하였다. 2015년 기준 세계적으로 약 900만 명이 환경오염으로 사망하였으며 경제적 손실이 5천조 원을 넘는다고 보고되었으며, 주요 질환의 상당수가 환경적 위해요인과 관련되고, 오염으로 인한 사망자수가 지속적으로 증가할 것으로 예상하고 있다. 대기오염은 천식 질환 등을 유발하고, 특히 아이들은 어른보다 더 민감하게 영향을 받는다. 유해화학물질에 노출될 경우 피부 질환, 만성 기관지염,

신경장애, 암 같은 건강 문제를 야기한다.

지구온난화에 따라 아토피, 천식, 새집증후군 등 환경성질환이 증가하고 있다는 사례가 발표되기도 하였다. 또 전염성 질환의 발병 지역이 확대되고 기간도 증가되어 발병빈도가 높아지고 있다. 최근에는 지구온난화에 따른 심혈관 질환의 증가 사례가 보고되었다.

표 11.2 • 환경오염이 인체 건강에 미친 주요 사례

기관	사례
세계보건기구(2003)	산업국가의 질병 중 25~33%는 환경요인에 의해 발생
유럽위원회(2002)	유럽의 대기오염에 의한 조기 사망자수는 연간 약 31만 명으로 추정
세계보건기구(2004)	102개의 주요 질환 중 85개가 환경위해인 노출과 관련있음
미국 환경보호청(2005)	65세 이상의 노인은 기준 이하의 낮은 미세먼지 농도에서도 심혈관계, 폐렴 및 만성호흡기계에 영향
OEDCD(2016)	미세먼지와 오존으로 인한 조기사망률이 인구 백만 명당 중국 2,052명, 인도 2,039명, 한국(1,109명) 등으로 추정
세계보건기구(2016)	$PM_{2.5}$ 노출에 따른 질병부담 파악결과(2012 기준), 세계적으로 약 3백만 명이 실외대기오염에 의해 조기 사망 추정
랜싯오염건강위원회(2022)	환경오염물질로 인한 사망자 수는 900만 명, 경제적 손실은 4조 600억 달러로 추정(2015년 기준)

환경성질환은 환경오염물질의 유해성과 발생량에 따라 발생빈도가 크게 차이가 난다. 일반적으로 오염물질이 다량 발생하는 공장 인근 지역에서 높은 발생빈도를 보인다. 또한 노약자, 어린이, 산모 등 건강 취약계층에서 발생 빈도가 높아진다. 따라서 환경성질환은 민감 계층과 취약지역을 중심으로 노출정도와 영향을 중점적으로 분석하고 대처해야 한다.

환경성질환에 적절히 대처하지 못할 경우 건강피해로 인해 큰 사회·경제적 손실이 발생된다. 국민건강보험공단에 따르면 표 11.3에서 보듯이 알레르기성 비염 환자수는 2000년대 초반 300만 명 수준에서 2019년에는 1,600만 명 수준으로 지속적으로 증가했다. 아토피피부염, 대상포진의 경우 소폭 증가하거나 정체 추세를 보이고 있으며, 알레르기성 비염이나 아토피피부염은 20세 이하 발병율이 상대적으로 높게 나타나고 있다. 국내 아토피피부염의 유병률은 전 인구의 5~15% 정도이며, 지난 30년간 계속 증가하는 추세를 보이고 있다. 이러한 질환의 원인이 환경오염만이라고 단정할 수는 없으나 영향을 크게 받고 있음은 분명하다.

표 11.3 • 국내 환경성질환 발생현황

항목	환자수(만명)	진료비(억원)
알레르기성 비염	1,505(2015) → 1,610(2019)	13,520(2015) → 17,111(2019)
아토피 피부염	93(2015) → 95(2019)	686(2015) → 872(2019)
대상포진	66(2015) → 74(2019)	1,338(2015) → 1,652(2019)

(자료: 알고싶은 건강생활정보 통계, 2020, 국민건강보험공단)

환경오염 취약지역 주민의 건강피해 사례를 보면 영월군 일부 주민에게서 만성폐쇄성 폐질환(COPD)과 비직업성 진폐증이 확인되었으며, (구)장항제련소 인근의 일부 주민들의 경우 높은 농도의 카드뮴에 노출된 것으로 확인되고 신세뇨관 미세손상 등의 건강피해가 강하게 의심되었다

석면 폐질환의 경우 2009~2010년에 4개소의 석면광산과 석면공장 인근 주민에게서 석면폐 발생이 확인되었고, 2001년~2008년간 악성중피종으로 사망한 자가 370명에 달하는 것으로 조사되었다. 과거 국내 석면 사용량과 발암 잠복기(10~30년)를 감안할 때 2045년경까지 계속 증가할 것으로 추정된다.

환경요인으로 인한 소아질환의 경우 날로 증가하는 소아발달장애(ADHD)[1], 선천성기형 등의 원인 조사에서 환경요인의 영향 가능성이 제기되고 있다. 국내 선천성 기형 환자수는 2005년 59,782명에서 2008년 65,176명으로 연평균 3%씩 증가하는 추세이며 수은, PCBs, 납 등의 유독물질과 ADHD 등의 증상간의 상관성을 입증하는 연구 사례가 보고되고 있다.

11.2 환경보건의 발전과정과 특징

환경보건 분야는 20세기 후반부터 본격적으로 연구되기 시작하였고 화학물질 관리를 중심으로 환경보건대책을 강화하고 있다. 환경보건정책은 유해물질이 수용체인 인간과 동식물, 그리고 생태계에 미치는 영향을 분석하고 원인을 찾아내어, 이로 인한 피해를 사전 예방하고, 피해범위를 최소화하기 위해 사후 관리하는 정책이다. 즉 환경보건정책은 사람

1) 소아발달장애(ADHD: 뇌신경발달, 주의산만, 과잉 행동 등 장애)

의 건강에 영향을 미칠 수 있는 자연환경과 생활환경의 모든 요소를 대상으로 하는 공공보건정책의 한 분야로 볼 수 있다.

전통적인 환경관리는 대기오염, 수질오염, 폐기물 처리 등 매체관리 중심으로 발전해 왔는데 반해 환경보건대책은 각 매체를 통합적으로 조망하고 연계해야 한다. 즉 수용체 중심의 관점에서 다양한 오염매체 관리를 통합하는 동시에 보건정책과 연계해야 하는 매우 폭넓은 정책분야이다. 또 대상이 인체 건강이라는 점에서 환경오염 피해의 치명성, 비가역성을 고려해야 하며, 사전예방원칙(precautionary principle)을 토대로 접근해야 한다. 우리나라도 국민의 환경인식 변화로 건강에 직접 영향을 주는 환경문제는 우선적으로 해결해야 한다는 의견이 증가하고 있으며 소득수준이 높아짐에 따라 웰빙, 로하스(LOHAS)[2] 등 지속가능성과 건강을 고려하는 새로운 생활양식이 확산되고 있어 환경보건정책이 더욱 중요해지고 있다.

표 11.4 • 환경보건의 패러다임 전환

구분	전통적 환경관리정책	환경보건정책
정책대상	매체(공기, 물 등)	수용체(사람, 생태계)
접근방식	오염현상 · 사건접근	통합적 접근
주요수단	처리시설 확충	사전감시와 위해성 평가

이러한 배경에서 환경보건 관리는 다음과 같은 특징이 있다. 첫째, 환경관리를 오염물질 관리에서 수용체 중심의 관리로 전환하는 것이다. 둘째, 환경관리의 목표가 행정지표에서 건강지표로 전환된다는 것을 의미한다. 환경오염 농도 지표만으로는 환경개선이 실제로 국민건강에 얼마나 긍정적인 영향을 주었는지를 나타내지 못하기 때문이다. 셋째, 환경보건의 관리 대상과 방식을 취약집단에 특화하여 관리해야 한다.

2) 공동체 전체의 더 나은 삶을 위해 소비생활을 건강하고 지속가능한 친환경 중심으로 전개하자는 생활양식 · 행동양식 · 사고방식을 뜻한다. 'Lifestyles of Health and Sustainability'의 약자이다.

11.3 우리나라 환경보건제도

가. 환경보건법

환경보건 분야의 기본법이라 할 수 있는 환경보건법은 2009년에 제정되었다. 이 법의 목적은 "환경오염과 유해화학물질이 국민건강 및 생태계에 미치는 영향 및 피해를 조사, 규명 및 감시하여 국민건강에 대한 위협을 예방하고, 이를 줄이기 위한 대책을 마련함으로써 국민 건강과 생태계의 건전성을 보호, 유지할 수 있도록 한다."라고 규정되어 있다. 법의 내용은 크게 유해물질의 범위를 정하고 그 영향을 평가하는 분야와 건강피해를 예방하고 사후 관리하는 분야로 나눌 수 있다.

나. 주요 환경보건정책의 내용

환경보건대책은 장기간이 소요되고 복합적 요인이 적용되는 특징이 있다. 정부에서 수립한 제2차 환경보건종합계획(2021~2030)에서는 표 11.5부터 11.8와 같이 환경유해인자 감시, 환경유해인자 노출관리, 환경성 건강피해 대응, 환경보건 시스템 등 4가지 분야로 제시하고 있다.

표 11.5 • 환경유해인자 사전 감시 강화

환경보건 조사감시 체계	잠재적 유해인자 대비체계	사전 건강영향평가 고도화
• 국민환경보건 기초조사 • 전생애 건강영향평가 조사 • 생활환경위해요소 건강영향평가 • IoT 기반 환경보건 감시시스템 • 생활화학제품 및 살생물제 관리 • 오염취약우려지역 건강영향조사	• 기후변화 건강영향 대응력 • 기후변화 야생동물 질병조사 • 환경유해인자 사전예방적 대응 • 나노물질 및 미세플라스틱 인체 위해성 평가 • 환경유해 미생물 건강위해 모니터링	• 건강영향평가 대상사업의 확대 • 건강영향평가 방법론의 고도화 및 환류체계

표 11.6 • 환경유해인자 노출 관리 강화

생활환경불편 위해요소 관리	화학물질로부터 안전한 사회	환경보건 서비스
• 실내공기 및 실내라돈 관리 • 인공조명(빛공해) 관리 • 전자파 관리 강화 • 소음 및 진동 관리 • 석면 안전 관리 • 수용체 중심의 환경기준 · 정책 수립 및 평가	• 화학물질 유해성 심사 및 평가 • 유해화학물질 지정 · 관리 • 산업계 화학물질 자율관리 지원 • 화학물질 유통 사후관리 • 산업계 이행 지원	• 어린이 · 여성 · 노인 대상 환경보건 지원사업 • 어린이 생활환경 안전관리 • 취약계층 환경보건 서비스

표 11.7 • 환경성 건강피해 대응

환경오염피해 대응시스템	환경오염 피해구제 확대 및 환경개선 체계 구축
• 환경성 건강피해 발생시 신속 위기관리 대응 • 환경보건 건강피해 사후관리 추적 · 감시 시스템 • 원스톱 역학조사–분쟁조정–피해구제 연계시스템	• 환경오염 피해구제 정비 • 환경책임보험 공공성 강화 • 가습기살균제 피해자 구제 확대 및 지원 • 석면피해 구제서비스 • 환경오염 취약지역 환경개선 체계

표 11.8 • 환경보건 시스템

지역중심 환경보건정책	조사 · 연구 결과 활용	환경보건 조직 역량	환경보건 전문성
• 지자체 환경보건정책 제도적 기반 • 지자체 환경보건정책 추진 역량 • 지역형 환경보건 서비스	• 환경보건지표 기능 재정립 및 운용 시스템 • 환경보건 빅데이터 구축 • 환경보건 데이터 통합 분석 및 활용	• 환경보건 조직 정비 • 환경보건센터 강화 • 환경보건 전문위원회 운영	• 국민 생애주기별 환경보건 교육 • 환경보건 전문가 양성 • 환경보건 R&D 추진 • 국가 환경보건 바이오뱅크 구축 • 환경보건 국제 네트워크 확대

CHAPTER 12

생활환경문제

12.1 석면관리

가. 석면 발생원과 위해성

(1) 석면의 개요

석면은 그리스어로 "불멸의 물건"이라는 뜻을 갖고 있으며 자연에서 생산되는 섬유상 형태를 가진 "규산염 광물류"이다. 구성 성분에 따라 백석면, 갈석면, 청석면 등으로 구분되고 이중 백석면이 95% 이상을 차지하고 있다. 2000년대부터 국내에서 '석면'으로 인한 건강피해가 크게 문제시되고 있는데, 이는 석면으로 인한 위해성이 건강에 치명적이기 때문이다. 우리나라에서 석면은 1960~1970년대에 주로 슬레이트 지붕, 칸막이, 천장재, 흡음판, 시멘트(내화재), 직물(방화재), 가스켓(단열재), 브레이크 라이닝(마찰재) 등의 건축자재로 다량 사용되었다.

(2) 석면의 위해성과 피해사례

석면은 사용 후 10~40년이 지나면서 피해가 나타난다. 석면의 직경은 일반적으로 1~5 μm로서 머리카락의 5천만분의 1 정도이며, 주로 호흡에 의하여 인체에 흡입되고 잠복기를 거쳐 악성중피종이나 폐암, 석면폐증 등 악성질병을 유발하는 것으로 알려져 있다. 세계보건기구(WHO)에 따르면 세계적으로 1억 2천만명이 석면에 노출되어 있으며 연간 9만명이 석면에 기인한 질병으로 사망하는 것으로 추정하고 있다.

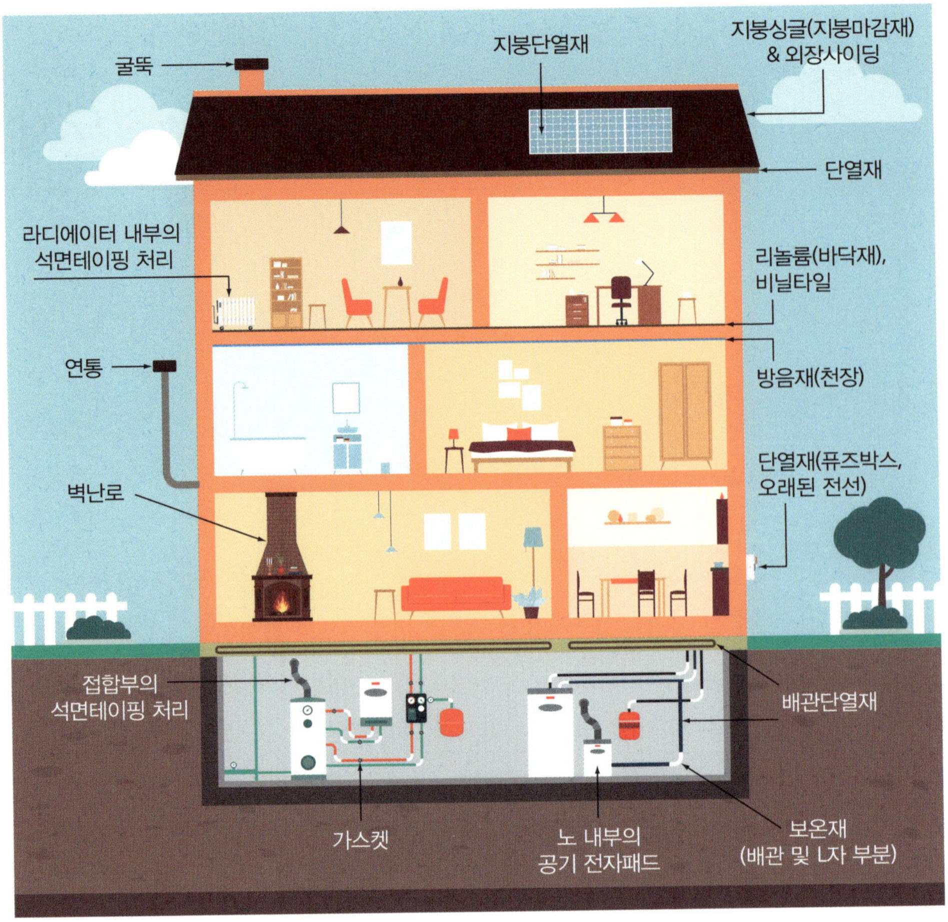

그림 12.1 • 건축물로부터 석면의 발생원

표 12.1 • 석면관련 주요 질병의 정의

주요 질병	정의
악성중피종	석면가루 등이 폐 · 흉막 등에 쌓여 발병하는 종양으로, 석면 노출 후 20년 이상 경과 후 발병하여 1~2년 이내에 사망하는 치명적인 질병
석면폐증	석면 분진의 흡입으로 인하여 발생하는 진폐의 일종임. 기관지 · 폐포 등의 염증, 섬유화와 흉막의 석회화, 발암 등의 병변을 일으킴

미국의 독성물질 · 질환 등록청[1]에서 제시한 석면의 건강영향은 다음과 같다. 첫째 석면의 종류에 상관없이 일단 노출되면 폐암, 중피종 등에 영향을 줄 수 있다. 둘째, 석면의 노출농도, 기간, 빈도 및 크기는 독성에 영향을 미친다. 셋째, 청석면, 트레몰라이트 석면, 액티노라이트 석면 같은 각섬석 계통은 백석면보다 더 오랫동안 기관지 하부에 잔류하게 된다. 넷째, 폐섬유화는 콜라겐의 침착, 폐조직 경화, 가스교환능력 상실, 괴사 등과 관련이 있다. 다섯째, 석면폐와 폐암은 초기 노출 후 15년 이상의 잠복기를 가진다. 여섯째, 석면 노출 후 중피종의 진단은 대개 30년 이후에 나타난다. 일곱째, 석면취급 근로자의 가족과 석면광산 인근지역 주민은 직업적 노출 없이도 중피종이 나타날 수 있다. 일본의 경우 2006년까지 중피종으로 1,050명이 사망하였는데, 1990년대까지만 해도 10명 내외였던 것이 2000년부터 크게 상승한 것이다.

우리나라의 연구 사례로 대전시에서 2010년에 실시한 '폐쇄된 석면공장, 광산 인근 주민 건강영향조사' 결과를 보면 과거 석면제품 생산공장의 1 km 이내에 10년 이상 거주한 사람중에 총 17명의 질환 의심환자가 나타났다. 최근 석면에 대한 사회적 관심이 매우 증가되고 있는데, 이는 선진국에서 석면사용으로 인한 건강피해가 확인되었으며, 국내에서도 여러 피해사례[2]가 확인되고 있기 때문이다.

우리나라의 석면 노출기준을 보면 직업적 노출일 경우에 0.1개/mL, 일반 환경에서는 0.01개/mL로 되어 있으며, 이는 미국과 같은 선진국의 기준과 비슷하다. 이는 과거 역학조사 결과를 근거로 추정한 것이며, 노출기준은 노출집단의 차이, 노출기간의 차이, 위해도를 결정하는 기준에 따라 달라질 수 있다.

나. 석면안전관리법의 제정

2009년에 석면 사용이 원칙적으로 금지될 때까지 국내에서 사용된 석면의 총량은 약 200만톤으로 추정되고 있다. 주 용도는 건축자재(82%), 자동차부품(11%), 섬유제품(5%), 기타(2%) 순으로 조사되었다. 생활주변에서는 농어촌 슬레이트 지붕재의 부식 · 풍화에 의한 공기 중의 석면비산 가능성, 석면이 함유된 탈크가 섞인 베이비파우더에서의 석면 검출 등이 문제가 된다. 이에 따라 2009년 산업안전보건법을 개정하여 모든 석면의 제조, 수

1) ATSDR(Agency for Toxic Substances and Disease Registry)

2) 부산 인근의 석면 사용공장 주변에서 악성중피종 발병률이 타 지역보다 높은 것으로 조사되었고 충남 지역의 석면광산 인근 주민의 경우 석면폐와 같은 질환이 발병된 것으로 보고되었다.

표 12.2 • 석면관련 주요 법령 현황

소관부처	법률명	내용
환경부	석면안전관리법	석면 제조 및 사용금지, 체계적 안전관리
	석면피해구제법	석면오염 피해자의 구제
	폐기물관리법	석면폐기물의 처리 및 관리
고용노동부	석면안전보건법	석면의 조사 및 해체 · 제거 관리
교육부	학교보건법	학교 석면건축물 관리

입, 양도, 제공 및 사용을 금지하였고, 2012년에는 석면등의 사용금지, 건축물 석면의 관리, 자연발생석면의 관리 등 석면의 체계적 관리를 위한 석면안전관리법이 제정, 시행되고 있다.

다. 석면피해구제법의 제정

석면 잠복기를 고려할 때 향후 석면관련 질병은 점차 증가할 것이다. 이러한 여건에서 석면광산 · 공장 인근의 거주 주민, 석면함유 건축물의 이용 주민 등 특별한 부주의나 과실이 없음에도 건강피해를 입은 국민에 대하여 피해보상의 필요성이 제기되어, 2011년에 석면피해구제법을 제정 · 시행하게 되었다. 여기에는 건강피해 인정절차를 거쳐 피해자와 유족에게 구제급여를 지급하는 내용을 담고 있다.

12.2 실내공기질 관리

가. 실내공기오염 발생원과 인체영향

(1) 실내공기오염 발생원

현대인은 실내 활동시간이 늘어나고 유해물질을 포함한 각종 건축자재 및 기기들을 다량 사용하고 있어 실내공기 오염물질에 쉽게 노출된다. 실내공기 오염은 지속적으로 배출되는 오염물질이 밀폐된 곳에서 고농도로 축적되는 특징이 있어 건강에 심각한 피해를 줄 수 있다. 실내공기 오염물질의 발생원은 건축자재 및 마감재, 냉난방 장치, 사무기기 등 다양하다. 특히 접착제, 합성수지 등 건축자재와 생활용품에 화학물질 사용이 증가하고 있어 실내공기 오염 가능성도 높아지고 있다.

(2) 실내공기질의 오염 원인과 영향

실내공기질에 영향을 미치는 요소에는 온도, 습도나 풍속과 같은 물리적 요소와 미세먼지, 일산화탄소, 이산화탄소, 질소산화물 등의 화학적 요소, 세균, 바이러스, 해충과 같은 생물학적 요소가 있다. 이 중에서 화학적 요소와 생물학적 요소가 실내공기질에 영향을 미치는 주요 오염물질이다. 실내공기 오염물질은 크게 가스상과 입자상 오염물질로 분류될 수 있으며, 이는 그림 12.2와 같이 세분할 수 있다.

실내공기 오염으로 인한 위해성은 인체건강에 직접적 영향을 미친다. 세계보건기구에 의하면 대기오염으로 인한 사망자수는 연간 최대 600만 명에 달하고, 이중 실내공기 오염에 의한 사망자수는 280만 명으로 추정되고 있다. 실내오염도를 20% 줄이면 급성 기관지 질환에 의한 사망률을 4~8% 줄일 수 있다는 연구결과도 있다.

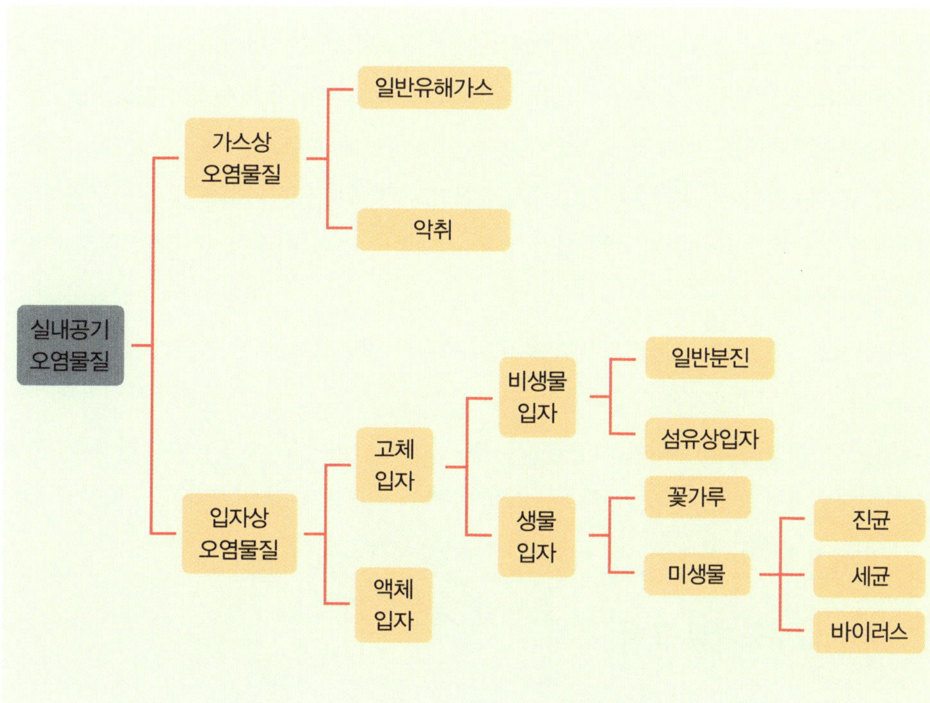

그림 12.2 • 실내공기 오염물질의 분류

인간의 1일 물질 섭취량 중 공기가 79%로 대부분을 차지하며, 공기 중에서도 실내공기가 80~90%를 차지한다. 실내오염 물질이 실외오염 물질보다 인체의 폐에 전달될 확률은 1천배 높다는 WHO의 연구결과에서 보듯이 실내공기의 건강 영향이 매우 크다. 미국 환경청은 알레르겐(Allergens), 집먼지 진드기(Dust Mites), 동물털(Animal Dander), 바퀴벌레, 곰팡이(Mold), 꽃가루(Pollen) 등과 자극제(Irritants), 간접흡연(Second hand Smoke), 연소산화물(NO_2) 등이 실내 환경에서 주요한 천식유발 요인이라고 확인하였다.

특히 지하상가에서는 각종 공사현장의 분진이나 자동차 매연으로 오염된 외부 공기의 유입과 이용객들의 활동, 건물외벽의 습기, 환기 설비의 먼지, 부적절한 공기정화 등에 의해 실내공기가 오염되기 쉽다. 다중이용시설에서 특히 문제가 되는 오염물질은 미세먼지, 도로의 자동차 매연에 포함되어 있는 NO_x 및 CO, 인체호흡으로 발생하는 CO_2 등이다.

나. 실내공기질 오염 실태

2014~2018년간 실내공기질 유지 및 권고기준 조사결과, 기준 초과율은 평균 4.2%로 주로 초과되는 오염물질은 총부유세균과 미세먼지(PM_{10})이다. 미세먼지의 경우 소폭 저감추세를 보이고 있으나 지하역사, 실내주차장, 어린이집과 같이 이용객이 많고 시설 특성상 자연환기가 어려운 시설의 오염도가 높게 나타났으며, 민감계층 이용시설에만 적용되는 총부유세균의 경우 활동량이 많고 실내취사가 이루어지는 어린이집이 가장 높았다. 포름알데히드의 경우는 미술관, 박물관과 같이 전시품 진열에 따른 공사 등이 많은 곳에서 높게 나타났다.

최근에는 건물이 밀폐화되고 새로운 건축자재가 공공건물뿐 만 아니라 일반주택에도 사용되고 있어 실내공기질의 유해성이 더욱 우려되고 있다. 각종 자재에서 발생하는 포름알데히드와 휘발성 유기화합물(VOCs)은 눈, 코, 목의 점막을 자극하거나 현기증, 구토, 두통을 유발시키고, 심한 경우 아토피성 피부염이나 천식 등을 발생시키는 원인이 되고 있다. 이러한 물질들은 어린이나 노인 등 민감계층에서 영향이 커진다.

다. 국내 실내공기질 규제

우리나라는 1996년에 "지하생활공간 공기질 관리법"을 제정하여 지하역사와 지하도상가를 대상으로 7개 오염물질에 대한 기준을 설정하면서 실내공기질을 관리하기 시작하였다. 이 법률은 2003년에 “다중이용시설 등의 실내공기질관리법”으로 개정되었고 2016년에 “실내공기질 관리법”으로 전면 개정되었다. 적용 대상도 종전의 2개 시설군에서 도서관, 의료기관, 찜질방, 대규모 점포 등 25개 시설군으로 확대되었다.[3] 실내공기질 오염물질 중 미세먼지(PM_{10}), 초미세먼지($PM_{2.5}$), 이산화탄소(CO_2), 포름알데히드(HCHO), 총부유세균, 일산화탄소(CO) 등 6개 물질에 대해서는 유지기준을 설정하였다.

외국의 포름알데히드 규제

포름알데히드가 인체 발암물질로 확인('06년, 국제암연구소(IARC))됨에 따라 국제적으로 목질판상제품의 관리를 강화하는 추세이다. 일본은 포름알데히드 기준(1.5 mg/L)을 초과하는 제품은 사용을 제한하고 0.3~1.5 mg/L를 방출하는 제품은 사용면적을 제한하고 있다. 미국 캘리포니아 주정부는 '07년 합판, 파티클보드, 섬유판에 대한 포름알데히드 방출기준을 마련하여 2009년부터 제조 · 판매 · 수입을 금지하고 있다.

현재 관리대상 오염물질은 표 12.3과 같이 반드시 준수해야 하는 유지기준(6개 항목)과 준수할 것을 권장하는 권고기준(4개 항목)으로 나누어 규제하고 있다. 다중이용시설을 설치하는 자는 기준을 준수하기 위해 공기정화설비 및 환기설비를 설치하도록 의무화하고 있다.

휘발성 유기화합물(VOCs)은 합판, 벽지 등의 건축내장재와 시공시에 사용되는 접착제, 커튼이나 카펫, 가구 등의 일상생활용품, 개방형의 안방기구, 살충제, 흡연 등에 의해 발생한다. 포름알데히드(HCHO)는 건축자재, 가구, 가정용품, 흡연 및 난방기구 등에서 발생하고, 요소-포름알데히드계 접착제는 건축자재 중 합판 및 파티클보드와 벽지의 접착용으로 이용되고 있다.

한편 이러한 실내공기질 관리는 아래 표와 같이 환경부, 교육부와 고용노동부 3개 부처에서 대상별로 서로 다른 항목과 기준으로 관리하고 있다.

3) 실내공기 오염 관리대상시설을 정한다는 것 자체가 불합리하다는 지적이 있다. 또 대상별로 소관부처에 따라 관리 주체를 달리하는 방식도 개선할 필요가 있다. 모든 공공건물 및 상업용 건물을 대상으로 하되 규모에 따라 관리의무를 차등화하는 것이 바람직하다.

표 12.3 • 다중이용시설의 실내공기질 관리기준

대상 시설	실내공기질 유지기준						실내공기질 권고기준			
다중 이용시설	PM_{10} (㎍/㎥)	$PM_{2.5}$ (㎍/㎥)	CO_2 (ppm)	HCHO (㎍/㎥)	총 부유세균 (CFU/㎥)	CO (ppm)	NO_2 (ppm)	라돈 (Bq/㎥)	VOC (㎍/㎥)	곰팡이 (CFU/㎥)
지하역사, 지하상가, 철도역사·터미널·항만·공항 대합실, 도서관·박물관, 미술관, 대규모 점포, 장례식장, 영화관, 학원, 전시시설, 컴퓨터게임시설, 목욕장 등	100 이하	50 이하	1,000 이하	100 이하	–	10 이하	0.1 이하	148 이하	500 이하	–
의료기관, 산후조리원, 노인요양시설, 어린이집	75 이하	35 이하		80 이하	800 이하					
실내주차장	200 이하	–		100 이하	–	25 이하	0.05 이하		400 이하	500 이하
실내 체육시설, 실내 공연장, 업무시설 등	200 이하	–	–	–	–	–	0.30 이하		1000 이하	

(자료: 실내공기질 관리법)

표 12.4 • 실내공기질 관리대상 및 법률

구분	환경부	교육부	고용노동부
대상	다중이용시설 (지하역사, 어린이집 등 25개 시설군)	학교	사무실
법률	실내공기질관리법	학교보건법	산업안전보건법
기준	10개 항목	12개 항목, 환기량, 온 · 습도	9개 항목, 환기량, 환기횟수

표 12.5 • 분야별 실내공기질 관리기준

구분	환경부	교육부	고용노동부
미세먼지($\mu g/m^3$)	75~200	75	150
초미세먼지($\mu g/m^3$)	35~50	35	–
이산화탄소(ppm)	1,000	1,000	1,000
포름알데히드($\mu g/m^3$)	80~100	100	120
총부유세균(CFU/m^3)	800	800	800
일산화탄소(ppm)	10~25	10	10
이산화질소(ppm)	0.05~0.3	0.05	0.05
라돈(Bq/m^3)	148~1,000	148	–
휘발성 유기화합물($\mu g/m^3$)	500	400	500
석면(개/cc)	0.01	0.01	0.01
오존(ppm)	0.06~0.08	0.06	0.06
낙하세균(CFU/실당)	–	10	–
진드기(마리/m^2)	–	100	–

※ 실내주차장(주차장법, 국토교통부): 일산화탄소 관리기준 50 ppm.

12.3 실내 라돈 관리

가. 실내 라돈 유입경로 및 인체영향

(1) 라돈의 정의 및 노출량

라돈(^{222}Rn)은 지각의 암석 중에 들어 있는 우라늄(^{238}U)이 몇 단계의 방사성 붕괴 과정을 거친 후 생성되는 무색 · 무취 · 무미한 기체로 지구상 어디에나 존재하는 자연방사능 물질이다. 방사선은 암석에서 나오는 지각방사선, 별에서 오는 우주방사선 등의 자연방사선과 원자력 발전소나 항암치료, X-ray 촬영 시 발생하는 인공방사선이 있다. 라돈은 사람이 연간 노출되는 방사선의 약 50%를 차지하고 이외의 자연방사선이 35%, 의료방사선 14%, 직업상 피폭방사선 1% 순이다.

(2) 라돈의 유입경로

라돈은 실외 공기 중에도 존재하나 그 농도가 낮아 크게 문제가 되지 않는다. 실내에 존재하는 라돈의 80~90%는 토양이나 지반의 암석에서 발생된 라돈 기체가 건물바닥이나 벽의 갈라진 틈을 통해 들어온다. 그밖에 건축자재에 들어있는 양이 2~5%, 지하수에 녹아 있던 라돈이 1% 정도이다. 라돈의 인체노출량 중 약 95%는 실내공기를 호흡할 때 노출되며 이 밖에 라돈이 들어있는 지하수를 음용할 때 노출될 수 있다.

(3) 라돈의 인체영향

호흡을 통해 인체에 흡입된 라돈과 라돈자손은 붕괴를 일으키면서 알파(α)선을 방출한다. 방출된 알파(α)선은 폐조직을 파괴하고 지속적으로 라돈에 노출되는 경우 폐암을 유발할 수 있다.[4] 세계보건기구(WHO)에 따르면 라돈은 폐암 발병원인의 3~14%를 차지하여 흡연 다음의 발생원이다. 일반적으로 같은 농도의 라돈에 노출된 경우 흡연자가 비흡연자에 비해 발병률이 훨씬 높다. 미국에서는 연간 폐암 사망자의 10% 이상이 라돈에 의한 것으로 지목하고 있으며 환경보호청(EPA)에 의하면 라돈에 의한 사망자수가 연간 7,000~30,000명에 달한다고 한다. 영국의 경우, 라돈방사능에 의한 폐암 발병이 연간 2,500건 이상 보고되고 있다.

표 12.6 • 흡연유무에 따른 폐암 발생률 및 위험도 비교

라돈농도	흡연유무	폐암 발생률(1,000명당)	기타 사고와의 위험도 비교
148 Bq/m^3 (4 pCi/L)	흡연자	62명	자동차 사고의 5배
	비흡연자	7명	자동차 사고의 1배

(4) 우리나라 라돈의 실내농도 현황

국립환경과학원이 2011~2018년간 주택 유형별[5]로 실내 라돈농도를 조사한 결과, 대

4) 방사성물질 농도는 베크렐(Bq)이나 피코큐리(pCi)로 표시한다. 베크렐은 방사성물질 국제표준 단위이며, 1초에 방사선 1개가 핵에서 한번 방출되는 것, 즉 1초 동안 하나의 방사성 붕괴가 일어나는 양을 나타낸다. 공기 중의 라돈 농도는 Bq/m^3이나 pCi/L로 표시하며, 1 pCi/L는 37 Bq/m^3에 해당하는 농도이다.

5) 아파트는 토양의 영향을 많이 받는 단독주택보다 라돈농도가 낮은 것으로 보이며, 건축자재에 의한 라돈농도 기여분이 높을 것으로 추정된다.

상주택 29,714호 중 16.1%인 4,788호에서 다중이용시설 권고기준 148 Bq/m^3을 초과한 것으로 나타났다. 주택 유형별로는 표 12.7과 같이 단독주택이 권고기준을 20.8% 초과해 가장 높았으며, 연립주택 7.9%, 아파트 4.1% 순으로 나타났다. 다중이용시설의 경우 2006년에 153개 시설을 조사한 자료를 보면 대부분 0.5 pCi/L 이하로 나타났으나, 일부 지하역사의 경우 장기 측정시(3개월) 권고기준을 초과하였다.[6] 공공건물은 가옥과 비교하여 대부분 창문이 크고, 많은 사람들의 왕래가 있는 장소로서 상대적으로 환기율이 좋기 때문에 낮은 농도를 보이는 것으로 추정된다.

표 12.7 • 주택 유형별 실내 라돈 현황(2011~2018년)

구분	지점수	초과율(%)	실내 라돈농도 평균(Bq/m^3)
단독주택	19,897	20.8	112.9
연립 · 다세대주택	6,266	7.9	74.1
아파트	3,551	4.1	66.4
전체	29,714	16.1	99.1

나. 선진국의 라돈 관리 및 규제

주택내 라돈농도에 대한 국가별 관리기준은 표 12.8과 같다. 미국은 1990년대부터 전국 가정에 라돈 측정을 권고하고, 위험정도와 대응방법을 알리고 있으며 건물보수가 필요한 조치기준으로 4 pCi/L(148 Bq/m^3)를 설정하였다. 이외에 주택 대상으로 세계보건기구와 독일은 100 Bq/m^3으로 설정하고 있다. 스웨덴은 주거시설에 대한 라돈농도를 관리기준 이하로 유지하도록 의무화하고 고농도 가옥에서 저감시설 설치시 비용을 보조하고 있다.

표 12.8 • 국가별 주택내 라돈농도 관리기준

국가	관리기준(Bq/m^3)	국가	관리기준(Bq/m^3)
미국	148	영국	100(신축주택) 200(기존주택)
스웨덴	200	세계보건기구, 독일	100

6) 적어도 1개월 이상 모니터링해서 분석해야 하는데 1회 측정한 자료로 신뢰성 있는 자료로 보기 어렵다.

12.4 소음 · 진동 관리

가. 소음 · 진동 현황

소음 · 진동은 일상생활에서 지속적으로 접하는 환경요인으로 삶의 질에 큰 영향을 미친다. 현대사회에서 도시화가 가속화되고 사회 · 경제활동이 다양해지면서 도시민은 소음 · 진동에 항시 노출되어 있으므로 적절한 저감대책이 강구되어야 한다.

(1) 소음 현황

2018년도에 전국 대도시의 소음도를 보면 낮 시간대는 대전시와 광주시만 "도로변 주거지역 환경기준(65 dB)"을 만족하고, 밤 시간대는 대전시를 제외한 주요 도시 모두가 환경기준(55 dB)을 초과하였다. 44개 도시의 소음도를 보면 표 12.9와 같이 일반지역의 환경기준 달성률(야간)은 전용주거지역 16%, 일반 주거지역 43%에 불과하였다. 도로변 지역의 환경기준 달성률(야간)은 주거지역 43%, 상업지역 50%이다. 주요도시의 지난 3년간 소음도는 1 dB(A) 범위 이내에서 증감하여 유의할 만한 변화를 나타내지 않았다. 시민의 쾌적한 삶과 직결되는 주거지역의 야간소음도가 여전히 높은 실정이다.

표 12.9 • 국내 도시지역 소음 현황

구분			환경기준 (dB(A))	평균소음도 (dB(A))		환경기준 달성률 (44개 도시 대상)		2018년 최고지역 (dB(A))	2018년 최저지역 (dB(A))
				2017	2018	2017년	2018년		
일반지역	전용주거	낮	50	53	53	27%(12개)	25%(11개)	이천(62)	목포(44)
		밤	40	46	46	18%(8개)	16%(7개)	이천(63)	구리(37)
	일반주거	낮	55	53	53	82%(36개)	86%(38개)	이천(61)	여수 등(49)
		밤	45	46	46	43%(19개)	43%(19개)	이천(63)	여수 · 평택(42)
	상업	낮	65	59	59	100%(44개)	98%(43개)	남양주(69)	순천(53)
		밤	55	53	54	80%(35개)	73%(32개)	이천(63)	강릉(47)
도로변	주거	낮	65	63	63	66%(29개)	70%(31개)	원주(69)	순천(48)
		밤	55	57	57	36%(16개)	43%(19개)	서울(66)	순천(47)
	상업	낮	70	66	65	91%(40개)	95%(41개)	구리(76)	순천(54)
		밤	60	60	60	48%(21개)	50%(22개)	구리(68)	의정부(49)

※ 낮(06~22시), 밤(22~06시)

(자료: 환경부, 「주요도시 환경소음도 현황」)

(2) 층간소음 문제

1980년대 이후 공동주택이 크게 증가하면서 층간소음으로 인한 분쟁이 사회문제로 대두되고 있다. 아이들이 뛰는 소리, 문을 여닫는 소리, 애완견이 짖는 소리, 세탁기 · 청소기 · 운동기구 등을 사용하는 소리, 화장실이나 부엌에서 물을 내리는 소리, 기타 주거생활에 지장을 초래하는 소리 등을 층간소음이라 하며 공동주택의 구조체를 통해 전달되는 고체 전달음과 공기 상으로 전파되는 공기 전달음으로 구분할 수 있다. 층간소음을 줄이기 위해 건축물 기준에 바닥충격음 차단성능기준이 설정되어 있다. 이 기준은 20세대 이상의 공동주택에 대해 적용되며, 20세대 미만의 연립이나 다가구 주택 등에는 적용되지 않고 있다. 공동주택 비율이 높은 우리나라의 경우 층간소음에 대한 강화된 대책이 요구되나 현실적으로 쉽지 않다.[7]

나. 소음 환경기준

환경기준은 국가가 달성해야 할 목표를 제시한 것으로 표 12.10과 같이 소음 환경기준도 환경정책기본법에 설정되어 있으며 선진국과 유사하거나 약간 낮은 수준이다.

표 12.10 • 소음 환경기준

(단위: Leq dB(A))

지역	적용 대상지역	기준	
		낮	밤
일반 지역	"가"지역 (전용주거지역)	50	40
	"나"지역 (준주거지역)	55	45
	"다"지역 (상업지역)	65	55
	"라"지역 (공업지역)	70	65
도로변 지역	"가" 및 "나"지역	65	55
	"다"지역	70	60
	"라"지역	75	70

※ 낮(06:00~22:00), 밤(22:00~06:00)

7) 층간소음은 사인간의 분쟁으로 볼 것인지, 공익적 차원에서 다뤄야 할 문제인지는 다툼의 여지가 있다. 선진국의 경우 임대계약서에 층간소음으로 인한 문제를 명시하는 경우도 있으며 공동주택 입주시에 계약조건을 붙이는 경우도 있다. 정부 정책만으로는 해결하기 어려운 문제이나 기본적으로 강화된 건축기준을 제시할 필요가 있다.

12.5 빛 공해 관리

가. 빛 공해의 정의 및 기준

표 12.11 • 국제조명위원회의 조명환경구역 분류 (단위: Cd/m^2)

기호	지역 특성			표면 평균휘도의 상한값	
	지역구분	밝기	적용지역	건물표면	간판
E1	자연	어두운 경관의 지역	공원, 녹지	0	50
E2	교외	낮은 휘도 분포지역	교외 주거지역	5	400
E3	도시	중간 휘도 분포지역	산업단지	10	800
E4	도심	높은 휘도 분포지역	도심지	25	1,000

(자료: 빛공해 설명자료, 2012, 환경부)

(1) 빛 공해의 정의

빛 공해란 "조명 목적과 관계없이 지나치게 밝거나 잘못된 배광설계로 조명영역을 벗어나는 인공조명에 의한 빛"이라고 정의할 수 있다. 즉 불필요하거나 필요 이상의 빛이 인간이나 자연환경에 피해를 주는 현상을 말한다. 밤하늘이 밝아지면 생태계를 교란시키고 건강에 해를 주며, 에너지 낭비의 원인이 된다. 빛 공해는 산업화로 인한 부작용 중 하나이며, 인구가 밀집한 곳일수록 심각하다.

빛 공해는 휘도값으로 나타낼 수 있다. 휘도(Luminance)는 빛을 발하거나 반사하는 표면의 밝기를 나타내는 것으로 조명기구에서 발생된 빛이 직접 눈에 들어오거나 물체의 표면에 반사된 후에 눈으로 들어오는 빛이 얼마나 밝은 것인가를 표시하며 인간의 작업능력과 피로도에 커다란 영향을 미친다. 휘도의 단위는 면적당 칸델라(Cd/m^2, Cd/cm^2, Cd/ft^2)로 표시한다.[8]

(2) 빛 공해 측면의 기준

조명과 색채에 대한 국제 표준을 제정하는 국제조명위원회(CIE)에서는 빛 공해를 저감하기 위하여 2003년 3월 '옥외조명 설비에 따른 장해광 규제 가이드라인'을 제시하였다.

8) 1 Cd/m^2는 1 니트(nit) 라고도 한다.

여기에서 조명환경구역을 4개 군으로 구분하고 휘도의 상한치를 정하였다. 야간에는 안전하게 활동할 수 있도록 야외에 일정한 밝기(휘도)가 필요하다. 그러나 너무 밝거나 또는 부적절한 색을 사용하는 경우 전체적인 조명효과를 반감시키고 사람의 피로도를 높이므로 CIE에서는 이를 고려하여 각 구역의 최대 허용휘도를 제시한 것이다.

(3) 빛 공해의 유형

빛 공해의 유형은 빛의 침입(Light trespass), 과도한 조명(over-illumination), 눈부심(glare), 빛의 혼란(light clutter), 밤하늘에의 영향(sky glow) 등으로 나타날 수 있다. 하나의 광원은 종종 여러 가지 유형에 해당된다.

표 12.12 • 빛 공해의 유형에 따른 영향

종류	영향
Light trespass (빛의 침입)	• 강한 불빛이 외부에서 집 창문으로 들어갈 때 문제가 되며 불면증, 내분기계 장애 현상 등을 유발
Glare (눈부심)	• 옆으로 새는 빛은 눈부심을 유발하며 특히 운전자에게는 일시적인 시각장애를 유발하여 사고로 연결될 수 있음
Light Clutter (빛의 군집)	• 도로변의 다양한 조명등은 운전자로 하여금 혼란을 야기하여 사고를 유발할 수 있음
Sky glow (밝은 하늘)	• 자연 상태의 밤하늘은 육안으로 많은 별과 은하수가 보이지만, 빛 공해 지역에서는 육안으로 볼 수 있는 별들이 매우 한정됨

나. 빛 공해의 피해 및 영향

빛 공해는 전체관측 방해, 생태계 피해, 인체피해, 농작물 피해, 에너지 낭비 등 다양한 형태로 인간과 환경에 영향을 미친다.

표 12.13 • 국내 빛 공해 현황 및 피해 실태

대상	피해사례
상가, 쇼핑몰 등	• 국제조명위원회 휘도 기준값(E4지역, 25 Cd/m^2)을 최고 7배 초과
보안등 · 가로등	• 상향광 및 부적합한 높이로 주택창면에 침입광 발생
부산 해안지역	• 휘도 기준값(E2, 5 Cd/m^2)의 7~20배 이상 높음
목포 자연경관지역	• 휘도 기준값(E2, 5 Cd/m^2)의 4~80배 이상 높음
인체 피해	• 과다한 빛 노출로 인한 멜라토닌 생성억제로 생체리듬이 변화하여 불면증, 피로, 스트레스, 불안 및 암 발생률 증가 • 야간에 과다한 빛에 노출된 여성들의 유방암 발생비율이 73% 높게 나타남 (이스라엘 사례, 2008)
생태계 피해	• 식물 번식률 저하, 양서류 · 포유류 생식률 저하 등 생태계 교란 • 이른 개화(보리, 밀, 시금치) 또는 늦은 개화(벼, 콩, 들깨, 참깨) • 벼는 단일식물로 야간조명에 의해 수확 지연

(자료: 환경부 조사결과(2010) 등 발췌)

12.6 전자파 관리

가. 전자파의 관리 배경과 유해성

(1) 전자파 문제의 대두

20세기 들어 전력공급 인프라가 급속히 확충되고 전기 · 전자기술의 크게 발전되어 인류의 생활여건과 작업환경이 크게 개선되고 있다. 이렇게 급속히 확산된 각종 전기 · 전자기기에서 나오는 전자파들이 인체에 심각한 영향을 준다는 주장이 제기되면서 전자파에 대한 관심이 높아지게 되었다. 전자파가 미치는 영향은 크게 두 가지로 주변 기기에 미치는 영향과 인체에 미치는 영향으로 구분할 수 있다. 전자파가 병원내 의료기기나 공장 자동화시설, 항공기내 기기에 미치는 영향은 이미 실험을 통하여 입증되었고, 각 국가들은 국제기구에서 정하는 기준을 토대로 전자파 장해 및 전자파 내성을 규제하고 있다. 우리나라도 1990년대부터 전자파 내성에 관한 기준을 도입하고, 전자파 적합 등록제도를 시행하고 있다.

전자파가 인체에 미치는 영향에 대해서는 과학적으로 확실하게 입증되지는 않았으나, 일부 선진국에서는 동물실험 및 역학조사를 통하여 전자파가 인체에 유해하다는 전제하에 인체보호기준을 제정하고 있으며, 특히 스웨덴 등에서는 엄격한 전자파 규제안을 시행하고 있다. 우리나라는 전자파가 인체에 미치는 영향에 대한 규제기준이 제한적이며, 인체 유해성 여부나 인체 보호기준 설정에 대한 연구를 진행중이다.

(2) 전자파의 정의

전자파(Electromagnetic Wave, 전기자기파)란 시간에 따라 변화하는 전기장과 자기장의 상호 작용으로 공간을 전파해 가는 일종의 에너지의 흐름이라고 할 수 있다.[9] 따라서 전자파는 전기장과 자기장의 두 가지 성분으로 구성된 파동을 가리키며, 전기장 또는 자기장의 세기와 주파수로 특성을 나타낼 수 있다.[10]

전자파의 범위는 넓은 의미로는 아래 그림과 같이 주파수가 낮은 것부터 전파(극저주파, 저주파, 고주파, 초고주파), 적외선, 가시광선, 자외선, X선, γ선 등을 총칭하며, 여기서 전파는 주파수가 3,000 GHz 이하의 전자파를 말한다. 좁은 의미로는 국제적 분류에 따른 주파수 범위로서 초장파(VLF: Very Low Frequency)에서 준밀리파까지를 의미한다. 여기서 고주파는 표 12.14와 같이 3~30 MHz 범위의 단파를 가리키고, 저주파는 도달거리가 긴 30 kHz~300 kHz의 장파를 말한다. 이중 극저주파와 저주파가 우리의 인체에 장기간 노출되면 체온변화와 생체리듬이 깨져 질환으로 발전될 가능성이 큰 것으로 알려져 있다.

표 12.14 • 전파(radio wave)의 구분과 이용분야

구분	극저주파 (ELF)	초장파 (VLF)	장파 (LF)	중파 (MF)	단파 (HF)	초단파 (VHF)	극초단파 (UHF)	초극초단파 (SHF)	밀리미터파(EHF)
주파수 대역	~3 kHz	3~30 kHz	30~300 kHz	300~3000 kHz	3~30 MHz	30~300 MHz	300~3000 MHz	3~30 GHz	30~300 GHz
이용분야	전력	해상통신	무선전신 전화	단파통신 AM방송	아마추어통신	FM, TV	이동전화	인공위성	우주통신

9) 도선에 전류가 흐르면 자계가 발생하고, 자계를 중심으로 전계가 형성된다. 형성된 전계는 시간에 따라 변하기 때문에 전계를 중심으로 다시 자계가 형성된다. 이렇게 전계와 자계가 반복하여 발생하는 과정을 거쳐서 전자파는 공간으로 직진, 반사, 회절 등을 하면서 빛의 속도로 전파되어 나간다.

10) 여기서 주파수란 1초당 같은 변화를 반복하는 회수를 말하는 것으로 사이클(cycle) 또는 헤르츠(Hz) 단위로 표현한다. 한 사이클이 변화하는데 걸리는 시간을 주기라고 하고, 한 주기 동안 진행하는 거리를 한 파장이라고 한다.

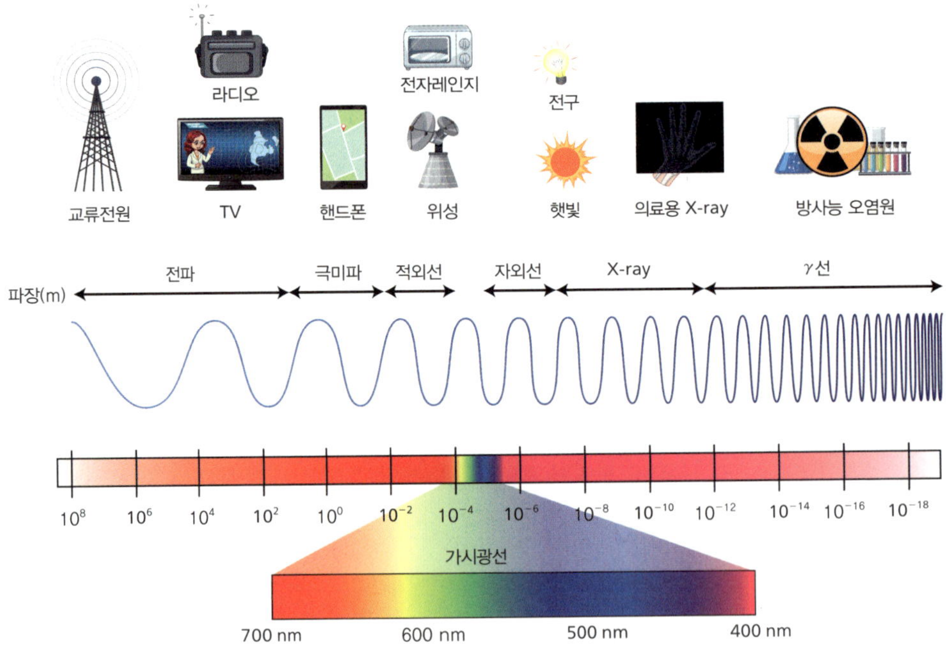

그림 12.3 • 주파수 크기에 따른 전자파 종류
(자료: 한국방송통신전파진흥원)

(3) 전자파의 발생원

전자파를 발생시키는 것으로는 우선 태양이 있다. 태양은 여러 가지 주파수의 전자파를 방출하고 있으며 이중 상당한 양이 지구에 도달하고 있다. 우리가 눈으로 느끼는 가시광도 사실은 전자파의 작은 주파수 영역을 차지하고 있다. 그러므로 지구는 전자파에 의하여 온도가 유지되며, 지구상의 모든 생물은 직간접적으로 전자파로부터 에너지를 얻어 생명을 유지한다고 볼 수 있다.

전자파는 우리 사회에서 다양하게 이용되고 있다. 휴대전화 및 무선인터넷과 같은 통신기기, 라디오, TV, DMB 등의 방송기기, 전자레인지, 컴퓨터 등 가전제품은 물론 센서용 RFID, 내비게이션, 그리고 초음파 진단기, MRI, X선, 적외선 치료기와 같은 의료기기에도 활용되고 있다. 가전제품 중 비교적 많은 전자파를 발생시키는 것은 약 2,500 MHz의 고에너지 마이크로웨이브(극초단파)를 사용하는 전자레인지, 800~900 MHz의 마이크로웨이브를 사용하는 휴대폰이나 카폰이 있다. 그것보다 낮은 것으로는 수만 Hz의 전자파를 이용하는 전자조리기가 있으며, 그 사이의 주파수를 사용하는 텔레비전파, 라디오파 등이 있다. 나머지 전기제품의 대부분은 50~60 Hz의 낮은 것이다. 이 밖에 강한 전류가 흐르는 송전선 근처에도 강한 전자파가 발생하는 것으로 알려지고 있다.

전자파의 영향으로는 전기장과 자기장의 효과가 있으나 인체에 대한 영향으로 가장 문제가 되는 것은 자기장 중에서도 교류자기장이다. 전기장은 쿠킹호일 한 장만으로도 차단할 수 있으나 자기장은 콘크리트도 통과해 버린다. 그러므로 생활 주변의 많은 전기제품에서 누설되고 있는 전자파가 문제되는 것이다.

나. 전자파의 발생과 특성

(1) 일상공간의 전자파 발생량

자연 상태에도 전자파는 있는데 우주에서 지구로 내려오는 우주선, 지구 자체에서 발생되는 지구자기 등이 전자파다. 다만 생명체는 여기에 적응하여 진화했기에 유해하지 않은 것이다. 그러나 전자제품이나 고압선에서 나오는 전자파는 잠재적 유해성을 가질 수 있다고 추정할 수 있다. 전기 · 전자제품을 사용하는 주변에는 방사된 전자파가 공간에 잔재하며, 제품의 종류, 수량, 측정 위치에 따라서 전자파 발생량이 다르게 나타난다. 표 12.15는 일상생활에서 발생하는 전자파의 종류와 발생량을 보여주고 있다.

표 12.15 • 일상생활에서의 전자파

일상공간에 잔재하는 전자파량(V/m)		제품별 전자파 발생량(V/m)	
가정(거실 10평에 TV, 선풍기, 형광등, 전원코드가 있는 상태)	18.6	컴퓨터(30 cm 거리)	146.8
		TV(30 cm 거리)	193.1
사무실(20평에 컴퓨터, 복사기, 에어컨, 형광등, 팩스, 프린터, 정수기, 소형 냉장고가 있는 상태)	19.1	냉장고(230리터)	193.2
		에어컨(20평형)	133.1

(2) 전자파의 특성

① 비열적 효과

확실하게 입증되지는 않았으나 피해 주장 사례에 대한 역학 조사와 동물을 상대로 한 실험 결과를 근거로 전자파가 생리적, 생화학적 영향을 미치고, 이로 인하여 치명적인 질병에 걸릴 가능성이 있다는 주장이 제기되고 있다. 면역 체계의 이상, 세포내 칼슘이온 농도의 증가로 인한 알츠하이머병의 발병 확률 증가, 혈당 및 혈중지질의 증가, 유전자 및 호르몬 생성의 방해, 심장박동수 감소, 뇌파 이상 등이 발병 가능한 질환으로 거론되나 인체 실험으로 명확히 입증된 사례는 미미하다.

② 열적 효과

전자레인지 안에서 음식이 익어 가는 것처럼, 고주파수의 전자파 에너지가 생체의 온도를 상승시키는 작용을 하는 것으로 그 영향이 어느 정도 인정되고 있다. 이에 따른 인체의 피해 가능성을 입증하기 위한 연구가 매우 활발하다.

③ 자극 효과

자극작용이란 주파수가 낮고 강한 전자파에 노출되었을 때 인체에 유도된 전류가 신경이나 근육을 자극하는 것을 말한다. X선이나 감마선과 같은 방사선이 세포의 분자 결합을 파괴하는 것과 같은 논리이다. 반복된 자극효과는 DNA의 이상을 초래하여 암을 유발할 수 있다는 주장도 제기된다.

다. 전자파의 영향

(1) 인체 영향

일상생활에서 발생하는 대부분의 전자파는 미약하기 때문에 전자파에 노출되어도 우리 인체에 대한 영향이 거의 없다고 할 수 있다. 그러나 전자파에 장시간 노출되거나, 강한 전자파에 자주 노출된다면 인체에 해로울 수 있다. 최근에는 다양한 주파수대역의 전자파 이용이 점차 늘어나면서 전자파 노출에 대한 인체의 건강 유해성이 더욱 부각되고 있다.

일반 병원에서 사용하는 X선은 아주 약한 세기이므로 인체에 영향이 미미한 것으로 알려지고 있으나 강한 세기의 X선은 우리 몸에 흡수되었을 때는 세포내의 원자나 분자를 변형시켜 유전자를 손상시킬 수 있다. 휴대폰의 전자파는 X선의 파장보다 훨씬 길고 투과성이 약하기 때문에 생체 조직의 원자나 분자를 변형시킬 수는 없는 것으로 알려지고 있으나 이에 대한 반론도 있다. 일반적으로 X선은 전리성 전자파라고 하며 휴대폰의 전자파는 비전리성 전자파라고 한다.

(2) 외국의 전자파의 유해성 연구

급속한 무선통신 및 전기 · 전자제품의 이용 증가는 다양한 주파수 대역의 전자파 방출을 야기하고 있으며, 생활환경 속에 위치하는 발생원의 분포 특성상 일반대중들이 무작위적으로 노출되고 있는 실정이다. 1993년에 미국 내 60 Hz 극저주파 자기장에 노출된 인구를 대상으로 추정한 결과 1일 평균 2 mG를 초과하는 노출인구가 14% 수준인 것으로 보고된 바 있다.

표 12.16 • 극저주파 자기장 영향의 조사 분류

조사영역	대상	분석 요인
역학조사	사람	암(뇌종양, 소아백혈병, 유방암, 피부암 등), 생식활동 저하, 자살, 생리 기능 저하, 신경 퇴행성 질환, 알츠하이머병, 과민증
급성노출조사 (실험실 연구)	사람	뇌전도, 심전도, 역작용, 지각, 기억, 멜라토닌, 면역 작용, 신경화학
In Vivo 연구	동물(토끼, 쥐, 원숭이 등)	멜라토닌, 동물 행동, 생식기 발달, 기형학, 지각 작용, 면역작용, 시각계, 신경계, 암관련(피부, 유방, 뇌종양)
In Vitro 연구	세포	신호변환, 세포증식, 유전자 합성, 이온 교환, DNA, 단백질 합성

2001년 국제암연구소(IARC)는 어린이 백혈병에 관한 역학조사 결과를 바탕으로 수 mG 수준의 극저주파(ELF) 자기장을 "암 분류 등급 2b: 암을 유발할 수 있는" 인자로 분류하였다. 또 직업적 노출뿐만이 아니라 일반 생활환경에서의 전자파 노출이 어린이 백혈병 등과 같은 특정 질병을 유발할 수 있다고 경고하였다. 최근 휴대전화나 PC와 같은 디지털 기기를 비롯해 각종 전자기기 보급이 확대되어 전자파 노출도가 높아지면서 세계보건기구(WHO)를 비롯해 각국 정부 및 연구기관, 소비자단체 등에서 전자파의 인체 유해성에 대한 조사 연구가 활발히 진행 중에 있다. WHO보고서에 따르면 전자기계의 단기간 고노출로 인한 인체에 미치는 악영향은 과학적으로 정립되었으나, 장기노출 영향과 관련하여 극저주파 자계와 소아백혈병 등과의 인과관계는 여전히 미약한 것으로 결론을 내렸다. 그러나 여전히 핸드폰과 같은 전자파에 장기간 노출시 인체영향에 대한 논란은 계속된다고 지적하고 있다.

라. 전자파에 대한 기준

(1) 인체 영향에 대한 국제기준

국제적인 전자파의 인체노출기준은 두 가지로 IEEE(Institute of Electrical and Electronics Engineers, 국제전기전자기술자협회)의 표준과 ICNIRP(International Commission on Non-Radiation Protection, 국제비방사선보호위원회)[11]의 기준이다. 대부분의 국가에서 ICNIRP기준을 채택하고 있어 국제기준처럼 여겨지고 있다. ICNIRP의 기준은 크게 전자파 인체노출한계(exposure limit) 기준과 전자파 흡수율(Specific Absorption Rate, SAR) 기준으로 구분된다. 선진국들은 두 기준을 기본으로 채택하고 있다.

노출한계기준은 전자파 방출원에 대해 기준의 준수를 법적으로 강제하고 시험기관에서 방출원에서의 전자파 세기를 측정 · 관리하는 데 적용된다. 인체보호기준은 통상 동물실험으로 이상 증세가 나타나는 전자파 발생량으로 측정하며, 미국국가규격협회(ANSI)와 ICNIRP의 기준은 쥐의 이상증세가 나타나는 단위 체중당 흡수전력(SAR)을 4 W/kg으로 규정하고 있다. 이 기준은 측정치를 바탕으로 "실현가능한 낮은 값(ALARA, As Low As Reasonably Achievable)" 원칙을 적용하여 측정치에 1/10~1/100 정도의 안전계수를 적용한 것이다.

(2) 우리나라 전자파 인체보호기준

우리나라의 전자파 인체보호기준은 전파법에 따라 방송통신위원회의 고시로 정하고 있다. 이 기준은 세계에서도 엄격한 수준에 속한다. 다만 이 기준이 적용되는 휴대용 기기가 휴대폰뿐이고 기준이 하나로 묶여져 있다는 한계가 있다. 방송통신위원회가 태블릿 PC 등 몸에 가까이 대고 사용하는 모든 기기로 적용 범위를 확대할 계획이지만 전자파 규제를 더욱 세분해야 한다는 지적이 있다. 우리나라의 전자파 인체보호기준은 크게 두 가지로, 휴대폰 기지국과 같은 무선 설비에 적용하는 전자파 강도기준과 휴대폰 등 단말기에 적용하는 전자파흡수율이다. 표 12.17은 일반인에 대한 전자파 강도기준이며 직업인의 경우 이 기준의 대략 두 배 정도이다. 또 전자파흡수율(SAR)은 생체조직에 흡수되는 단위 질량당 에너지율을 말하며 최대 허용기준은 표 12.18과 같다.

11) 국제방사선 방호협회(International Radiation Protection Association)는 인간과 환경을 방사로부터 보호하는 것을 목표로 활동하고 있으며, IRPA가 설립한 ICNIRP는 비전리방사에 대해 권고안 개발을 목적으로 하고 있다. WHO 등과 공동으로 다양한 형태의 전자파 저감 권고안을 제시하고 연구하고 있다.

표 12.17 • 일반인에 대한 전자파 강도기준[12]

주파수 범위	전기장강도 (V/m)	자기장강도 (A/m)	자속밀도 (μT)	전력밀도 (W/m^2)
1 Hz 이하	–	3.2×10^4	4×10^4	
1 Hz~8 Hz	10,000	$3.2 \times 10^4/f^2$	$4 \times 10^4/f^2$	
8 Hz~25 Hz	10,000	4,000/f	5,000/f	
0.025 kHz~0.8 kHz	250/f	4/f	5/f	
0.8 kHz~3 kHz	250/f	5	6.25	
3 kHz~150 kHz	87	5	6.25	
0.15 kHz~1 kHz	87	0.73/f	0.92/f	
1 kHz~10 kHz	$87/f^{1/2}$	0.73/f	0.92/f	
10 kHz~400 kHz	28	0.073	0.092	2
400 kHz~2,000 kHz	$1.375f^{1/2}$	$0.0037f^{1/2}$	$0.0046f^{1/2}$	f/200
2 GHz~300 GHz	61	0.16	0.20	10

※ 주파수(f)의 단위는 주파수 범위란에 표시된 단위와 같다.

표 12.18 • 전자파흡수율(SAR) 최대기준

주파수	구분	전자파흡수율 기준(W/kg)		
		전신	머리/몸통	사지
100 kHz~10 GHz	일반인	0.08	1.6	4
	직업인	0.4	8	20

※ 머리/몸통은 사지를 제외한 신체부위를 말하며 이 부분에 대한 전자파 흡수율 기준은 임의 인체 조직 1그램에 대하여 평균한 최대값을, 사지에 대한 전자파흡수율 기준은 임의 인체조직 10그램에 대하여 평균한 최대값을 적용한다.

12) 전자파의 강도는 전기장과 자기장의 크기로 표시한다. 전기장의 크기는 단위길이당 전압(V/m), 자기장은 단위길이당 전류(A/m)로 나타낸다. 자기장의 밀도는 통상 1 m^2당 자속으로 나타내며 테슬라(T) 단위를 쓰고 1 T = 10^4 G(가우스)이다.

송 · 변전설비로 인한 갈등

지난 2014년 밀양지역에서 고압 송전설비 건설을 둘러싸고 심각한 갈등이 벌어진 바 있다. 송 · 변전설비는 대표적인 NIMBY시설로서 절차상의 문제, 전자파로 인한 건강상의 문제, 재산상의 문제가 복합적으로 작용한다. 송 · 변전 시설의 경우 대부분 건설 백지화를 강하게 요구한다는 점에서 갈등해소가 더욱 어렵다. 그 이유는 단순히 보상이나 행정 절차적 문제뿐 아니라 건강상의 문제가 복합적으로 작용하기 때문이다. 그러나 전자파로 인한 인체 영향 문제가 전력공급자와 주민들간에 과학적 합리성을 통하여 해결되지 못하는 이유는 전자파 유해성에 대한 수준을 제시하지 못하기 때문이다. 물론 선진국에서도 과학적으로 명확히 유해성을 입증하지는 못하고 있으나 다른 점은 선진국의 경우 사전예방원칙에 따라 일정 부분 규제하는 반면 우리나라의 경우, 과학적 입증결과 없이는 사실상 규제하기 어렵다는 점이다. 우리나라도 전력 관리기관, 의료기관, 환경부서가 함께 송전선의 전자파의 인체 유해성에 관한 객관적 연구를 통해 그 인과관계를 밝혀내는 노력이 필요하다.

국내의 경우 방송통신위원회가 전자파로 의한 인체보호를 위하여 전자파 종합대책을 마련하고 전파연구원은 인증받은 휴대폰의 SAR 측정결과를 공개하는 등의 정책을 추진하고 있으나 선진국들이 시행하고 있는 사전예방적 정책을 고려할 때 매우 미흡한 실정이다.

12.7 유전자조작생물체(GMO)

가. 유전자조작생물체의 개발 배경

1818년 영국의 작가 메리 셰리가 발표한 공상소설 '프랑켄슈타인 박사'나 제임스 웨일 감독의 1931년 영화 '프랑켄슈타인'을 모르는 사람은 없을 것이다. 인조인간을 만들어 파멸로 치닫는 주인공 프랑켄슈타인의 이야기다. 당시에는 공상에 불과했지만 지금은 이종(異種) 동식물 유전자까지 이식하는 신기술이 등장하기에 이르렀다.

인류는 인구의 폭발적인 증가와 경지면적의 감소에 따라 식량의 안정적인 수급을 위해 새로운 방법들을 모색하여 왔다. '프랑켄슈타인 식품'이라 불리는 유전자조작생물체(Genetically Modified Organism, GMO)는 생물체 속에 다른 생물체의 유전자를 끼워 넣음으로써 기존과 다른 새로운 특성을 갖는 생물체이다. 본래의 유전자를 변형 · 조작하여 생산성과 상품의 질을 높이는 목적으로 개발된 것이다. 예를 들어 해충이나 악천후에 저항력이 높은 외래 유전자를 식물에 이식하여 수확량을 늘리는 것이다. 현대 생명공학기술을 이용한 GMO가 식량부족 문제, 환경문제 그리고 에너지 문제를 해결하는데 활용되고 있는 것이다. 또한 의료분야에서는 유전자 및 바이오파밍 연구를 통해 난치병을 치료하기 위한 노력이 계속되고 있다.

이렇게 삶의 질을 증진하기 위해 개발된 GMO가 괴물로 탈바꿈할 수 있다는 우려 때문에 '프랑켄 식품'(Frankenfood)이라는 말이 생겼다. GMO가 인간의 건강에 악영향을 초래한다고 볼만한 과학적 근거는 아직 없다. 그러나 장기적으로 섭취할 경우 알레르기가 발생하고 항생제에 내성이 생길 수 있다는 문제가 제기되고 있으며 게다가 생식능력을 갖춘 GMO가 식품으로 이용될 경우 생태계 파괴 가능성을 의심해볼 수 있다. 이러한 잠재적 위해성 때문에 미국은 GMO 생산 · 연구에 관한 규제조항을 연방법에 정해 놓았고 대부분의 선진국들이 GMO 농수산물의 교역을 제한하고 있다.

우리나라에서도 농산물과 가공식품에 대한 유전자조작생물체(GMO) 표시제가 2001년 7월부터 시행되고 있다. 우리가 늘 먹는 간장, 된장, 고추장에서부터 아이들이 즐기는 스낵과 빵, 아기의 이유식에 유전자가 변형된 원료가 들어갔는지를 알고 선택할 수 있게 됐다. 그러나 정부는 '표시제'가 유전자 조작 농산물이 '위험'하다는 표시로 받아들여지는 것을 경계한다. 해당 기업이나 정부는 변함없이 GMO가 안전하다고 발표하고 있다. 21세기 식량난을 해결하고 인류복지에 기여할 핵심 생명과학기술이라고 강조하고 막대한 연구개발비를 들여 '토종 GMO'를 개발하는데 심혈을 기울이고 있다. 하지만 시민단체들은 GMO가 안전한 식탁을 저해하는 '프랑켄슈타인' 식품에 그치는 것이 아니라 생태계와 미래 세대의 건강을 위협하는 신자유주의의 암울한 그림자라고 주장한다.

나. 유전자조작생물체(GMO)란?

GMO는 농산물품질관리법에 의하면, '인공적으로 유전자를 분리 또는 재조합하여 의도한 특성을 갖도록 한 농산물'을 의미하며, LMO와 GMO는 통상 같은 의미로 사용된다. LMO(Living Modified Organisms)는 "유전자조작생물체의 국가간 이동 등에 관한 법"에서 '생명공학기술을 이용하여 얻어진 새로운 유전물질의 조합을 포함하고 있는 모든 살아있는 생물체'로 규정하고 있다. LMO는 그 자체 생물이 생식, 번식이 가능한 것, 즉 살아있음(Living)을 강조하는 용어이다. GMO는 LMO가 생명력을 잃고 냉장, 냉동, 가공된 식품(예: 두부, 두유, 통조림 상태의 옥수수)과 같이 생식이나 번식이 가능하지 않은 것도 포함하는 포괄적인 용어로 볼 수 있다.

GMO는 생산량을 증대하거나 유통 가공상의 편의를 위하여 유전공학기술을 이용, 기존의 번식 방법으로는 나타날 수 없는 형질이나 유전자를 지니도록 개발된 생명체로 주로 농산물이다. 제초제에 대한 내성, 병해충에 대한 저항력을 증진시키거나 영양 가치를 높이기 위해 다른 동식물이나 미생물의 유전자를 주입하는 방법으로 유전자를 변형시켜 만들어낸 생물체인 것이다. 특정 유전자를 시험관 내에서 DNA를 끊거나 연결해 조작하는 기술로 전통 육종법과는 달리 원하는 품종을 단기간에 확실히 얻을 확률이 높다. 넓은 의미로는 선택적 증식, 이종교배, 성전환, 염색체 변형, 유전자 이전 등도 포함한다.

다. 유전자조작 농작물의 개발 과정과 특징

GMO의 개발 역사를 살펴보면, 1980년대부터 연구가 본격화되었고 최초로 개발된 GMO는 1994년 칼젠(calgene)사의 무르지 않는 토마토(상품명: flavr savr)이다. 이후 1995년 미국 몬산토사(monsanto)가 개발한 제초제에 내성이 있는 '라운드업레디 콩(round-up ready soybean)'과 스위스의 노바티스(norvatis)사가 개발한 병충해에 내성을 가진 '비티 옥수수(bt maize)'가 미국 식품의약품안전청(FDA)과 유럽연합 (EU)의 안정성 검사를 통과, 판매가 허용되면서 본격적으로 상품화되었다.

그 뒤로 병해충 저항성이 높은 여러 가지 GMO가 개발되었으며 특히 몬산토(monsanto), 노바티스(norvatis), 칼젠(calgene), 아그레보(agrevo) 등의 농화학 관련 다국적기업들이 신제품 개발을 주도하였다. 또한 코카콜라, 맥도널드, 네슬레, 다농 등 세계 굴지의 식품회사들도 이미 GMO식품을 제조 · 판매하고 있다. 미국 내에서 특허를 받은 품종이 39개이고, 전 세계적으로는 80여종이 넘는다. 이러한 GMO는 동물이 150여종, 식물이 30여종에 이른다. 슈퍼 쥐와 슈퍼 송아지 등도 유전자조작을 통해 탄생하게 되지만 상대적으로 윤리적 부담이 적은 식물분야의 연구가 더 활발하게 진행되고 있다.

라. 유전자조작 농작물의 생산 및 유통현황

GMO 농작물은 표 12.19와 같이 세계 25개국의 192백만 ha에서 재배되고 있으며 국가별로는 미국, 브라질, 아르헨티나 순이다. 종사 농업인은 약 1,400만명에 달하는 것으로 추산하고 있다.

표 12.19 • 국가별 GMO 재배현황

(단위: 백만ha)

구분	1996	2001	2006	2011	2016	2017	2018
합계	1.7	52.6	102.0	160	185.1	189.8	191.7
연간증가율	–	19%	13%	8%	2.9%	2.5%	1%
미국	1.5	35.7	54.6(54%)	69.0(43%)	72.9(39%)	75.0(40%)	75.0(39%)
브라질	–	–	11.5(11%)	30.3(19%)	49.1(26%)	50.2(26%)	51.3(27%)
아르헨티나	0.1	11.8	18.0(18%)	23.7(15%)	23.8(13%)	23.6(12%)	23.9(12%)
캐나다	0.1	3.2	6.1(6%)	10.4(6%)	11.6(6%)	13.1(7%)	12.7(7%)
인도	–	–	–	10.6(7%)	10.8(6%)	11.4(6%)	11.6(6%)
중국	–	1.5	3.5(3%)	3.9(2%)	2.8(2%)	2.8(1%)	2.9(2%)
기타 국가	–	0.4	8.3(8%)	12.1(8%)	14.1(8%)	13.7(8%)	14.3(7%)

(자료: ISAAA, 2018)

콩, 옥수수, 면화, 캐놀라가 재배면적의 대부분을 차지하는데 품목별로 표 12.20과 같이 최고 78%를 차지하고 있다. 문제는 우리가 콩과 옥수수를 거의 100% 미국으로부터 수입에 의존하고 있어 GMO 콩과 옥수수에 그대로 노출되어 있다는 점이다.

표 12.20 • 작물별 GMO 재배 면적 비중(2018년 기준)

(단위: 백만ha)

구분	세계 재배면적	GMO 재배면적	비율	비고
계	388.8	190.3	49%	
콩	123.5	95.9	78%	
옥수수	197.2	58.9	30%	
면화	32.9	24.9	76%	
캐놀라	34.7	10.1	29%	
사탕무	0.506	0.506	100%	

(자료: ISAAA, 2018)

우리나라의 곡물 자급률은 2018년 기준으로 23%에 불과하고, 특히 콩과 옥수수의 경우에는 매우 낮은 실정이다. 미국 농무부(USDA)가 발간한 자료에 따르면 2018~2019년도 세계 곡물 소비량은 전년보다 1.1% 증가한 26억 4,750만톤으로 사상 최고치를 기록할 것으로 전망하고 있다. 세계적으로 LMO 재배면적의 증가로 Non-LMO 작물의 확보가 어려워짐에 따라 LMO 작물과의 가격차이가 커지고 있다.

마. 유전자조작 농작물에 대한 평가

GMO에 대하여는 찬반 양론이 공존한다. 인류 식량문제를 해결하고 의료기술 발전에 크게 기여하게 될 것이며 이는 현대 과학기술의 축복이라는 긍정적 주장이 있는 반면, 생태계를 근본적으로 교란시키고 궁극적으로 인간의 생존을 위협할 것이라는 반대 주장도 있다. 긍정적 주장은 주로 GMO 작물의 수출국과 관련 기업에서, 부정적인 주장은 시민단체와 작물 수입국을 중심으로 제기되고 있다. 어떤 경우에도 GMO를 개발하고 적용하는 데 과학적인 검증이 선행되어야 할 것이다. 표 12.21은 작물 생산성, 인류건강, 환경보전, 의료기술 측면에서의 찬반 주장을 요약한 것이다.

표 12.21 • GMO에 대한 찬반 의견

구분	찬성	반대
작물의 생산량 및 농가소득	• 해충, 잡초, 바이러스 등으로 인한 생산량 감소문제를 해결	• 식량 문제는 생산량의 부족이 아닌 분배의 불균형에 기인함
	• 수확량 증가, 농약 저감, 인건비 절감으로 농민 소득 향상	• GMO 종자 구입비용으로 부담 증가 • 다국적 기업의 이익만 증대
인류의 건강	• 비타민 A가 강화된 황금쌀 같은 GMO 이용으로 인류 건강 증진	• GMO 작물을 장기간 섭취시 인체에 악영향을 미칠 가능성 상존
환경보전 및 생물 다양성	• GMO 작물 재배로 동일한 토지의 생산성을 높여 경지면적 축소	• 다른 생물에게 GMO가 옮겨가는 유전자 전이로 토종 품종의 손실
	• 농약 사용을 줄여 생물다양성 보전	• 내성으로 더 많은 잡초와 해충이 발생할 가능성
	• 정화 능력이 높은 GMO 생물로 오염물질 분해 및 제거 가능	• 본래의 성질을 인위적으로 변화시켜 생태계 질서를 파괴
에너지	• 바이오연료 작물을 개발, 에탄올, 메탄가스 등으로 변환하여 에너지 이용	• 바이오연료용 GMO 작물 재배로 오히려 국제 곡물가격 상승
의료기술	• GMO를 이용한 B형간염 백신 등 의약품 제조, 난치병에 유전자 치료 연구 등 의료기술의 획기적 발전	• 의료분야의 경우 인체에 직접적인 영향을 미치기 때문에 위험 가능성에 대한 우려가 상존

CHAPTER 13

유해화학물질과 환경호르몬

13.1 화학물질의 개요

가. 화학물질의 생산 · 사용 현황

전 세계에서 유통되는 화학물질은 약 20만종에 달하고, 매년 3천여종이 새로이 시장에 나오고 있다. 국내에서는 약 4만여종의 화학물질이 사용되고, 매년 2천여종의 화학물질이 새롭게 유통되고 있으며 사용량은 꾸준히 증가하고 있다. 화학물질의 유통량, 제조량, 수입 · 수출량에 대한 현황은 표 13.1과 같다. 제조 · 수입량이 지속적으로 증가하고 있으며 총 유통량은 2020년 686.8백만톤에 달한다. 특히 2010년 기준으로 1,000톤 이상 제조 · 수입되는 대량생산 화학물질(HPV, High Production Volume)이 총 1,376종으로 전체 유통량의 99% 이상[1]을 차지하고 있다.

표 13.1 • 국내 화학물질 유통현황 조사

항목	2002	2006	2010	2014	2016	2020
보고 사업장 (개소)	13,773	16,405	16,547	22,661	21,911	37,107
보고 화학물질 (종)	21,513	25,479	15,840	16,150	16,874	31,600
유통량 (백만톤)	287.4	417.9	432.5	496.9	558.6	686.8
제조량 (백만톤)	216.2	286.3	289.1	323.6	378.2	461.3
수입량 (백만톤)	122.0	189.3	231.0	295.5	321.6	350.6
수출량 (백만톤)	50.8	57.7	87.6	122.2	141.1	125.1

※ 유통량은 제조량 + 수입량 – 수출량, 조사기준: 유해화학물질 100 kg/년, 일반화학물질 1톤/년 초과 취급사업장
(자료: 환경부, 2022, 국내 화학물질 유통량조사 결과)

1) 일본 99.6%, EU 99.8%

나. 유독물질의 유통 · 배출 현황

2021년 기준 화학물질 배출량(3,813개 조사대상 사업장 기준)은 6만 5천여톤에 달하는 것으로 나타났다. 배출량은 화학물질이 대기, 수질 등의 환경으로 배출된 양을 의미한다. 이중 국제암 연구기관(IARC)이 분류한 발암성 물질[2](그룹 1~2B, 벤젠 등 54종)의 배출량은 전체 배출량의 15%인 10,049톤이며 2020년 대비 176톤이 증가했다.

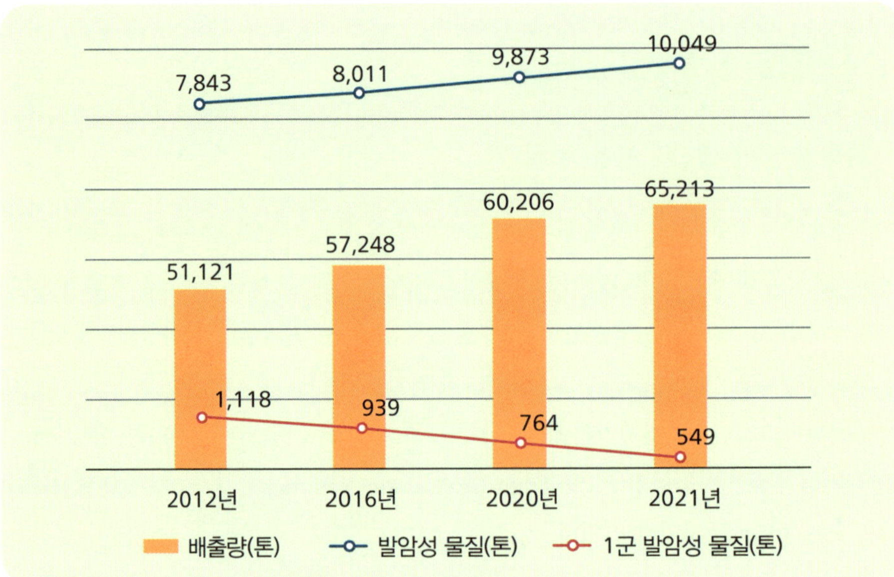

그림 13.1 • 화학물질 및 발암성 물질(그룹 1, 2A, 2B) 배출량 추이
(자료: 환경부, 2022, 2021년 화학물질 배출량 조사결과)

13.2 선진국의 화학물질 관리제도

화학물질은 제조 단계는 물론 사용 · 폐기과정에서도 일상생활에 노출되어 국민건강과 생태계에 악영향을 초래한다. 따라서 화학물질 특성과 노출경로를 파악하고 위해성 평가체계를 구축하여 건강영향을 사전에 줄이는 것이 중요하다. 선진국들은 1960년대부터

2) 발암성 물질은 그룹(Group) 1~4까지 구분되며, 이중 인체 발암성 물질을 그룹 1, 인체 발암성 추정물질을 그룹 2A, 인체 발암성 가능물질을 그룹 2B로 구분한다.

화학물질을 체계적으로 관리해 왔고 주로 유해한 물질을 규제하는 방식을 사용해 왔으며 EU의 경우 이미 1967년에 '위험물질의 분류, 표시 및 포장에 관한 법'을 제정하였다. 21세기 들어서는 화학물질의 단순 규제방식에서 탈피하여 제조자에게 화학물질의 안전성 입증 책임을 부과하는 제2세대 화학물질 관리체계가 도입되고 있다. 2007년 EU를 시작으로 대부분의 선진국들이 시행하고 있으며 우리나라도 2013년에 도입하였다.

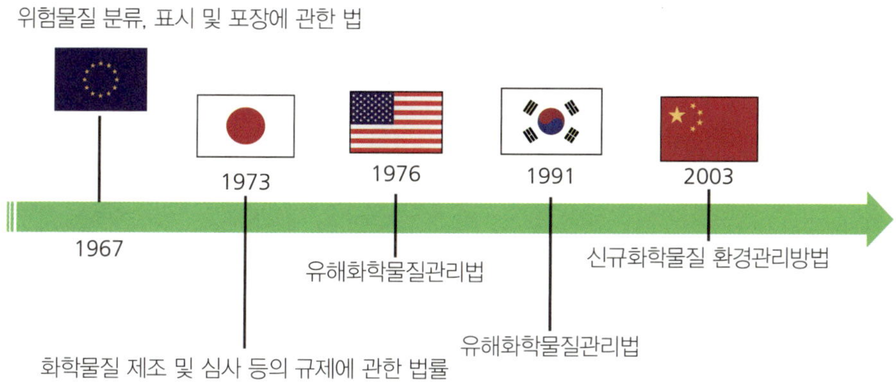

그림 13.2 • 국가별 유해화학물질관리법 추진경위

가. 유럽연합(EU)

EU는 2007년에 화학물질의 제조 · 수입자에게 위해성 입증 책임을 의무화하는 제도인 신화학물질관리제도(REACH)[3]를 도입하여 규제를 크게 강화하였다. EU내에서 연간 1톤 이상 제조 · 수입되는 화학물질에 대해서 제조 · 수입자가 위해성 정보를 등록하도록 의무화한 것이다. 2010년, 2013년, 2018년 3단계에 걸쳐 등록하고, 등록된 정보를 지속적으로 갱신하도록 의무화하였다. 이 제도는 화학물질에 대한 안전성 입증책무를 정부에서 화학물질의 제조 · 수입자에게 이전하여 화학물질의 전과정(Life-Cycle) 관리를 추구하는 제도이다. 등록된 위해성 정보를 평가하여 발암성, 생식독성, 잔류성 등 유해성이 입증된 물질은 허가를 제한한다. 세계 각국은 EU의 REACH제도와 유사한 법령을 속속 제정하여 규제를 강화하고 있다.

3) 유럽연합은 화학물질로 인한 위해성을 사전에 차단하고 EU국가들의 산업경쟁력을 강화하기 위해, 화학물질의 등록 · 평가 · 허가 및 제한제도(REACH, Regulation on Registration, Evaluation, Authorisation and Restriction of Chemicals)를 2007년 6월에 도입하였다.

나. 미국

미국은 화학물질 관리가 가장 엄격한 국가로서 1960년대부터 다양한 유해물질에 대한 위해성 정보를 축적하고 있다. 2008년에는 화학물질 평가 및 관리 프로그램(ChAMP, Chemical Assessment and Management Program)을 도입하였다. 2010년에는 화학물질 안전성 판단에 필요한 모든 자료를 요구할 수 있는 권한을 환경청(EPA)에 부여하는 유해화학물질관리법(TSCA, Toxic Substance Control Act) 개정안이 발의되었다. 개정 목적은 신규 화학물질은 물론 기존의 유해화학물질에 대한 유해성 정보를 확보하기 위한 것이다.

TSCA발의와 함께 EPA에서는 다층벽 탄소나노튜브를 신규화학물질로 포함하여 제조 90일 전에 신고를 의무화하는 나노물질의 안전관리를 위한 신고 제도를 시행하였다. 2013년에는 일상적인 소비자 제품에 함유된 유해화학물질로부터 국민 건강을 보호할 목적으로 "화학물질안전법(Safe Chemicals Act)"을 발의하였다.

다. UN의 화학물질의 분류 및 표시 세계조화시스템(GHS)

2002년 환경정상회의(WSSD)[4]에서 2008년까지 각국이 화학물질의 분류 · 표시에 관한 세계조화시스템(GHS)[5]에 따르기로 합의하였다. 국제적으로 자료를 공동으로 활용하여 화학물질의 시험 · 평가에 소요되는 시간과 비용을 절감하고 실험동물을 보호하기 위한 것이다. 또한 분류 · 표지제도가 도입되지 않은 국가에는 정보를 제공하고, 산업계의 무역장벽을 해소한다는 목적도 있다. 세계 주요 국가별 GHS도입 현황은 표 13.2와 같다.

13.3 우리나라의 유해화학물질 관리제도

가. 관리법규 현황

국내에 유통되는 화학물질은 이용 목적 및 용도에 따라 표 13.3과 같이 7개 부처에서

4) 세계지속가능발전정상회의(WSSD, World Summit on Sustainable Development), 지구촌 최대의 환경회의로 지구촌 환경을 지키기 위해 세계 각국 정상은 물론 환경단체 회원들이 모인 회의. 남아공에서 열려 '요하네스버그정상회의 2002' 또는 1992년 브라질 리우정상회의 이후 10년 만에 열려 '리우+10'으로도 불린다.

5) Globally Harmonized System of classification and labelling of chemicals. 화학물질의 유해성정보 및 관리사항을 국제적으로 통일된 간단한 라벨과 안전보건 기준을 통해 쉽고 일관성 있게 전달하고자 하는 시스템이다.

표 13.2 • 세계 주요 국가별 GHS도입 추진현황

항목	브라질	미국	캐나다	뉴질랜드	호주	유럽	일본
기존 표시제	O	O	O	O	O	O	×
GHS 도입시기	2010년	2010년	운송 분야('08) 작업장, 농약 분야 등('10)	'06. 7부터 전면 시행	'12 시행	단일물질('10), 혼합물질('15)	'07년부터 단계적 시행
제도화 방안	GHS 기준정비	경고표지 및 안전보건 자료 개정	관련법 개정	관련법 개정	관련법 개정	CLP규정 시행	노동안전 위생법 개정

표 13.3 • 우리나라 화학물질 관련법률 현황

관리대상	소관 부처	근거 법령	관리 목적
유해화학물질	환경부	화학물질 등록 · 평가법 화학물질관리법 살생물제법 잔류성 오염물질 관리법	화학물질로 인한 사람의 건강 및 환경보호
건강장해물질	고용노동부	산업안전보건법	산업재해예방 및 근로자 안전보건 유지 · 증진
농약 · 비료 · 사료	농림축산 식품부	농약관리법, 비료관리법, 사료관리법	농약, 비료, 사료의 품질향상과 수급관리
의약품, 마약류	보건복지부	약사법, 마약류관리에 관한 법률	의약품의 적정관리를 통한 국민건강 향상
식품첨가물	보건복지부	식품위생법	식품으로 인한 위해방지 및 식품영양의 질적 향상
화장품	보건복지부	화장품법	화장품의 안전관리
위험물, 화약류	안전행정부	위험물안전관리법, 총포 · 도검 · 화약류 단속법	위험물로부터 공공안전 확보, 화약류 위험 방지
고압가스 화학무기	산업통상 자원부	고압가스안전관리법	고압가스로 인한 위해방지
방사성물질	과학기술 정보통신부	원자력법	원자력이용과 안전관리
공산품 중 유해물질	산업통상 자원부	품질경영 및 공산품 안전관리법	소비제품 안전확보

17개 법률에 의하여 관리하고 있다. 화학물질의 등록 및 평가에 관한 법률과 화학물질관리법은 화학물질 관리의 기본법적 성격을 지니고 있으며 각 개별법의 관리 목적에 따라 동일한 화학물질이라도 2개 이상의 법령에 의하여 규제될 수 있다.

나. 우리나라 화학물질 관리제도

화학물질은 1991년에 유해화학물질관리법을 시행하면서 체계적으로 관리되기 시작하였다. 21세기 들어 선진국을 중심으로 유럽연합의 신화학물질 관리제도(REACH)와 같이 사전오염 예방원칙에 입각한 전주기 관리제도가 도입되었고 우리나라도 2015년부터 화학물질의 유해성 및 위해성평가를 규정한 "화학물질의 등록 및 평가 등에 관한 법률"(화평법)과 유해화학물질의 안전관리에 관한 내용을 규정한 "화학물질관리법"(화관법)을 시행함으로써 화학물질의 통합적 관리 체계를 확립하였다.

화평법은 화학물질 위해로부터 국민의 건강과 환경을 보호하기 위해 제조 · 수입자로 하여금 유해성 · 위해성 정보를 사전에 등록하도록 하고, 이를 심사 · 평가하여 체계적으로 관리함으로써 과학적인 안전성을 확보하기 위한 법률이다. 종래 "유해화학물질관리법"에서는 일정 규모 이상의 신규화학물질에 대해서만 유해성심사를 실시하였으나 화평법에서는 등록 및 유해성심사 대상을 모든 신규화학물질과 기존화학물질까지 확대[6]함으로써 화학물질로 인한 위험성을 사전에 차단하는 제도를 갖추고 있다.

화관법은 화학물질의 제조 · 사용과정에서 발생할 수 있는 건강 및 환경상 위해성을 사전에 차단하기 위해 체계적인 관리 시스템을 구축하고 화학물질로 인하여 발생하는 사고에 신속히 대응하기 위한 제도를 규정하고 있다. 주요 내용으로 유해화학물질 영업 허가제와 장외영향평가제[7], 사고대비물질에 대한 위해관리계획 수립 제도, 화학사고 대응 절차 및 체계 등이 있으며 화학물질 중에서 성상과 유해성 등을 기초로 유독물질, 허가물질, 제한물질, 금지물질, 사고대비물질, 유해화학물질로 별도 지정하여 관리하고 있다.

또한 가습기살균제 사건을 계기로 살생물제의 위해성에 대한 경각심에 높아지면서 화학물질 함유제품 및 살생물제품의 안전한 유통 · 사용 및 관리를 위해 화평법에 일부 규정되었던 내용을 강화하여 "생활화학제품 및 살생물제의 안전관리에 관한 법률"(살생물

---

6) 신규 화학물질 1톤 미만은 신고 후 모니터링

7) 장외영향평가는 유해화학물질 취급시설의 설계단계에서부터 사업장 외부의 제3자에게 인적 · 물적 피해를 일으키지 않도록 안전개념에 따라 설계 · 설치되었는지 확인함으로써 충분한 안전성을 확보하는 제도이다.

제법)을 제정하였으며 2019년부터 시행하고 있다. 이 법에는 생활화학제품의 위해성 평가, 살생물물질 및 살생물제품의 승인, 살생물처리제품의 기준 등에 관한 사항을 규정하고 있다.

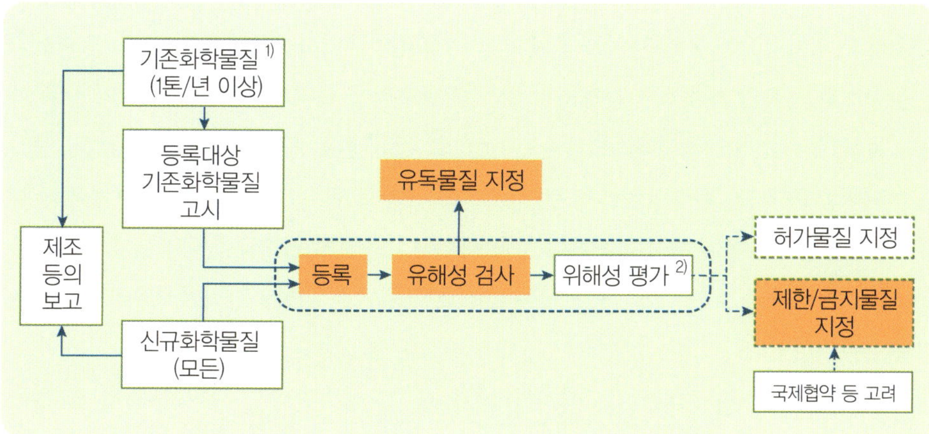

그림 13.3 • 화학물질평가법의 화학물질 관리체계

1) 인체 · 환경위해 우려물질은 1톤 미만도 가능함
2) 위해성평가 대상: 10톤 이상인 경우 또는 유해성심사 결과 위해성평가가 필요한 경우

표 13.4 • 유해화학물질의 분류 및 기준

분류	분류의 기준	지정물질 (2019년 말 기준)
유해화학물질	유독물질, 허가물질, 제한물질 또는 금지물질, 사고대비물질, 그 밖에 유해성 또는 위해성이 있는 화학물질	
유독물질	유해성이 있는 화학물질로서 대통령령으로 정하는 기준에 따라 고시한 것	956종
허가물질	위해성이 있다고 우려되는 화학물질로서 허가를 받아 제조, 수입, 사용하도록 고시한 것	미지정
제한물질	특정 용도로 사용되는 경우 위해성이 크다고 인정되는 화학물질로서 그 용도로의 제조, 수입, 판매, 보관 · 저장, 운반 또는 사용을 금지하기 위하여 고시한 것	13종
금지물질	위해성이 크다고 인정되는 화학물질로서 모든 용도로 제조, 수입, 판매, 보관 · 저장, 운반 또는 사용을 금지하기 위하여 고시한 것	60종
사고대비물질	급성독성 · 폭발성 등이 강하여 화학사고 발생 가능성이 높거나 사고가 발생한 경우 피해 규모가 클 것으로 우려되는 화학물질로서 화학사고대비가 필요하다고 인정하여 고시한 것	97종

13.4 잔류성 유기오염물질(POPs)

가. 정의

잔류성 유기오염물질(POPs, Persistent Organic Pollutants)은 자연환경 내에서 분해되지 않고 먹이사슬을 통해 동식물의 체내에 축적되는 유기화합물질을 말한다. 이 화합물질은 동물과 사람의 체내에서 분해되지 않고 지방조직에 축적되므로 먹이사슬의 상위 개체인 동물과 사람에게서 상대적으로 높은 농도로 검출된다. 면역체계를 교란시키고 중추신경계를 손상시키는 독성을 지니고 있고 호르몬작용도 한다. 환경호르몬이라 불리는 내분비계장애물질의 대부분을 포괄하는 개념으로 볼 수 있다. 선진국과 국제기구에서는 대상물질의 경계가 모호한 내분비계장애물질에 대한 규제를 POPs 관리체계로 일원화하는 추세이다.

"잔류성 유기오염물질관리법"에서는 POPs를 "독성 · 잔류성 · 생물농축성 및 장거리 이동성 등의 특성을 지니고 있어 사람과 생태계를 위태롭게 하는 물질로서 다이옥신 등 「잔류성 유기오염물질에 관한 스톡홀름협약」에서 정하는 것"이라고 정의하고 있다.

나. POPs 관리 법규 및 기준

2001년 POPs 물질을 규제하는 국제환경협약인 스톡홀름협약[8]이 체결됨에 따라 우리나라도 POPs 물질의 종합적 규제 · 관리를 위해 2008년 1월부터 "잔류성 유기오염물질관리법"을 제정 · 시행하고 있다. 법에서는 ① POPs 물질의 제조 · 수출입 · 사용 금지 또는 제한, ② 배출규제, ③ POPs 함유 폐기물의 처리, ④ POPs 함유 기기의 관리에 관하여 규정하고 있다. 특히 POPs 중 독성이 큰 다이옥신에 대하여는 별도 기준을 설정하였고,[9] 2008년부터 이 법에서 통합관리하고 있다. 이 법은 수은(화합물)을 대상물질로 추가하고, 법률명을 "잔류성 오염물질 관리법"으로 개정하여 2020년부터 시행하고 있다.

8) 제6부 지구환경문제 편에서 상술한다

9) 다이옥신의 경우 배출규제는 '97년부터 폐기물관리법에 따라 소각용량 50톤/일 이상인 시설을 대상으로 0.5 ng-TEQ/Sm^{3}기준을 적용하였고 2003년부터 신설시설에 대해 0.1 ng-TEQ/Sm^{3}으로 기준을 강화하였다.

표 13.5 • 잔류성 유기오염물질 관리법의 구성

분야	환경관리	제조 · 사용제한	배출시설관리	폐기물관리	오염기기관리
내용	– POPs 관리 기본계획 – 일일허용노출량 – 환경기준 – 측정망 운영	– POPs의 취급금지 · 제한 – 취급금지 · 제한 POPs의 관리방안	– 배출허용기준 – 개선명령 및 사용중지 – 배출량조사 – 주변영향조사	– 폐기물의 분류 – 폐기물 처리기준 – 재활용제한	– 관리대상기기 목록작성 · 신고 – 오염기기 안전관리

다. POPs 규제대상물질의 종류

POPs는 대부분 산업생산 공정과 폐기물의 저온 소각과정에서 발생하며 주요 물질로는 ① DDT, Aldrin 등 농약류, ② PCBs(PolyChlorinated Biphenyls), HCB(헥사클로로벤젠) 등 산업용 화학물질, ③ 다이옥신류(polychlorinated dibenzo dioxin/furan)가 있다. 국내법에서 규제하는 대상 물질은 스톡홀름협약을 준용하고 있으며 표 13.6과 같이 당초 12종이었으나 이후 확대되어 현재는 23종이다.

표 13.6 • POPs 규제대상 물질과 국내 사용현황

물질명	부속서	용도	허용여부	국내사용현황
알드린(Aldrin)	A	농약, 살충제	금지	없음
엔드린(Endrin)	A	농약, 살충제	금지	없음
디엘드린(Dieldrin)	A	농약, 살충제	금지	없음
톡사펜	A	농약, 살충제	금지	없음
클로르덴(Chlordane)	A	농약, 살충제	금지	없음
헵타클로르(Heptachlor)	A	방충제	금지	없음
미렉스(Mirex)	A	화염억제제, 살충제	금지	없음
헥사클로로벤젠(HCB)	A, C	살충제	금지	없음
폴리클로리네이티드비페닐(PCBs)	A, C	농약, 살충제	금지	절연체로 사용
디디티(DDT)	B	살충제	금지	없음
다이옥신(PCDDs)	C	부산물	저감	–
퓨란(PCDFs)	C	부산물	저감	–
클로로데칸(Chlorodecone)	A	농약	금지	

(계속)

물질명	부속서	용도	허용여부	국내사용현황
린단(Lindane)*	A	이, 진드기제거를 위한 사용	특정면제 (최장 10년간)	이 제거제 등의 의약품으로 사용중
알파헥사클로로사이클로헥산 (Alpha HCCH)*	A	농약	금지	없음
베타헥사클로로사이클로헥산 (Beta HCCH)*	A	농약	금지	없음
테트라브로모디페닐에테르(TBDE)와 펜타브로모디페닐에테르(PBDE)	A	산업용 물질 (방염제 등)	재활용시 한시허용 (2030년 종료)	RoHS 및 '전기전자제품 및 자동차의 순환에 관한 법률'에 따라 국내사용금지
헥사브로모디페닐에테르(Hexa BDE)와 헵타브로모디페닐에테르(Hepta BDE)	A	산업용 물질 (방염제 등)	재활용시 한시허용 (2030년 종료)	
헥사브로모비페닐(HBB)	A	산업용 물질	금지	
펜타클로로벤젠(PCB)	A	농약	금지	없음
	C	비의도적 생성물 연소부산물	저감	
과불화옥탄술폰산(PFOS) 그 염류와 과불화옥탄술포닐플로라이드 (PFOS-F)*	B	세정제, 방염제, 광마스크 등	항구적 면제 또는 특정면제 (최장 10년)	반도체 필름 LCD 등의 중간산물 및 소화제로 사용

※ 부속서 A: 근절, 부속서 B: 제한, 부속서 C: 비의도적 물질
※ PFOS는 '15년부터 매 4년 단위로 평가, 대체기술이 인정되는 용도는 항구적 면제에서 제외

13.5 내분비계 장애(추정)물질 관리

가. 환경호르몬 문제의 제기

20세기 후반부터 환경오염으로 심각한 건강상 위해를 일으키는 물질로 일명 "환경호르몬"이라 불리는 내분비계 장애물질의 개념이 대두되었다. 이는 인간이나 동물의 생체내에 작용하여 수컷의 정자수를 감소시키거나 수컷의 암컷화, 다음 세대의 성장억제 등을 초래하는 것으로 알려져 있다. 1996년에 테오 콜본, 다이앤 듀마노스키, 존피터슨 마이어 등 세 명이 공동으로 저술한 "Our Stolen Future(도둑맞은 미래)"라는 저서에서 본격적으로 이 문제가 제기되었다. 지구 생명체의 멸종에 큰 영향을 미칠 수 있는 요인으로 인식되기 시작한 것이다. 내분비계 장애물질에는 다양한 합성화학물질, 의약품 및 일부 천연물질들

을 포함하는 것으로 알려지고 있으며 이러한 물질들은 생체내의 섬세한 호르몬계에 영향을 주기 때문에 극미량으로도 생식기능에 이상을 가져올 수 있고 급 · 만성 독성과는 달리 차세대에 걸쳐 영향이 나타날 수 있다는 특성이 있다. 특히 유기염소계 살충제 및 PCB와 같이 잔류성이 큰 물질일 경우 자연의 먹이사슬을 통해 동물이나 사람의 체내에 축적되어 생식기능 저하와 기형 등을 유발하는 것으로 알려져 있다.

나. 내분비계 장애물질(환경호르몬)이란?

"환경호르몬"이란 말은 '환경'에 노출된 화학물질이 생체 내에서 유입되어 마치 '호르몬'처럼 작용한다는 의미로 불리게 되었다. 이 용어는 화학물질을 호르몬과 혼동할 우려가 있으므로 공식적으로는 "내분비계 장애(추정)물질" 또는 "내분비계 교란물질(Endocrine Disruptors)"로 칭한다.

미국 EPA는 내분비계 장애물질을 "체내의 항상성 유지와 발생과정을 조절하는 생체 내 호르몬의 생산, 분비, 이동, 대사, 결합작용 및 배설을 간섭하는 외인성 물질"로 정의하고 있다. OECD는 "내분비계 기능에 변화를 일으켜 정상적인 개체 또는 그 자손의 건강에 위해한 영향을 나타내는 외인성 물질"로 규정하고 있다.

다. 내분비계 장애물질의 종류

현재 내분비계 장애를 일으킬 수 있다고 추정되는 물질로는 각종 산업용 화학물질(원료물질), 살충제 및 제초제 등의 농약류, 유기중금속류, 소각장의 다이옥신류, 식물에 존재하는 식물성에스트로젠(phytoestrogen) 등의 호르몬 유사물질, DES(diethylstilbestrol)과 같이 의약품으로 사용하는 합성 에스트로젠류 및 기타 식품첨가물 등이 있다. 물질의 예로서 그림 13.4와 같이 Estradiol, Diethylstibestrol, DDT, PCB, Bisphenol A, Nonylphenol 등이 있다. 1990년대 후반에 세계야생생물기금(WWF)[10]에서 67종을 내분비계 장애물질로 분류하였고, 미국에서 73종, 일본 후생성에서 산업용 화학물질, 의약품, 식품첨가물 등 142종, 일본 환경성에서 65종의 물질을 내분비계 장애물질로 분류하고 있다.

10) 세계자연보호기금(World Wide Fund for Nature, 약칭 WWF)은 자연보호를 위한 비정부 국제기구이다. 원 이름은 세계야생생물기금(World Wildlife Fund)으로, 미국과 캐나다에서는 옛 이름으로 활동하고 있다. 세계 최대의 환경단체로, 90여국의 5백만 명 이상의 회원이 있으며, 많은 환경보호 프로젝트를 수행하고 있다. 수입의 90% 이상이 기부를 통해서 얻고 있다.

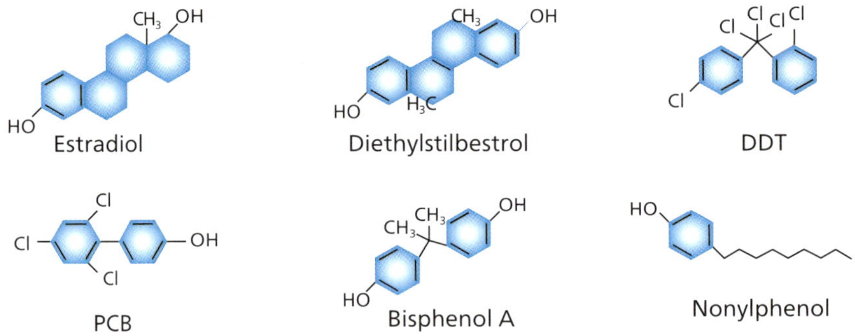

그림 13.4 • 주요 내분비계 장애(추정)물질

우리나라에서는 별도로 정한 목록은 없으며 WWF에서 제시한 67종을 근거로 관리하고 있다. 이중 국내에서 규제되는 것은 51종(농약 36종, 산업용화학물질 10종, 부산물 · 대사물 5종), 미규제 물질은 16종(산업용화학 4종, 부산물 · 대사물 4종, 국내 미유통 8종)이다.

표 13.7 • 국가별 내분비계 장애물질 목록

분류	내분비계 장애물질
세계야생생물기금 (WWF) 분류 (67종)	• 다이옥신류 등 유기염소물질 6종 • DDT등 농약류 44종 • 알킬페놀(펜타-노닐), 비스페놀 A • 디에틸헥실프탈레이트 등 프탈레이트 8종 • 스타이렌 다이머, 트리머, 벤조피렌 • 수은, 납, 카드뮴
일본 NIHS 분류 (160여종)	• 다이옥신 및 퓨란류 7종(2,3,7,8-TCDD 등) • 다이옥신류 외의 건강과 생활물질 6종(벤조피렌 등) • 산업용 화학물질 53여종(비스페놀 A, 알킬페놀류 등) • 농약류 68종(DDT, Alachlor 등) • 진균성에스트로젠 2종(Zearalenol, Zearalenone) • 식물성에스트로젠 31종(Coumestol 등)

이중 비스페놀 A는 식품이나 음료수캔의 코팅물질 등에 사용되고 DDT는 농약으로, PCB는 변압기 절연유로 사용되었으나 현재 사용이 금지되었다. 소각장에 주로 발생되는 다이옥신류, 합성세제 원료인 알킬페놀, 플라스틱 가소제로 이용되는 프탈레이트 에스테르 및 그밖에 스티로폼의 성분인 스타이렌다량체 등이 내분비계 장애물질로 분류된다.

라. 생태계 및 인체에 대한 영향

환경호르몬은 인간과 동물의 생식기능 저하, 기형, 성장장애, 암 등을 유발하고 생태계를 교란시키는 물질로 알려지고 있으며 세계적으로 생물종에 위협이 될 수 있다는 경각심을 일으켜 오존층 파괴, 지구온난화 문제와 함께 세계 3대 환경문제로 불리기도 한다.

(1) 인체 건강에 대한 영향

현재까지 내분비계 장애물질의 인간에 대한 영향이 체계적으로 규명되지는 않았으나, 이에 대한 관심은 상당히 높은데 그 이유는 내분비계는 우리 몸을 조절하는 가장 중추적인 역할을 하기 때문이다. 내분비계 장애물질의 심각한 영향을 보여준 사례는 1970년대 합성에스트로젠인 DES(diethylstilbestrol)라는 유산방지제를 복용한 임산부의 2세들에게서 나타났다. 이 약을 복용한 임산부에서 태어난 2세들의 생식기능이 감소되었고, 딸의 경우 자궁기형, 불임, 면역기능 이상현상이 증가하였다.

덴마크에서는 1999년에 과거 50년간 남자들의 정자수가 반감되었다는 보고가 있었으며, 일본의 테이쿄대학 의학부의 조사에 따르면 20대 남성 34명의 정액을 조사한 결과 정자의 농도와 운동성에서 WHO의 기준을 충족시킨 사람이 1명에 불과하였다. 이와 같이 정자수의 급격한 감소 이외에도 고환암이나 요도하열과 같은 기형을 유발하고, 유방암과도 관련되는 것으로 추정하고 있다. 내분비계 장애물질에 대한 인체노출 정도와 관련하여 1990년대 크게 주목받은 물질은 소각장 등에서 배출되는 다이옥신류이다.[11]

내분비계 장애물질 가운데 기존 연구를 토대로 가장 많이 알려진 외인성 에스트로젠의 잠재적인 인체영향을 살펴보면 여성의 경우 유방 및 생식기관의 암, 자궁내막증(endometriosis), 자궁섬유종(uterine fibroid), 유방의 섬유세포 질환, 골반염증성 질환(pelvic inflammatory disease) 등을, 남성의 경우에는 정자수 감소, 정액감소, 정자 운동성 감소, 기형정자 발생증가, 생식기 기형, 정소암, 전립선질환, 기타 생식에 관련된 조직 이상 등의 영향을 주는 것으로 알려져 있다.

(2) 야생생물에 대한 영향

야생생물에 대한 내분비계 장애가 관찰되었다는 연구결과는 상당히 많으며, 대상 야

11) 다이옥신에 대하여는 다음 13.6 장에서 상세히 설명한다.

생동물도 파충류, 어류, 조류, 포유류 등 광범위하다. 대표적인 사례는 1980년 미국 플로리다주의 아폽카호수에 인근 화학회사가 사고로 유출시킨 디코폴 및 DDT에 의한 오염으로 호수의 악어의 수가 반감되었으며, 수컷 악어가 암컷화되고 수컷 성기의 크기가 정상에 비해 1/2~1/3 정도로 왜소화된 것이 관찰되었다. 어류에 대한 영향은 수컷 생식능의 변화와 암컷화 현상이 많이 관찰되고 있다. 1980년대 후반에 이미 영국 각지에서 암수 구분이 어려운 물고기가 대량 발견되었는데 그 원인을 조사한 결과, 어류 내에서 합성세제와 유화제의 성분인 알킬페놀(비이온성 계면활성제의 분해물)이 다량 검출되었다. 그 밖에 펄프공장 하류에 서식하는 농어류(perca fluviatilis)에서 성숙지연, 생식기의 퇴축 등이 관찰되었다. 이외에 오염지역의 강이나 호수 등에 서식하는 물고기들의 수컷 생식능 저하, 혈장 중의 성선자극 호르몬 또는 스테로이드의 저하, 2차 성징의 미숙 등 지금까지 다양한 사례가 관찰되었다.

조류에서의 영향은 오염지역에 서식하는 새들의 생식능력 및 성적 습성의 변화, 면역능력의 감소, 부리의 기형 등이 관찰되었다. 특히, 이들 대부분의 새들은 물고기를 먹이로 하기 때문에 오염물질이 농축된 물고기를 잡아먹을 경우 먹이사슬에 따른 영향을 받는다. 예로서 PCBs로 오염된 지역의 물고기를 잡아먹는 갈매기와 같은 새들의 면역능을 연구한 결과 비오염지역에 비해 면역능이 감소했다는 보고가 있었다. 생식능의 변화는 대표적인 내분기계 장애물질의 영향인데 DDT/DDE에 노출된 독수리류에서 알의 부화 장애가 나타났으며, 다이옥신이나 PCBs에 노출된 제비갈매기에서도 알의 부화장애가 보고되었다.

포유류에 영향을 나타내는 물질들은 인간에게 바로 영향을 줄 수 있다는 점에서 매우 우려스러운 일이다. 발트해 연안의 바다표범을 조사한 결과 PCBs의 대부분이 바다표범 생식선의 스테로이드 합성에 장애를 주고 갑상선 기능을 저하시킨다는 보고가 있었다. 플로리다 아메리카표범 수컷의 혈액을 채취해 검사한 결과 암컷호르몬인 에스트로젠이 정상치에 비해 수 배 이상 높게 검출되었으며, 발육과 생식기의 이상이 관찰되었는데 그 후 원인이 DDE나 PCBs에 오염된 사료 때문이라는 결과가 나왔다. 환경 중의 내분비계 장애물질들은 야생생물의 생식에 심각한 영향을 미칠 수 있으며, 현재까지 수정률 감소, 개체수 감소, 수컷의 생식관의 암컷화, 갑상선기능 이상, 면역계 이상 등이 보고되고 있다.

13.6 다이옥신

가. 다이옥신이란?

다이옥신이라고 흔히 알려진 화학물질은 고리가 세 개인 방향족 화합물에 여러 개의 염소가 붙어있는 화합물을 말하는 것으로, 그림 13.5와 같이 가운데 고리에 산소원자가 두 개인 다이옥신계 화합물(PolyChlorinated Dibenzo Dioxin, PCDDs)과 퓨란계화합물(PCDFs)을 총칭하는 용어이다. 염소의 위치 등에 따라 PCDD가 75개, PCDF가 135개의 이성체가 있을 수 있다. 다이옥신과 다이옥신 유사 화합물들의 독성을 결정하는 가장 중요한 요소는 모양과 크기이며 이것은 염소의 수와 결합위치에 따라 결정되는 것이다. 다이옥신 분자에서 2, 3, 7, 8의 결합위치에 염소가 있는지가 가장 중요하며, 이중 가장 독성이 강한 것이 2,3,7,8-사염화디벤조-파라-다이옥신(일명 TCDD)이다. 우리가 보통 다이옥신이라는 말을 사용할 때는 다이옥신과 다이옥신 유사물질들을 총칭해서 말한다.

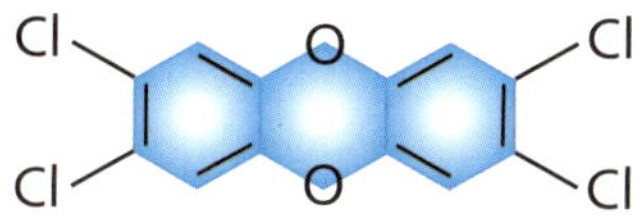

DIOXINs 75 congenrs

2,3,7,8-Tetrachlorodibenzo-p-dioxin

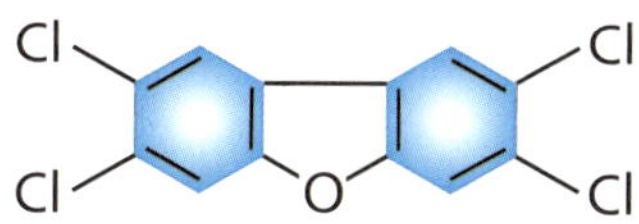

FURANs 135 congenrs

2,3,7,8-Tetrachlorodibenzofuran

그림 13.5 • 다이옥신류의 화학적 구조

다이옥신은 유기성 고체로서 녹는점과 끓는점이 높다. 증기압이 낮기 때문에 쉽게 변화되지 않는다. 물에 대한 용해도가 매우 낮고 화학물질의 생물학적 농축정도를 평가하는 척도인 옥탄올/물 분배계수(POW)가 높다. 이러한 화학적 성질은 우리 몸 안에서 이 물질들이 소변으로 잘 배설되지 않는다는 것을 의미한다. 대신에 지방에 잘 용해되어 우리 몸 안에 축적되는 생물농축 현상을 일으킨다. 모유나 우유에서 다이옥신이 검출되는 것도 이러한 농축 때문이다. 또 높은 지용성으로 인체의 경우 생물학적 반감기가 약 11년이나 되는 것으로 알려져 있다. 다이옥신은 대기중의 입자상 물질의 표면에 강하게 흡착되어 지표면으로 침적되거나 장 · 단거리 이동이 가능하다. 이러한 이유로 소각장 주변의 수질 · 토양 오염을 우려하는 것이다.

쓰레기 소각은 대기 중 다이옥신과 다이옥신 유사물질의 주요한 발생원이다. 다이옥신은 증기압에 따라 증기나 가스로 공기 중에서 존재할 수 있고, 또 입자들과 결합할 수도 있다. 보통 다이옥신은 입자들과 결합하는데 입자들은 작기 때문에 오랫동안 공기 중에 머무를 수 있어 멀리 이동할 수 있다. 다이옥신이 세계 각지에서 발견되는 중요한 이유이다. 그림 13.6은 굴뚝에서 생성된 다이옥신의 대기중 확산율을 나타낸 것이다.

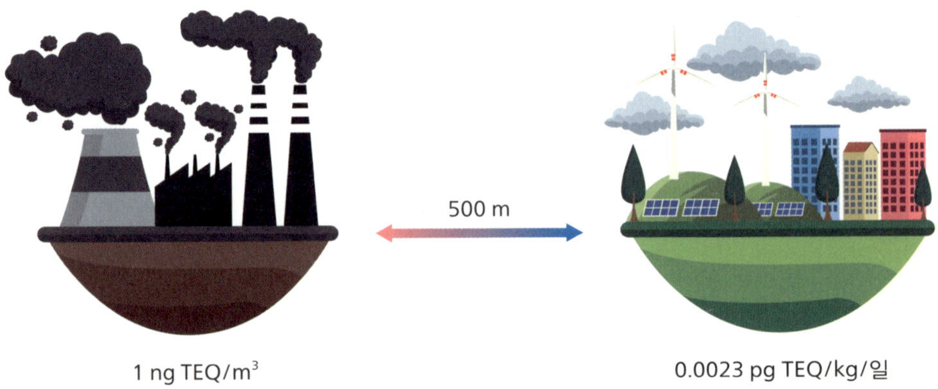

그림 13.6 • 굴뚝에서 대기중으로의 다이옥신 확산율

나. 다이옥신 유사물질

PCBs, 퓨란, 브롬 산화물은 다이옥신과 구조적으로 유사한 화학물질들로서 다이옥신과 비슷한 특성 및 독성을 갖고 있다. 이러한 화합물에는 다음과 같은 것들이 있다.

① 클로로 디벤조 퓨란: 폴리클로로리네이티드 디벤조퓨란(PCDFs), 퓨란

② 클로로 비페닐: 폴리클로로리네이티드 비페닐(PCBs), 디페닐 에테르, 나프탈렌

퓨란은 135종의 다른 형태가 있고, PCBs는 209종의 다른 형태로 존재한다. 브롬화합물은 염소 대신 브롬으로 치환된 유사한 화합물질로 다이옥신과 유사한 독성을 갖고 있다. 다이옥신이나 퓨란, 그리고 PCBs가 모두 다 같은 독성을 갖고 있는 것은 아니다. 75종의 다이옥신 중 7종만이 높은 독성을 갖고 있고, 135종의 퓨란 중 10종, 209종의 PCBs중 11종만이 다이옥신과 유사 독성을 갖고 있다. 그러므로 우리가 보통 다이옥신을 언급할 때는 독성을 가진 이들 28가지의 화합물들을 통칭하는 것이다.

PART 06

지구환경 문제

학습목차

CHAPTER 14

기후변화

14.1 기후변화 문제의 태동

가. 온실효과(greenhouse effect)

지구 주위를 둘러싸고 있는 대기권의 특정 기체들은 태양으로부터 들어오는 태양열이 우주상으로 다시 배출되지 못하게 하는 역할을 한다. 즉, 가열된 복사열의 방출을 막아 지구 온도를 따뜻하게 하는데 이 현상을 온실효과라고 하며, 이 역할을 하는 기체가 온실가스이다. 이러한 온실가스가 없다면 지구 표면온도는 현재보다 30℃ 이상 떨어질 것이다. 마치 우산으로 지구를 덮은 것과 같은 현상으로 온실가스에는 이산화탄소, 메탄, 아산화질소, 염화불화탄소, 오존 등이 있다. 또한 지구는 일정한 온도를 유지하기 위해서 일정한 열을 우주 공간으로 방출해야 한다. 그림 14.1은 온실효과의 메커니즘을 보여준다.

나. 현대 기후변화 문제의 발생

기후변화란 현재의 기후계가 자연적 요인과 인위적 요인에 의하여 변화하는 현상을 말한다. 자연적 요인에는 지구의 대기 · 해양 · 육지 · 설빙 및 생물권 자체의 내부 변화 요인과 화산 분화에 의한 성층권의 에어로졸(부유 미립자) 증가, 태양 활동의 변화, 태양과 지구의 천문학적 상대 위치 등의 외부 요인이 있다. 인위적 요인에는 화석연료 사용으로 배출되는 온실가스로 인한 지구 온난화, 인위적인 에어로졸 발생에 의한 태양복사 또는 구름의 광학적 성질의 변화(산란 효과에 의한 지구 냉각화), 과도한 토지 이용이나 벌목으로 토지 피복이 변화되어 나타나는 기온변화 등이 있다. 또 국지적으로는 인공 열에 의한 도시 기후의 변화도 문제가 된다.

기후변화의 대표적인 현상인 지구온난화(global warming)는 온실가스에 의해 지구의 평균기온이 올라가는 현상을 의미한다. 즉 지구를 따뜻하게 만들어주는 온실가스가 화석

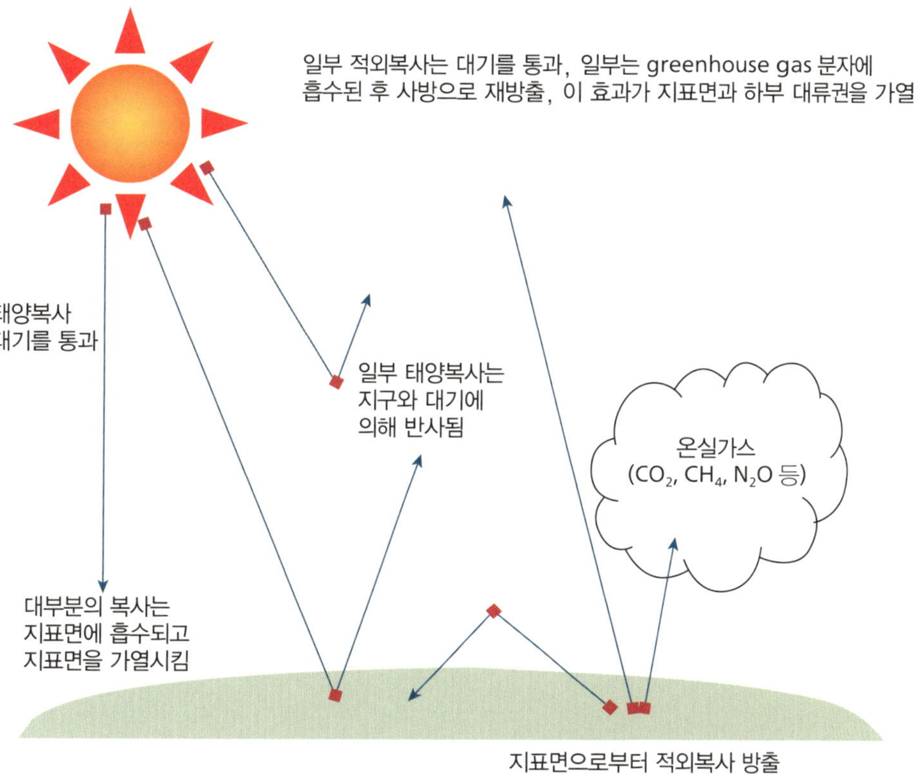

그림 14.1 • 온실효과의 발생도

연료 사용 등으로 급격히 증가되면서 원래의 상태보다 점점 더워지는 현상을 지구온난화라 한다. 온실효과와 지구온난화에 대하여는 1938년 Callender가 연료의 연소에 의한 이산화탄소에 의해 지구의 기후가 변화할 수 있다는 문제를 처음 제기하였다. '기후변화에 관한 정부간 협의회(IPCC)'의 제6차 보고서(2021)에 따르면 2011~2020년 지구 평균온도는 산업화 이전보다 1.09℃ 상승하였다.

이러한 지구의 기온상승과 기후변화의 원인에 대해서 태양의 활동변화, 화산활동 그리고 최근에 관심을 끌고 있는 온실효과 등 많은 이론들이 연구되어 왔다. 일부 학자는 현재 일어나고 있는 지구온난화가 태양의 활동이 활발해짐에 따라 일어나는 것이라고 주장하였으며, 또 화산이 분출되면서 다량 배출되는 황이 섞인 가스가 대기를 덮어 온실효과와 반대되는 효과가 나타난다는 '화산활동에 의한 기후변화 이론'도 있다. 이는 과거의 빙하기 도래와 기후변화가 대규모의 화산활동에 의한 것이고, 엘리뇨 현상도 화산활동과 관련이 있다는 주장과 연계된 것이다. 이러한 여러 주장들은 20세기 후반에 세계의 기후환경 전문가들로 구성된 IPCC의 연구과정에서 검토되었고 그 결과 지구온난화가 온실효과에 의한 것이라는 것이 정설이 되었다. 즉 산업화 시대 이후 온실효과가 일어나는 주요 메커니즘은 지구층을 둘러싸고 있는 온실가스가 적외선 복사열의 방출을 차단함으로서 지구기온의 상승을 초래한다는 것이다.

현재 진행되는 지구 온도의 상승은 자연적 온실효과의 범위를 넘어 인위적인 요인에 의한 기후변화이다. 온실가스는 산업 발전의 원동력이 되는 석유, 석탄 등 화석연료의 연소에서 주로 배출되므로 이에 대한 규제는 에너지 사용 규제와 직결된다. 따라서 각국은 자국의 경제발전과 산업경쟁력에 대한 피해를 우려하여 온실가스 감축을 위한 국제협상 과정에서 첨예하게 대립하는 것이다. 유엔기후변화협약(UNFCCC[1])에서는 인간의 직 · 간접적 활동이 원인이 되어 지구상의 대기조성 성분을 변화시키고, 충분한 기간 동안 관측된 자연적인 기후 변동정도를 초과하여 기후가 변화하는 경우를 기후변화로 정의하였다. 즉 기후변화협약에서는 인간 행위에 의한 기후변화만으로 한정하고 있다.

현재의 지구온난화는 지금까지 수백 년, 수천 년 단위로 자연적 요인에 의해 서서히 변화되어 오던 지구의 기후가 인간의 환경파괴에 의해 훨씬 빠른 시간에 변화하는 것을 의미한다. 이러한 인위적 기후변화는 자연생태계와 기상상태에서 전에 볼 수 없었던 이상 현상을 나타내고 있다. 기후변화 문제는 단순히 기상 변화라는 현상에 국한되는 것이 아니라 인간 생활의 사회 · 경제적 여건을 변화시켜 인류의 생존 그 자체를 위협하고 있는 것이다.

14.2 온실가스 배출현황 및 종류

가. 온실가스 농도의 변화

지난 수십 년간 관측되고 있는 지구 기후변화의 주요 원인이 이산화탄소(CO_2)인 것으로 밝혀졌으며, 온실가스 증가의 가장 큰 요인은 인간 활동에 따른 화석연료 사용량의 증가이고, 그 다음이 토지이용에 따른 산림 파괴 영향이다.[2] 이산화탄소 농도는 그림 14.2와

1) 유엔기후변화협약(United Nations Framework Convention on Climate Change)에서 각국은 기후변화를 방지하는 전략을 수립해야 하고, 선진국은 온실가스의 배출량을 2000년까지 1990년 수준으로 억제토록 노력할 것을 규정하였다. 1992년 리우에서 열린 'UN 환경개발회의'에서 채택되었다.

2) IPCC, 2013.9, Climate change 2013: The physical science basis(summary for policy makers)

같이 지속 증가 추세이며 2020년에 410 ppm으로 1750년 이후 인간 활동에 의해 40% 이상 증가하였으며, 이는 지난 200만년 이래 가장 높은 수준이다. 메탄(CH_4)의 농도는 2021년 1,908 ppb로 산업혁명 이후 150%, 아산화질소(N_2O)는 330 ppb로 20% 이상 증가하였다. 그림 14.2에 표시된 지표는 Mauna Loa(변화가 심한 선)와 남극(변화가 적은 선)에서 측정한 이산화탄소 농도치이다.

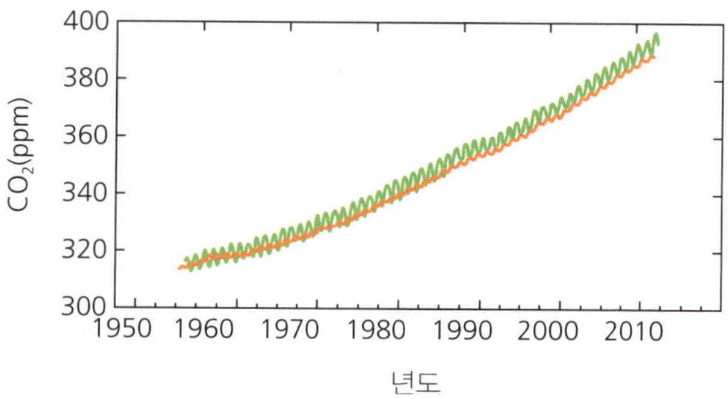

그림 14.2 • 연도별 온실가스 농도
(자료: IPCC, 2013.9, Climate change 2013: The physical science basis, summary for policy makers)

나. 온실가스 배출량

2020년에 전 세계 이산화탄소 배출총량은 약 360억톤으로 조사되었다. 2000년부터 2011년까지 인간의 활동으로 배출된 이산화탄소 총량은 산림파괴에 따른 간접 배출량까지 합할 경우 약 4,200억톤이다. 현재와 같은 증가 추세가 계속되면 향후 20년 이내에 1조톤을 초과하게 될 것으로 예상된다.

2020년에 우리나라가 배출한 CO_2 배출총량은 6억 2천만톤을 기록했다. 국민 1인당 배출량은 2010년과 유사한 12.1톤으로 나타났다. 우리나라는 절대 배출량도 경제규모에 비해 많은 편이고 1인당 배출량도 미국, 호주, 캐나다와 중동국가를 제외하면 세계 최고 수준에 있어 온실가스 저감을 위한 각별한 노력이 필요한 실정이다.

주목할 만한 사실은 유럽 국가들과 미국 등 선진국의 일인당 배출량은 감소추세로 돌아선 반면, 중국과 인도 등 개도국에서는 급속히 증가하고 있다는 점이다. 2011년 중국의 1인당 배출량은 8.1톤으로 2010년 대비 19% 증가하여 유럽연합(EU-27)의 1인당 배출량을 초과하였으며 2020년 총 배출량은 117억톤으로 전 세계 배출량 360억톤의 32%를 차지하였고 그 다음으로는 미국(13%), 인도(7%), 러시아(5%), 일본(3%)의 순이었다.

표 14.1 • 국가별 CO_2 배출량

국가	1970년 (10억t)	1990년 (10억t)	2000년 (10억t)	2010년 (10억t)	2015년 (10억t)	2020년 (10억t)
중국	0.92	2.46	3.75	9.34	10.77	11.71
미국	4.69	5.07	6.00	5.57	5.18	4.54
EU–27	3.53	3.82	3.58	3.42	3.09	2.62
인도	0.21	0.60	0.99	1.75	2.25	2.41
러시아	1.33	2.40	1.67	1.73	1.73	1.67
일본	0.83	1.16	1.24	1.22	1.25	1.06
이란	0.08	0.20	0.35	0.58	0.63	0.69
한국	0.06	0.27	0.48	0.60	0.64	0.62
사우디아라비아	0.05	0.17	0.49	0.60	0.61	0.59
인도네시아	0.03	0.16	0.30	0.40	0.51	0.57
캐나다	0.36	0.45	0.56	0.57	0.60	0.54
브라질	0.11	0.23	0.36	0.45	0.52	0.45
세계	15.8	22.7	25.9	34.2	36.4	36.0

(자료: Trends in global CO_2 and total greenhouse gas emissions : 2021 report, PBL Netherlands Environmental Assessment Agency, 2022)

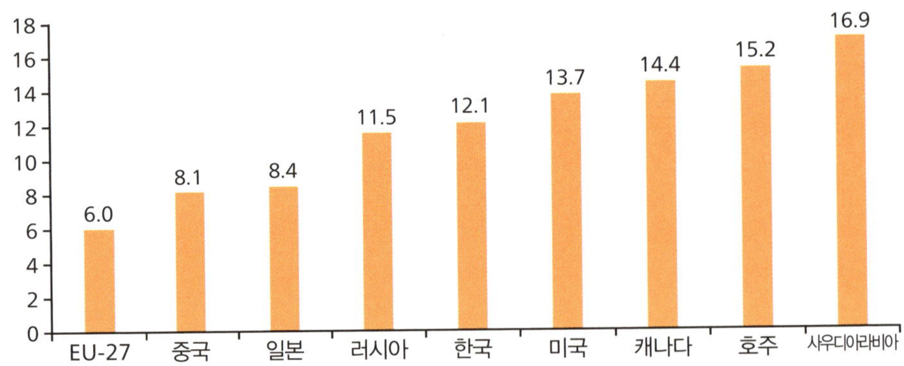

그림 14.3 • 2020년 국민 1인당 이산화탄소 배출량(t)

(자료: Trends in global CO_2 and total grennhouse gas emissions : 2021 report, PBL Netherlands Environmental Assessment Agency, 2022)

다. 온실가스의 종류와 특징

온실가스는 화석연료를 사용할 때 나오는 이산화탄소(CO_2), 메탄(CH_4), 아산화질소(N_2O)가 주를 이루고 있다. 최근 들어 반도체 등 첨단산업의 발달에 따라 생산 공정에서의 사용이 증가하고 있는 수소불화탄소(HFCs), 과불화탄소(PFCs), 육불화황(SF_6)는 자연계에는 존재하지 않으며 인간이 합성한 온실가스이다. 이와 같은 주요 6종의 온실가스가 지구온난화에 미치는 영향에는 차이가 있다. 표 14.2에 이산화탄소를 기준으로 가스별 영향 정도를 표시한 지구온난화 계수를 나타냈으며 온실가스 배출량은 이 계수를 고려하여 이산화탄소에 상당하는 총 배출량으로 산정한다.

(1) 이산화탄소

이산화탄소는 온실가스 중 대기중의 온도와 온실효과에 기여하는 비율이 가장 높다. 19세기 중반까지만 하더라도 이산화탄소의 농도는 280 ppm이었으나 20세기 중반 이후 매년 1.5 ppm씩(0.4%) 농도가 증가해 현재는 약 410 ppm 이상을 나타내고 있다. 이는 산업화시대 이전의 농도에 비해 25~30% 높은 수치이다. 주로 화석연료의 사용에 의해 배출되며 이중 약 48%가 대기 중에 축적되고 있다. 이러한 추세로 계속 배출할 경우 이산화탄

표 14.2 • 주요 온실가스 및 특징

온실가스[1)]	지구온난화 계수[2)]	성질	주요 배출원
이산화탄소(CO_2)	1	대표적인 온실가스	화석연료 연소
메탄(CH_4)	21	천연가스의 주성분으로 상온에서 기체이며 연소가 잘됨	농축산업, 폐기물
아산화질소(N_2O)	310	수개의 질소산화물 중 가장 안정된 물질. 유해성은 없음	연료 연소(자동차), 산업체, 농축산, 폐기물
HFCs(수소불화탄소)	1,300~11,700	염소가 없고, 오존층을 파괴하지 않는 프론가스	에어컨, 냉장고의 냉매
PFCs(과불화탄소)	6,500~9,200	수소가 없고, 탄소 · 불소로만 구성된 프론가스	반도체 세정
SF_6(육불화황)	23,900	유황 · 불소로만 구성된 프론과 같은 종류의 강력한 온실가스	전기의 절연체(중전기기), 전자제품 세정

※ 1) 교토의정서상 6개 온실가스
2) 각 가스의 온실효과 기여도: CO_2의 온실효과를 1로 봤을 때 비율

소의 농도는 2050년에는 415~480 ppm, 2100년에는 460~560 ppm 정도가 될 것으로 예상된다. IPCC에 따르면 가장 많이 배출되는 시나리오의 경우 이산화탄소의 발생량이 2050년에 2배 수준에 달할 것으로 전망된다.

(2) 메탄

천연가스의 주성분이며, 공기가 없는 상태에서 미생물에 의하여 자연적으로도 발생되는 메탄가스 역시 온실효과의 원인으로 알려지고 있다. 메탄가스의 농도는 현재 약 1.90 ppm으로 그 농도가 매년 증가하고 있다. 현재의 농도치는 지난 100년간에 걸쳐 거의 두 배 정도 증가한 것이다. 메탄의 농도는 과거 빙하시대에는 매우 낮았으나 인구가 급증하기 시작한 17세기경부터 높아지기 시작하였고, 19세기까지는 비교적 안정된 상태로 있었으나, 20세기부터 폭발적으로 높아졌다. 메탄이 온실효과에 기여하는 비율은 18%로 다른 가스에 비해 상당히 높다. 석탄광산과 천연가스 누출을 제외하고는 메탄가스의 발생은 주로 생물에 의해 일어나는데 가축[3]과 논에서 35~40%(1.2~2.4억톤), 매립지에서 10%(0.25~0.6억톤), 생물체 연소에 의해 10~30%, 그리고 석탄광산과 천연가스 누출을 통해 15~20% 정도 발생된다.

(3) 아산화질소

질소산화물의 일종인 아산화질소도 온실효과를 일으킨다. 아산화질소는 화석연료의 연소, 벌목, 질소비료의 사용에 의하여 계속 늘어나 현재 대기중의 아산화질소 농도는 0.3 ppm에 달하고 있다. 아산화질소의 농도가 현재보다 50% 증가하면 지구의 평균기온은 약 0.2~0.5℃ 상승할 것으로 평가되고 있다.

(4) 염화불화탄소

염화불화탄소도 온실효과가 큰 것으로 알려지고 있다. 염소, 불소, 탄소를 함유한 합성 화학물질로서 매우 안정된 화합물이다. 불연성이고, 독성과 자극성이 없으며 열적 · 화학적으로 매우 안정되고 가격도 싸다. 또 끓는점, 어는점, 증발잠열, 점도, 표면장력 등 여러

3) 소 한마리가 1년간 하품할 때 내뿜는 메탄가스의 양은 자동차 한 대가 1년간 배출하는 온실가스의 약 1/4에 해당되고, 2005년 국내 온실가스 배출량 중 반추가축의 장내발효로 인한 배출량은 0.5%에 달한다. (농업진흥청, 2009)

물성이 양호하여 냉장고용 냉매, 단열재, 세정제, 분사제 등에 널리 사용되고 있다. 염화불화탄소는 1930년 미국의 자동차회사인 GM사에서 자동차용 냉매로 개발하였으며, 그 후 듀퐁사에서 다른 용도로 공업화하여 상품명으로 '프레온'이란 명칭을 사용하였다.

염화불화탄소는 염소, 불소, 탄소의 결합 형태에 따라 CFC-11, CFC-12, CFC-13, CFC-113, CFC-114, CFC-115 등으로 나누어지며, 인위적으로 합성된 안정된 화합물이므로 온실효과가 천연가스보다 크다. 예를 들면 CFC-11과 CFC-12는 대기중의 한 분자가 1만개 분자의 CO_2에 해당하는 온실효과를 보인다.

14.3 기후변화의 영향

가. 기후변화 관측 실태

IPCC 제6차 평가보고서(2020.11월)에 따르면 지구 평균기온은 1850~1900년 대비 약 1.09℃ 높아졌다. 평균강수량이 1950년 이후 증가하였고 폭우, 가뭄, 열대 태풍 등 이상 기상현상이 증가하였다. 북극해빙이 감소(9월에 약 40%)하였으며 해수면은 1901년대비 2018년에 0.2 m 상승하였다.

한반도의 경우 약 100년간(1912~2017년) 6개 관측지점[4]의 평균 기온상승률은 1.8℃(0.18℃/10년)로 지구 평균 기온상승률보다 높게 나타나고 있다. 특히 최근 30년 기온은 20세기 초보다 1.4℃ 상승하였다. 최근 30년 강수량은 20세기 초보다 124 mm 증가하였고, 변동성은 매우 커져 강한 강수는 증가하고 약한 강수는 감소하고 있으며 여름은 19일 길어졌고 겨울은 18일 짧아졌다. 지난 33년(1989년~2021년) 동안 우리나라 연안의 해수면이 평균 9.9 cm 상승(3.3 mm/년)하였다. 이와 같은 해수면의 상승은 저지대 범람과 습지이동, 해안 침식, 담수층으로의 해수 침투, 연안의 퇴적유형 변화 등을 초래할 수 있다. 연근해 지역의 어획 어종도 명태와 같은 한류성 어종에서 오징어, 고등어 등 난류성으로 변화되었다.

나. 기후변화와 기상이변

기후변화로 인해 지구촌 곳곳에서 집중호우와 가뭄, 폭염과 한파, 폭설 등 이상기후가

4) 서울, 인천, 강릉, 대구, 목포, 부산

더 자주, 더 강력하게 발생하면서 사회적으로 심각한 피해를 주고 있으며 21세기 들어 더욱 빈번해지고 있다. 해수면 상승으로 해양생물 분포가 변화하고 있고 지표면이 낮은 도서국가들이 사라지는 상황도 나타나고 있다.

다. 기후변화 전망

IPCC의 제6차 평가보고서(2021)에서는 현재 추세대로 온실가스를 계속 배출할 경우(SSP5-8.5) 21세기 말에는 전 지구의 평균 기온이 4.4℃ 상승할 것이며 최고의 저감 노력이 실천되는 경우(SSP5-1.9)에 평균 기온은 1.5℃ 정도로 상승 폭을 완화할 수 있을 것으로 전망하였다. 표 14.4는 시나리오별 지구 기온 변화를 예상한 것이다. 여기서 SSP(Shared Socioeconomic Pathways, 공통사회경제경로)[5] 시나리오는 IPCC 6차 평가보고서를 위해 2100년 기준 복사강제력 강도(기존 RCP 개념)와 함께 미래 사회경제변화를 기준으로 기후변화 완화와 적응 노력에 따라 5개 시나리오로 구분하였으며, 인구, 경제발전, 복지, 생태계, 자원, 제도, 기술발달, 사회적 인자, 정책을 고려하였다.

지구온난화가 진행되면서 극한적 폭염 일수는 증가하고 혹한 일수는 감소할 것으로

표 14.3 • 21세기 중 · 후반기 전지구 평균 기온

시나리오	의미	단기(2021~2040)		중기(2041~2060)		단기(2081~2100)	
		최적추정치 (℃)	가능범위 (℃)	최적추정치 (℃)	가능범위 (℃)	최적추정치 (℃)	가능범위 (℃)
SSP1-1.9	저감 매우 노력 (화석연료 최소화)	1.5	1.2~1.7	1.6	1.2~2.0	1.4	1.0~1.8
SSP1-2.6	저감 상당한 노력 (화석연료 최소화)	1.5	1.2~1.8	1.7	1.3~2.2	1.8	1.3~2.4
SSP2-4.5	저감 일정 노력 (중간 단계)	1.5	1.2~1.8	2.05	1.6~2.5	2.7	2.1~3.5
SSP3-7.0	소극적 (저감정책 미흡)	1.5	1.2~1.8	2.1	1.7~2.6	3.6	2.8~4.5
SSP5-8.5	저감정책 부재 (화석연료 지속)	1.5	1.3~1.9	2.4	1.9~3.0	4.4	3.3~5.7

(자료: IPCC, 2021, IPCC 제6차 평가보고서-Summary for policy makers)

5) 시나리오의 SSPx-y 형식에서 SSPx는 기본 설정된 사회경제적 추세(공통사회경제경로)를 의미하고 y는 시나리오별 2100년 복사강제력의 수준(W/m^2)을 의미한다.

전망된다. 지구 대부분의 지역에서 일부 예외를 제외하고는 건조 지역과 습윤 지역의 계절별 강수량 차이가 커지고, 우기와 건기간의 기온의 차이도 더 벌어지며 고위도 지역과 적도 태평양의 경우 강수량이 증가할 가능성이 매우 높은 것으로 나타났다.

라. 도시 기후와 열섬현상(Heat island)

도시 기후는 도시 중심부에서 건축물과 공장의 집중, 도로 포장과 차량 증가 등으로 나타나는 지역적 기후현상을 말한다. 도시 지역은 건물이 고층화되고 지표가 대부분 콘크리트로 피복되어 있으며, 인공 열이 좁은 지역에 방출되고 각종 오염물질 농도가 높다. 이러한 인공적 요인들은 직 · 간접적으로 도시 기후에 영향을 준다. 즉 국지적 온실효과가 나타나 주변지역보다 기온이 높고 구름, 안개, 강수량이 많아지는 반면 습도, 일사량, 풍속은 감소되는 특색을 보인다. 겨울에는 기온역전층이 형성되어 오염물질의 이상 고농도를 나타내기도 한다. 특히 도심지는 기온이 높아지는 열섬현상(heat island)이 나타난다.

서울의 기온 분포를 보면 도심과 교외는 2~3℃ 이상 차이가 난다. 이와 같이, 도심의 기온이 주변에 비해 높게 나타나는 이상 기후현상을 열섬현상이라고 한다. 기온 분포를 나타내기 위해 등온선을 그려보면 도심주위에 폐곡선이 그어져 마치 지도 위에 있는 섬같이 보이기 때문에 열섬현상이라고 부르게 되었다. 이런 현상은 변두리에서는 얼음이 얼었으나 시내는 얼지 않는다든가, 앞산에는 눈이 오는데 시내 중심가에서는 비가 오기도 하는 것을 통해 느낄 수 있다.

14.4 기후변화와 국제협약

가. 기후변화협약(UNFCCC)의 배경 및 내용

(1) 배경 및 개요

지구온난화 문제는 1979년 세계기상기구(WMO)에서 개최한 제1차 세계기후회의를 계기로 인간의 활동에 기인한 기후변화의 부정적 영향에 대한 대책이 필요하다는 국제적 공감대가 형성되면서 공론화되었다. 세계기상기구는 UNEP과 공동으로 기후변화에 관한 과학적 연구를 전담할 전문가 협의체인 “기후변화에 관한 정부간 패널(Intergovernmental Panel on Climate Change: IPCC)”을 1988년에 구성하였다. 이 패널에서 1990년에 발표한 제1차 보고서는 인간의 활동에 기인한 온실기체의 배출과 지구기온의 상승간의 상관관계를 토대로 적절한 대응조치가 미진할 경우 지구환경의 위기가 도래할 것이라고 경고하였다. 이러한 전문가들의 연구와 국가간 협상을 거쳐 1992년 6월 브라질의 리우데자네이로에서 세계 정상들이 참석한 가운데 개최된 유엔환경개발회의(UNCED)에서 기후변화협약이 공식 채택되었다.

(2) 협약의 주요내용

협약의 목적은 "기후체계에 위험을 야기하는 인위적 간섭을 방지하는 수준으로 대기 중의 온실가스 농도를 안정화시키는 것"이라고 규정하고 있다. 기본 원칙으로 '형평성(equity)'과 함께 '공동의, 차별화된 책임원칙(common but differentiated responsibilities)', '개도국에 대한 특별한 고려', '사전예방의 원칙', '국가의 지속가능한 개발에 대한 권리', '개방적인 국제경제체제 지향' 등을 제시하고 있다. 여기서 형평성이란 1인당 온실가스 배출량을 의미하고, 공통의 차별화된 책임은 역사적으로 배출한 총량, 대응 능력은 국내총생산과 같은 경제능력을 의미한다. 이러한 원칙에 따라 산업혁명 이후 온실가스를 많이 배출한 선진국들의 책임이 강조되는 것이다.

협약의 실천 단계는 교토의정서와 파리협정의 두 단계로 나눌 수 있다. 1997년 체결된 교토의정서는 선진국들에 대해 2000년까지 1990년 배출 수준으로 온실가스를 감축할 것을 요구하였다. 여기서 선진국은 부속서 I에 명시한 41개국을 의미한다.[6] 이후 2015년 채택된 파리협정은 국가별 기여방안을 스스로 정하는 방식으로 선진국의 강제적 의무는 삭제되고 개도국에 대한 재정 · 기술지원과 탄소시장 메커니즘 활성화 등의 내용을 골자로 한다.

나. 교토의정서(Kyoto Protocol)의 배경 및 내용

(1) 의정서 추진배경

기후변화협약은 온실가스의 배출을 감시하고 규제하는 기본적인 국제법적 절차를 확립했다는 점에서 의의가 있으나, 협약 자체로써 온실기체 배출의 실질적인 감축량과 감축시한을 정하지는 않고 있어 실효성에 한계가 있었다. 이에 따라 1997년 12월 일본의 교토

6) 협약을 채택할 당시에는 부속서 I에 경제협력개발기구(OECD) 회원국 24개국과 동구권 국가 10개국이 포함되었다. 이후에 OECD에 가입한 동구권 국가 4개국과 기타 3개국이 추가되어 41개국이 되었다.

기후변화협약에서 선진국 · 개도국의 기본입장

기후변화에 대한 선진국과 개도국간, EU 국가와 기타 선진국간의 인식은 기본적으로 차이가 있다. 개도국들은 세계 인구의 1/5도 안 되는 선진국들이 역사적으로 배출총량의 3/4 이상을 차지하고, 선진국의 1인당 배출량 역시 개도국의 5~10배 이상을 차지하는 등 현재와 미래의 지구온난화는 주로 선진국의 역사적 배출에 기인하므로 이에 부합하는 책임을 선진국에게 요구한다. 또한 빈곤을 탈피하기 위한 경제성장을 위해서는 온실가스 증가가 불가피하다고 주장한다. 선진국은 역사적 책임을 인정하는 차원에서 교토의정서에서 강제 감축의무를 받아들였으나 파리협정에서는 선진국의 지원을 전제로 모든 개도국이 함께 참여하는 형태로 바뀌었다. 그러나 여전히 경제성장을 우선시하는 개도국과 감축의 불가피성을 주장하는 선진국의 인식차가 크다.

에서 개최된 제3차 기후변화협약 당사국총회[7]에서 선진국들의 구체적인 온실가스 감축 일정과 내용을 규정한 교토의정서가 채택되었다. 한편 개도국(비부속서 1 국가, 우리나라 포함)들은 온실가스 감축과 적응에 관한 보고 등 일반적 의무만 지고 감축의무는 부과되지 않아 지속적으로 문제가 제기되었고 2012년 선진국들의 공약기간이 끝나면서 실질적으로 폐기되었다.

(2) 의정서 구성 및 주요내용

교토의정서에서는 선진국들은 공동으로 또는 개별적으로 2008년부터 2012년까지 5년간(1차 공약기간) 온실가스 배출량을 1990년 대비 평균 5% 이상 감축하도록 규정하고 있다. 이러한 목표에 따라 표 14.5와 같이 1990년 배출량 대비 −8%부터 +10%까지 차등적으로 감축 의무가 부과되었다.

의정서는 의무대상국인 선진국들이 자국 내에서의 의무량을 감축하기 어려울 경우에 대안을 제시하고 있다. 공동이행제도(Joint Implementaion, JI)[8], 청정개발체제(Clean

7) 일본은 지구환경문제 협상에 주도적으로 참여하여 선진국으로써의 위상을 확립하고자 교토에 총회를 유치하고 의정서 체결을 적극 지지한다. 당시 일본 산업계에서는 무리한 의무설정에 반대하였으나 정부가 국제사회에서의 위상 제고를 위해 추진한 것으로 보인다.

8) 선진국들 사이에서 온실가스 감축사업을 공동으로 수행하는 것을 인정하는 것으로 한 국가가 다른 국가에 투자하여 감축한 온실가스 감축량의 일부분을 투자국의 감축실적으로 인정하는 제도이다.

Development Mechanism, CDM)[9], 배출권거래제[10] 등 시장기반 메커니즘을 도입한 것이다. 선진국들은 자국내에서 감축한 양에 위의 세 가지 시장수단에 의해 감축한 양을 더해 최종 감축량을 산정한다. 한편 자국내에서 시행되어야 할 온실가스 감축 행동을 등한시하고 교토 메커니즘에만 의지하는 것을 방지하기 위해 '국내 행동에 부수적'이라는 원칙이 포함되어 있다.

다. 파리협정(Paris Agreement)

2012년 교토의정서의 효력이 끝나게 됨에 따라 2007년경부터 시작된 새로운 이행체계에 대한 국제 협상이 오랜 기간 난항을 겪다가 2015년 파리에서 개최된 제21차 기후변화협약 당사국총회(COP 21)에서 타결되었다. 일명 파리협정이 채택되었으며 2016년 11월 발효요건이 충족되어 공식 발효되었다. 교토의정서에서는 선진국에만 온실가스 감축 의무를 부과한 반면 파리협정에서는 모든 국가가 자국의 상황을 반영하여 참여하는 보편적인 체제가 마련된 것이다. 파리협정은 지구 평균기온 상승을 산업화 이전 대비 2℃보다 상당히 낮은 수준으로 유지하고, 1.5℃로 제한하기 위해 노력한다는 전지구적 장기목표를 설정하였으며, 이를 달성하기 위해 모든 국가가 2020년부터 기후변화 저감 행동에 참여하며, 5년 주기로 이행을 점검한다는 내용을 규정하고 있다. 교토의정서가 선진국의 의무와 페널티를 부여한 것과는 달리 파리협정은 자발적 참여를 기반으로 하고 있으나, 각 국가별로 제시하는 자발적 국가감축목표(NDC, Nationally Determined Contribution)는 국제사회에서의 각 국가의 위상을 고려할 때 실질적인 구속 요소를 갖게 되었다.

파리협정에 따라 선진국을 중심으로 대다수의 국가들이 2050년 탄소중립 달성을 목표로 하는 국가감축목표(NDC)와 전략을 제시하였다. 우리나라도 새로운 기후변화 이행체제에 대응하기 위해 2021년 "기후변화 대응을 위한 탄소중립 · 녹색성장 기본법"을 제정하여 2050년까지 탄소중립을 달성한다는 비전과 2030년까지 온실가스 배출량을 2018년 대비 40% 감축한다는 중장기 감축목표를 명시하였다. 이를 토대로 2020년 말에 유엔에 국가감축목표(NDC)를 40%로 제출하고 전환(발전), 산업, 건물, 수송, 농축수산 등 각 부

9) 선진국이 개발도상국에서 온실가스 감축사업을 수행하여 달성한 실적을 해당 선진국의 온실가스 감축목표 달성분으로 인정하는 제도이다.

10) 온실가스의 의무 감축량을 초과 달성한 국가가 그 초과분을 의무 감축량을 채우지 못한 국가에 팔 수 있도록 한 제도를 말한다. 온실가스 감축 보조 수단이다.

표 14.4 • 교토의정서와 파리협정 비교

구분	교토의정서	파리협정
감축 대상	기후변화협약 Annex1 국가 (선진국)	모든 당사국(NDC)
적용 범위	온실가스 감축에 초점	감축, 적응, 이행수단(재원, 기술이전, 역량배양) 포괄
목표	온실가스 배출량 감축 (1차: 5.2%, 2차: 18%)	온도 목표 (2°C 이하, 1.5°C 추구)
목표 설정	하향식	상향식(자발적 공약)
의무 준수	징벌적 (미달성량의 1.3배 페널티 부과)	비징벌적 (비구속적, 압력 활용)
의무 강화	특별한 언급 없음	진전원칙 (후퇴금지 원칙) 전지구적 이행점검 (매 5년)
지속성	매 공약기간 대상 협상 필요	종료 시점 없이 주기적 이행 점검

※ NDC(Nationally Determined Contribution)는 각 당사국이 감축, 적응, 재원, 기술, 역량배양, 투명성 등 분야에서 취할 노력을 스스로 결정하여 제출한 목표를 의미한다.
(자료: 외교부, 2017, 파리협정(Paris Agreement) 의의 및 특징)

문별 감축방안을 제시하였다.[11]

14.5 탄소중립의 개념과 관련 제도

가. 기후변화 대응과 탄소중립의 개념

기후변화에 대응하는 정책은 크게 온실가스 감축과 적응으로 구분된다. 감축(reduction)은 온실가스 발생량을 줄이는 것이며 적응(adaptation)은 기후변화로 인한 피해를 저감하가 위해 효과적인 대응방안을 강구하는 것이다. 탄소중립은 온실가스 감축의 이상적 목표로 온실가스 배출량에서 흡수량을 제외한 순 배출량이 0이 되는 것을 의미한다. 즉 인간 활동에 의하여 온실가스 발생량이 증가되지 않는 상태이다. IPCC에서 2018년 지구온도 상승을 섭씨 1.5℃ 이내로 유지하기 위해 모든 국가들이 2050년까지 탄소중립을 달성해야 한다고 발표하면서 기후변화에 대응하는 중요한 개념으로 대두되었으며 파리협정에 따른 국가감축목표(NDC) 설정시 대부분 국가들이 2050년 탄소중립을 선언하고 있다.

11) 이러한 목표치는 그간의 우리나라 온실가스 발생추이를 고려할 때 매우 도전적인 목표로 상당한 노력이 요구된다.

나. ESG 정의와 발전과정

ESG는 환경(Environment), 사회(Social), 지배구조(Governance)를 의미한다. 즉 기업의 환경친화적 경영을 통해 지속가능성 유지에 기여하는지, 고객과 주주 · 고용자에 대한 사회적 책임을 다하는지, 지배구조는 투명한 지를 평가하는 것이며 궁극적으로 생산 · 소비활동에서 지속가능한 발전을 실현한다는 철학을 담고 있다. 세계적으로 기업가치의 패러다임이 환경적 · 사회적 가치를 중시하는 방향으로 변화되면서 ESG는 기업의 장기적인 생존과 성장과 직결되는 핵심적인 가치로 진화되고 있다. 실질적인 ESG 경영은 중장기적인 관점에서 지속가능한 경영[12]을 추구하는 것이며 재무제표에는 직접 나타나지 않지만 기업가치에 막대한 영향을 주는 비재무적 성과지표이다. ESG 경영의 3대 분야별 핵심요소는 그림 14.4와 같다.

ESG는 21세기 들어 EU, 미국 등 선진국을 중심으로 도입되어 급격히 확산되고 있다. ESG는 투자자의 지속가능경영 요구뿐 아니라 고객 선호도에 미치는 영향이 증가[13]하고, 관련 정부규제가 강화됨은 물론 신용평가 과정에서도 ESG 성과 반영이 본격화되고 있다. 기업으로서는 미래의 선택조건이 아닌 필수적인 경영요소가 되었고 기업가치의 주요 지표로 발전되고 있다.

ESG 경영의 핵심요소

환경(Environment)	사회(Social)	지배구조(Governance)
• 기후변화 대응(탄소배출 저감) • 환경오염 저감 및 규제 • 생태계 보전, 생물다양성 • 자원 · 에너지 사용 최적화 • 친환경적 구매 및 소비	• 수요자 및 고객 만족 • 인권 존중, 포용 • 고용평등과 다양성 존중 • 지역사회와 협력적 관계 • 노동안전 확보	• 투명한 경영 및 의결구조 • 투명한 감사기능 • 반부패 및 기업윤리 준수 • 공정경쟁 • 공정한 인사

그림 14.4 • EGS 분야별 주요 내용

12) 지속가능경영이란 기업의 경제적 · 사회적 · 환경적 책임을 바탕으로 지속가능한 발전을 추진하는 경영 패러다임이며, 이러한 지속가능경영의 성과를 객관적으로 평가하는 공통의 기준이 ESG 기준이다.

13) 소비자의 선택 경향의 변화와 연계된다. 특히 MZ세대를 중심으로 소비가 'Meaning Out'으로 불릴 만큼 단순히 재화 · 서비스의 이용만이 아닌 가치 표현 수단으로 자리잡고 있으며 이중 가장 대중적인 대상이 환경요소이다.

표 14.5 • ESG 발전 과정

발전 계기	주요 내용
2004 UNGC	'Who cares win' 이니셔티브에서 주요 투자자 등에게 ESG 이슈의 중요성을 강조하면서 개념을 처음 제시
2006 UN PRI	UN PRI(책임투자원칙)애서 ESG를 투자결정과 자산운용에 고려한다는 원칙 제시
2016 GRI	GRI 표준(Standards)을 통해 기업의 지속가능성 평가지표를 발표하여 다수 기업의 지속가능성보고서의 공시 가이드라인으로 활용
2019 코로나사태 이후	기후변화, 환경보전, 보건 등 ESG 관련이슈 관심 증가
2020 세계경제포럼	지속가능성에 대한 백서 발간

※ UNGC(United Nations Global Compact), PRI(Principles for Responsible Investment), GRI(Global Reporting Initiative)

ESG에 대한 관심이 높아지면서 기업의 자율적인 정보공개를 넘어 ESG정보 공시를 의무화하는 내용의 법 · 제도 도입이 세계적으로 확산되고 있다. 즉 기업의 지속가능성을 평가하여 대외적으로 공개하는 제도로서 ESG는 기업의 비재무적 정보중 환경 · 사회 · 지배구조 관련 활동 및 정보를 포괄하는데, 최근에는 광의의 지속가능성 정보 공시에 ESG 분야가 포함되는 형태의 정보공개로 발전되고 있다. 주요 사례로 국제회계기준(IFRS, International Financial Reporting Standards) 재단은 2023년 지속가능성 공시기준으로 '일반요구사항'과 '기후관련 공시'를 공표하였고, EU에서도 기업지속가능성 보고 지침(CSRD[14])을 2021년 채택하였다. 우리나라도 2021년 지속가능경영보고서 의무화 계획을 발표하였으며 2025년부터 자산총액 2조원 이상 상장사를 시작으로 2030년에는 코스피 모든 상장사로 공시의무가 확대될 예정이다. 또 미국 미국증권거래위원회(SEC, Securities & Exchange Comission)에서는 기후관련 리스크에 대하여 표준화된 정보 공시 의무를 부과하는 기후공시 의무화 규정을 공표하여 2024년부터 단계적으로 시행할 예정이다. 이러한 공시제도는 궁극적으로 ESG 요소가 기업경쟁력을 좌우하는 필수적인 요인으로 대두되고 있음을 보여주고 있다.

14) CSRD(Corporate Sustainability Reporting Directive)에 따라 2024년부터 공시 의무가 대기업부터 단계적으로 적용되고 있다.

다. 탄소중립 관련 주요 제도

(1) RE100과 CFE

2015년 파리협정 체결 이후 각국은 장기적으로 탄소배출량을 제로화하기 위한 계획을 제시하고 있으며, 이는 기업의 자원 · 에너지 소비와 직결되고 저탄소형 생산 · 서비스가 필수적인 경영요소가 되었다. 기업의 저탄소 생산시스템을 권장하는 대표적인 국제적 활동으로 RE100[15]이 있다. 기업 활동에 필요한 전력을 100% 태양광과 풍력 등 재생에너지를 이용해 조달한다는 자발적인 글로벌 캠페인이다. 다국적 비영리기구인 '더 클라이밋 그룹(The Climate Group)' 주도로 2014년에 시작되었으며 2023년 기준으로 세계적인 글로벌기업 410여개가 가입하고 있다. 가입한 기업들은 자발적으로 재생에너지 100%를 목표로 하는 연도를 제시하여, 자회사나 투자자, 부품공급사가 참고할 수 있도록 하고 있는데, 재생에너지 목표 및 달성도가 미진한 기업의 경우 실질적인 무역장벽으로 작용할 것으로 예상된다.

한편 CFE(Carbon Free Energy, 무탄소에너지)는 탄소 배출이 없는 에너지를 통해 전력을 100% 공급한다는 개념이다. 태양광, 풍력, 바이오에너지 등 재생에너지만을 사용해야 하는 RE100과 달리 재생에너지뿐 아니라 원전, 수소, CCUS(Carbon Capture Utilization and Storage, 이산화탄소 포집 · 활용 · 저장) 기술 등을 포함하고 있어 RE100의 한계를 보완하는 측면이 있는 제도이다.

(2) EU 탄소국경조정제도(CBAM, Carbon Border Adjustment Mechanism)

EU는 2026년부터 관세 형태의 탄소국경조정제도를 시멘트, 전력, 비료, 철강, 알루미늄, 수소 등 6개 업종에 대해 적용하기로 2023년에 확정하였다.[16] 즉 EU 내로 수입되는 역외 생산제품에 대하여 EU 내에서 생산될 때 지불하는 탄소 비용과 동등하게 부담하도록 추가적인 탄소 가격을 부과 징수하는 제도이다. 이는 EU가 환경규제를 강화할수록 규제가 낮은 지역으로 공장이 이전하거나, 저탄소제품 생산 투자로 생산원가가 상승하여 역내

15) RE100은 재생에너지 전기(Renewable Electricity) 100%의 약자이며 2050년을 목표로 하는 것이 최소 조건이고, 대부분의 글로벌기업들은 평균 2030년을 목표로 하고 있다.

16) EU가 2030년까지 탄소배출량을 1990년 대비 55% 감축한다는 법안(Fit for 55)을 2021년에 확정하면서 포함된 제도이다. 탄소배출이 많은 6개 업종의 경우 2025년까지는 배출량 보고 의무가 있으며, 향후 대상업종이 확대될 여지가 많다.

제조업이 불공정한 상황에 놓인다는 문제의식에서 출발하였다. 제품 생산시 배출하는 탄소량에 따라 세금을 부과하는 개념으로 유사한 제도가 자국 산업보호 차원에서 각 국가로 확대될 것으로 보여 탄소를 많이 배출한 기업의 글로벌 가격경쟁력은 급격히 저하될 것으로 예상된다.

(3) 녹색분류체계(Green Taxonomy)

녹색분류체계는 기업의 경제활동 중 온실가스 감축, 기후변화 대응 등을 통해 환경개선에 기여하는 지속가능한 '친환경 경제활동'을 판별하기 위한 기준이다. 즉 어떠한 활동이 녹색경제활동인지 기준을 제시하여 더 많은 녹색자금이 녹색프로젝트나 녹색기술에 제공될 수 있도록 하고 녹색위장행위(그린워싱) 판별에도 활용할 수 있는 기준이다. 이러한 녹색금융 활성화 뿐 아니라 기업들의 비재무정보 공시기준 등 다양한 형태로 적용될 것으로 예상된다.

EU에서 10여년 전부터 논의를 시작하여 2022년 Green Taxonomy 최종안을 발표하였으며 미국, 일본, 중국 등 주요 국가에서 유사한 내용의 기준을 발표하고 있다. 우리나라도 녹색분류체계 가이드라인을 마련하여 표 14.6과 같이 녹색부문과 전환부문의 74개 경제활동에 대한 기준을 제시하였으며 2023년부터 본격적으로 적용하고 있다. 가이드라인에 따르면 녹색경제활동은 ① 온실가스 감축, 기후변화 적응, 물의 지속가능한 보전, 자원순환, 오염 방지 및 관리, 생물다양성이라는 6대 환경목표 중 하나 이상의 환경목표 달성에 기여해야 하며, ② 환경목표 달성 과정에서 다른 환경목표에 심각한 피해를 주지 않아야 하고, ③ 인권, 노동, 안전, 반부패, 문화재 파괴 관련 법규를 위반하지 않아야 한다는 원칙을 준수해야 한다고 명시하고 있다.

(4) 온실가스 배출권거래제(Emission Trading System, ETS)

온실가스 배출권거래제란 정부가 온실가스를 배출하는 사업장을 대상으로 연단위로 배출권(permit)을 할당(allocation)하여 할당범위 내에서 배출할 수 있도록 하고, 사업장의 실질적 온실가스 배출량을 평가하여 할당량의 여분 또는 부족분의 배출권에 대하여는 사업장간 거래를 허용하는 제도이다. 즉 대상기업은 할당량 이하로 배출하기 위해 직접 감축활동을 하거나, 할당량 초과시 초과된 배출량에 상응하는 배출권을 구매하여 의무를 충족해야 한다. 자발적 의사결정에 의한 비용효과적 감축을 도모하는 경제적 수단이다.

표 14.6 • 녹색분류체계에서의 녹색경제활동(74개) 구분

부문	세부 부문	경제활동 (74)	경제활동 내역(예)
녹색 부문	공통 부문	3	– 연구개발 및 실증 등
	온실가스 감축	38	– 산업분야: 감축 소재 · 부품, 철강 제조 등 – 발전 · 에너지분야: 재생에너지 생산 등 – 수송분야: 무공해차량 제조 등 – 도시 · 건물분야: 제로에너지 건축물 등 – 농업분야: 저탄소농업 등 – 이산화탄소 포집분야: 포집, 운송인프라 등
	기후변화 적응	5	– 적응에 핵심기술 활용을 위한 소재 · 부품 · 장비 등
	물의 지속가능한 보전	7	– 하 · 폐수 관리, 저영향개발(LID) 등
	순환경제로의 전환	7	– 자원순환분야: 열분해, 에너지회수 등 – 메탄가스 활용: 혐기성소화 등
	오염방지 및 관리	3	– 대기오염분야: 대기오염 처리, 악취저감 등 – 해양오염분야: 해양오염 방지 및 처리 등
	생물다양성 보전	4	– 육상 및 해양생태계 보호, 탄소흡수원 조성 등
전환 부문	온실가스 감축	7	– 산업분야: 중소기업 온실가스 감축 – 발전 · 에너지분야: 블루수소 제조, 원자력발전 등 – 수송분야: 친환경 선박 건조 등

EU에서 2005년 배출권거래제를 최초로 도입하여 성공적인 온실가스 감축 수단으로 평가되고 있으며, 우리나라는 2015년부터 배출량이 125,000 tCO_2eq 이상인 업체 또는 25,000 tCO_2eq 이상의 단위사업장 보유업체를 대상으로 시행하고 있다.

CHAPTER 15

오존층 파괴

15.1 오존층의 개요와 기능

가. 지구 대기권과 오존층

지구의 표면을 덮고 있는 대기의 두께는 1천 km 정도에 이르지만, 상공으로 올라갈수록 농도가 희박해진다. 대기 중 오존의 농도는 약 0.02 ppm에 불과하여 지표상 대기 중에 오존은 기체 분자 5천만개 중 1개의 비율로 포함되어 있는 셈이다. 지구를 둘러싼 대기권은 높이에 따른 기온의 변화를 기준으로 대류권(0~10 km), 성층권(10~50 km), 중간권(50~80 km) 및 열권(80 km 이상)으로 나눈다.

대류권은 고도에 따라 기온이 하강하지만 성층권은 고도에 따라 기온이 상승한다. 그러므로 대류권은 불안정하여 대류 현상이 나타나지만 성층권은 안정되어 대류 현상이 없고 단지 분자의 확산 운동에 의하여 대기가 이동하게 된다. 대기 중에 포함되어 있는 모든 오존의 양을 지상 기압으로 압축시키면 두께 약 0.3 cm에 불과한 양이다. 전체 오존량의 90%가 성층권에 있고 나머지 10%만이 대류권에 있으며 성층권 내에서도 25 km 부근에 오존이 밀집되어 있는데 이 층을 오존층(Ozone layer)이라 한다.

오존은 3개의 산소 원자로 이루어진 분자 구조(O_3)를 갖고 있다. 오존은 자극성의 냄새를 풍기며, 푸른빛을 띠는 강력한 산화제로서 인체에 미치는 독성은 산화 작용 때문이다. 이러한 성질을 이용하여 오존을 공기나 물의 소독제로 이용하기도 한다. 오존층의 오존(O_3)은 산소 분자(O_2)가 태양으로부터 방출되는 강력한 자외선을 받아 두 개의 산소 원자(O)로 분해되고, 이때 발생된 산소 원자가 다시 산소 분자와 결합하여 생성된다. 이렇게 만들어진 오존은 다른 분자들과 화학적 반응을 거듭하면서 그림 15.1과 같이 생성과 파괴 과정을 끊임없이 계속한다. 이를 간단히 화학식으로 표시하면 아래와 같다.

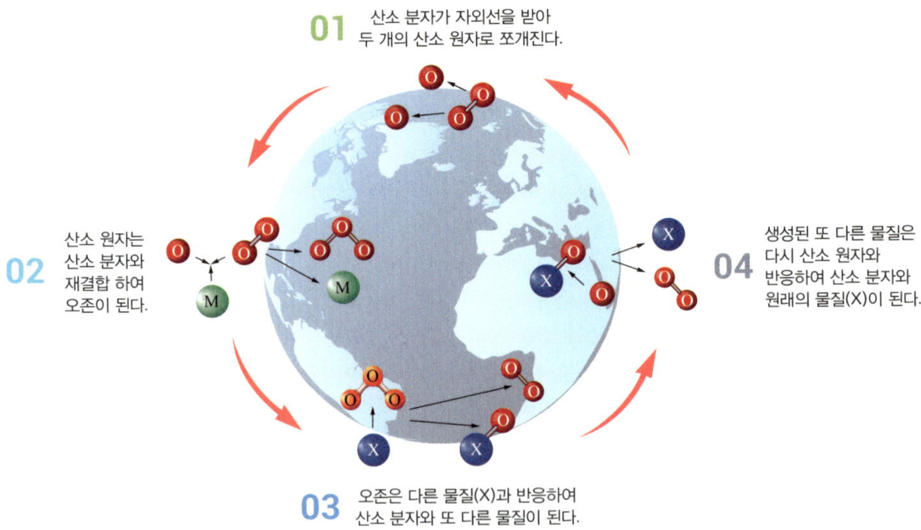

그림 15.1 • 성층권에서 오존층의 생성과 소멸과정

$O_3 \rightarrow O_2 + O$ (자외선 파장 240~290 nm)

$O_2 + O + M \rightarrow O_3 + M$ (M: 질소 분자나 다른 산소 분자)

$O_2 \rightarrow O + O$ (자외선 파장 240 nm 이하)

나. 오존층의 기능

오존은 대류권에서는 대기오염물질이지만, 성층권에서는 태양에서 나오는 유해 자외선을 흡수하여 지구상의 생물을 보호하는 기능을 갖고 있다. 오존층은 파장이 290 nm 이하인 강한 자외선의 약 97~99%를 흡수하는 것으로 알려져 있다. 이렇게 흡수한 에너지 때문에 더워져서 대류권 아래로 잘 내려오지 않고 층을 형성하는 것이다. 오존의 생성률은 태양의 복사량에 따라 달라지므로 계절과 위도에 따라 오존층의 두께는 달라지게 된다. 따라서 극지방보다는 적도지방의 오존층이 두꺼우며 겨울보다는 여름철이 두껍다.

15.2 오존층 파괴현상

가. 오존층 파괴의 실태

지상에서의 오존층 관측은 1950년대부터 시작되었다. 과학자들은 다양한 관측을 통해

1970년대에 전 세계적으로 오존층이 감소하고 있음을 밝혀냈다. 1979년에서 1994년 사이에 지구의 남반구와 북반구의 중위도 지방(30~60″)에서의 오존이 매 10년당 평균 4~5% 정도 감소하는 것으로 나타났다. 또한 1980년대에는 1970년대 보다 오존층이 더 빠르게 줄어들고 있었다. 계절적으로는 여름과 가을에 비해 겨울과 봄에 오존 수치가 두 배나 감소했다. 오존층 파괴는 고도에 따라 다르게 나타났다. 1979년에서 1991년 동안 오존층 파괴가 고도 25~30 km 사이에서는 그리 심각하지 않았으나 35~45 km 상공에서는 적도 상공을 포함해 매 10년당 5~10%의 파괴율을 보여주었다. 20 km 이하의 고도에서는 관측소마다 다른 경향을 보였고, 일부 연구에 따르면 중위도에서 오존이 매 10년당 20%나 감소되는 것으로 나타났다.

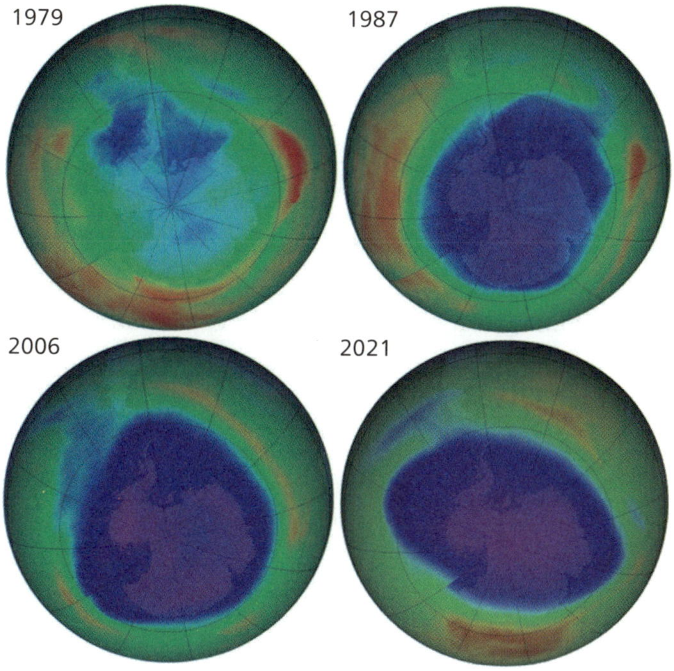

그림 15.2 • 남극의 오존 파괴현상
(자료: 환경부 환경교육포털)

나. 오존층 파괴의 원인

이러한 오존층의 파괴가 인류가 개발한 특정물질과 연관된다는 사실이 밝혀졌다. 이

물질은 1928년 미국의 듀퐁(Du Pont)사에서 개발한 염화불화탄소(chlorofluorocarbons, CFCs)를 비롯한 유사물질로서 프레온가스로 통칭된다. 주로 냉장고나 에어컨의 냉매나 세척제, 분사제, 발포제 등으로 사용되어 왔다. 오존층 파괴의 가장 대표적인 물질인 CFC가 배출되어 성층권에 도달하면 자외선에 의해 분해되어 염소 원자(Cl)를 방출한다. 이때 생긴 염소 원자는 오존(O_3)와 반응하여 오존을 파괴한다. 이러한 과정을 화학식으로 나타내면 다음과 같다.

$CFCl_3 \rightarrow CFCl_2 + Cl$

$Cl + O_3 \rightarrow ClO + O_2$

이때 생긴 일산화염소(ClO)는 산소 원자(O)와 반응하여 다시 염소 원자를 만든다.

$ClO + O \rightarrow Cl + O_2$

여기서 생성된 염소는 다시 오존과 반응하여 계속해서 오존을 파괴한다. 이와 같이 안정된 프레온가스는 오랜 시간을 체류하면서 염소 원자와 연쇄적으로 반응하며 한 개의 프레온가스 분자가 오존 10만개를 파괴한다. 오존층 파괴물질인 CFCs의 종류로는 CFC-11, CFC-12, CFC-113, CFC-114와 CFC-115 등이 있다.

15.3 오존층 파괴의 영향

자외선은 파장에 따라 UV-A(320~400 nm), UV-B(290~320 nm), UV-C(230~290 nm)로 나누는데 UV-A는 비타민 D를 생성하는 유용한 광선이며, 생물에 매우 위험한 UV-C는 오존층에 흡수되어 거의 지표까지 도달하지 않는다. 우리에게 가장 큰 영향을 주는 자외선은 주로 UV-B이다. 실제로 태양으로부터 지구 대기 상부에 도달하는 UV-B 양은 전체 태양 복사에너지에 비해 매우 적으나 UV-B가 생태계나 대기오염물질의 생성 · 소멸에 미치는 영향은 매우 크다. UV-B의 증가는 피부암 발생을 증가시키고 식물과 플랑크톤의 광합성 활동을 파괴한다. 즉 인체의 피부와 눈에 해로우며 또한 면역체와 비타민 D의 합성에 악영향을 끼치는 것으로 밝혀졌다.

일반적으로 성층권의 오존농도가 1% 감소하면 UV-B의 양은 2% 증가하고 이에 따라 피부암의 발생률은 약 4%, 백내장은 0.6% 증가하여 시력을 잃는 사람이 매년 10만명 이상에 달할 것으로 추정하고 있다. 또한 과도한 자외선 노출은 인체의 면역 기능을 저하시켜 폐결핵 등 전염병의 예방이 어렵게 된다. 이 밖에도 UV-B가 증가할 경우 식물의 엽록소를 파괴하여 농작물의 생산량을 감소시키고, 해양플랑크톤의 번식을 저해하여 먹이연쇄 반응을 통해 해양생태계에도 악영향을 미치는 것으로 알려져 있다.

자외선이 증가하면 자외선 침투를 막아주는 선글라스나 자외선 방지용 화장품을 이용하거나 야외에서 실내로 이동하여 그 피해를 피할 수 있다. 그러나 식물은 능동적으로 자외선의 영향을 피할 수 없다. 이와 같은 생태계 파괴는 곧바로 우리의 생존과 직결되는 것이다. 또 지표면에 도달하는 자외선의 증가로 인한 간접적인 영향으로 오염물질인 SO_x와 NO_x가 분해되어 또 다른 2차 오염물질인 지표면 오존을 생성함으로써 지표 생태계에 악영향을 미칠 수 있다.

15.4 국제적 규제와 국내 대책

가. 오존층 파괴물질 규제를 위한 비엔나협약

1970년대 초부터 꿈의 신물질로 알려져 있던 염화불화탄소(CFCs)와 소화제로 사용되는 할론(Halon)이 성층권의 오존층을 파괴한다는 주장이 제기되기 시작하였다. 미국 캘리포니아대학의 Mario Molina 교수와 Sherwood Roland 교수는 1974년 6월 CFCs나 할론이 대기 중에 방출되어 성층권으로 올라가면 태양으로부터 방사되는 자외선의 영향으로 염소 분자가 분리된 후, 분리된 염소 분자가 오존과 결합하여 성층권의 오존농도를 낮추게 된다는 논문을 'Nature'지에 발표하였다.[1] 이 논문은 미국을 포함하여 국제사회에 오존층 파괴문제에 대한 관심을 고조시키는 계기가 되었다.

오존층 파괴문제에 대처하기 위한 국제적인 논의는 유엔환경계획(UNEP) 주도하에 1977년 5월 "오존층에 관한 세계 행동계획(World Plan of Action on the Ozone Layer)"이 채택되고 UNEP와 세계기상기구(WMO)가 공동으로 "오존층에 관한 조정위원회"를 구성하면서 본격화되었다. 이후 1985년 3월 오스트리아 비엔나에서 개최된 UNEP 이사회에서 "오존층 보호에 관한 비엔나협약(Vienna Convention on the Protection of the

1) Mario Molina and FS Rowland (28 June 1974). "Stratospheric Sink for Chlorofluoromethanes: Chlorine Atom-Catalysed Destruction of Ozone". Nature 249. pp. 810-812.

Ozone Layer)"이 채택되었다. 그러나 이 협약은 선언적 의미의 오존층 보호를 언급하였을 뿐, 오존층을 파괴하는 특정물질에 대한 구체적인 감축 조항을 규정하지는 않았다.

나. 몬트리올의정서

의정서에 대한 필요성은 남극의 오존 구멍에 관한 첫 번째 증거가 발표된 1985년 6월에 제기되어 협상이 순조롭게 전개되었다. 비엔나 협약을 토대로 오존층 파괴물질을 실질적인 규제 내용을 규정한 국제협약으로 1987년에 채택되었다.

의정서의 정식명칭은 "오존층 파괴물질에 관한 몬트리올의정서(Montreal Protocol on Substances that Deplete the Ozone Layer)"이다. 의정서는 국가별로 1986년 사용량과 생산량을 기준으로 하여 규제물질의 단계별 감축일정을 제시하고 있다. 의정서에서는 CFC, Halon 등 96종의 오존층 파괴물질을 규제대상물질로 정하고 1994년부터 생산 · 소비량을 단계적으로 감축하는 내용을 규정하였다.

선진국의 경우 CFC는 1996년부터, Halon은 1994년부터 생산 · 소비를 금지했으며, 우리나라를 포함한 개발도상국의 경우에는 1995년부터 1997년까지의 평균 생산 · 소비량을 기준으로 2009년까지 금지 일정을 유예 받았으며, 2010년부터 생산 및 소비를 금지하였다.

이후 1997년 9월 캐나다 몬트리올에서 개최된 제9차 당사국 총회에서는 선진국의 메틸브로마이드 규제일정을 강화하여 2005년까지 전면 삭감하도록 하였으며 개도국은 2015년까지 전면 삭감하도록 하였다. 또한 규제물질에 대한 수출입 허가제도를 2000년부터 시행한다는데 합의하였다. 1999년 제11차 당사국총회에서는 생산량에 대한 규제가 없었던 HCFC의 감축기준 및 일정을 채택하였으며, 브로모클로로메탄(BCM)을 새로운 규제물질로 추가하였다. 또한 2016년 제28차 총회에서는 수소불화탄소(HFC) 감축을 골자로 하는 개정안이 통과되었다. 이러한 제한조치로 2000년대 들어 오존층이 일부 복원되었다는 연구결과도 보고되고 있어 이 의정서는 성공적인 국제환경협약으로 평가되고 있다.

다. 우리나라의 대응조치

우리나라는 1992년 2월 비엔나협약과 몬트리올의정서의 비준서를 동시에 기탁하여 1992년 5월 발효하였다. 특정물질의 생산 · 사용 규제와 관련한 몬트리올의정서 체제상 우리나라는 1994년 이후 개도국 지위를 인정받아 특례조항에 따라 개도국의 감축 일정을 적용받게 되었다. 우리나라는 의정서의 가입과 함께 규제대상물질의 생산 · 소비를 제한하기 위하여 1991년 1월 "오존층보호를 위한 특정물질의 제조규제 등에 관한 법률"을 제정하였다. 이 법에서 의정서의 준수를 위해 특정물질의 제조 · 수입 및 판매를 규제하고, 기금조성 등을 통해 대체물질 개발을 추진하며, CFCs 등 특정물질의 사용합리화방안을 강구한다는 내용을 담고 있다. 이후 대체물질을 개발 · 사용하면서 우리나라도 선진국 수준에 근접하는 조치를 취하고 있다.

CHAPTER 16

기타 지구환경문제와 국제환경협약

16.1 국제환경협약 개요

국제환경법은 20세기 중반까지도 주로 어류, 조류, 물개 등 특정 야생생물의 보존을 위한 규제에 관심이 모아졌다. 보다 현대적 의미의 국제환경법 체계는 1972년 스웨덴의 스톡홀름에서 개최된 유엔인간환경회의 이후 본격적으로 발전되었다.

2011년 기준으로 총 221개의 국제환경협약[1]이 있으며 분야별로는 표 16.1과 같이 기후변화, 대기, 담수, 해양, 어업, 생물종 및 생태계, 유해물질, 폐기물, 핵안전 등으로 구분된다. 우리나라는 56개의 국제환경협약에 가입하고 있다.

표 16.1 • 국제환경협약 및 우리나라가 가입한 협약 현황

구분	계	대기 기후	담수 보호	해양 어업	자연 생물보호	핵안전	유해물질 폐기물	기타
채택	221	14	15	86	50	13	13	30
발효	164	10	9	66	40	12	8	19
가입	56	8		23	8	7	3	7

(자료: 환경부, 2012, 환경백서)

16.2 생물종 보호에 관한 국제협약

가. 지구 생물다양성 실태

지구상의 동물들이 하나둘씩 사라지고 있다. 더 큰 문제는 그 속도가 점점 빨라지고

1) 2012년 이후 정확한 통계는 없으나 소폭 증가된 것으로 추정된다. 최근에는 UNEP를 중심으로 "유엔플라스틱 오염대응협약(가칭)" 제정을 추진하고 있다.

있다는데 있다. 지구상의 생물종은 표 16.2와 같이 대략 1,400만종이 존재하는 것으로 추정되고, 생물종의 수는 산업혁명 이후 급격한 저감 추세를 보이고 있다. 이러한 생물종의 감소는 산림 벌채가 확대되고 산림지역이 도시용지나 농업용지로 전환되어 서식지의 절대면적이 감소하는 것과 함께 기후변화, 대기 · 수질오염, 외래종의 유입 및 남획 등이 주요 원인으로 꼽힌다.

표 16.2 • 지구상에 존재하는 것으로 추정되는 생물다양성

Kingdoms	기술된 생물종수	추정되는 생물종수
박테리아	4,000	1,000,000
원생생물 (지의류, protozoa 등)	80,000	600,000
동물	1,320,000	10,600,000
균류	70,000	1,500,000
식물	270,000	300,000
계	1,744,000	약 14,000,000

(자료: Secretariat of the CBD, 2011, Global Biodiversity Outlook)

세계자연보전연맹(IUCN)에서는 야생동식물의 멸종을 방지하고 생물다양성을 보전하기 위하여 전 세계의 기록종 중에서 멸종되었거나 멸종 우려가 큰 높은 생물종을 선정하는데 이를 적색목록(red list)이라 한다.[2] 2022년 기준으로 기록된 생물종 약 216만종 중에서 적색목록은 15만여종으로 7%에 달하고 이중 멸종우려종이 42,108종이다. 특히 포유류, 조류, 양서류, 파충류, 어류를 통칭하는 척추동물의 멸종우려비율은 적색목록종의 18%로 상당수가 멸종위기에 있거나 생존여건이 취약한 실정이다.

2) 적색목록은 멸종정도에 따라 크게 절멸, 위기, 위급, 취약, 준위협, 관심대상, 정보부족, 미평가로 나뉘며 이중 위기, 위급, 취약군을 멸종우려종으로 분류한다.

표 16.3 • IUCN 생물종 적색목록 현황(2022년 기준)

분류	기록종수	적색목록	멸종우려종수	적색목록비율(%)
척추동물	74,420	60,220	10,739	81
무척추동물	1,521.459	26,862	6,161	2
식물	424,335	62,666	24,914	15
진균 · 원핵생물	141,541	640	294	0.5
계	2,161,755	150,388	42,108	7

(자료: IUCN의 Red List(2023))

우리나라는 2022년 기준으로 기록종 약 3만 7천여종 중에서 적색목록[3]은 8,029종, 멸종우려종은 546종으로 멸종우려비율이 1.5%에 달한다. 표 16.4에서 보듯이 양서 · 파충류, 포유류의 비율이 높다.

표 16.4 • 우리나라 생물종 적색목록 현황(2022년 기준)

분류군	기록종수[1)]	적색목록	멸종우려종수	멸종우려비율(%)
포유류	125	41	20	16.0
조류	550	95	58	10.5
양서 · 파충류	60	43	10	16.7
관속식물	4,609	543	224	4.9
곤충류	20,274	4,553	109	0.5
무척추동물 (곤충 제외)	10,459	2,678	98	0.9
어류	1,339	76	27	2.0
합계	37,416	8,029	546	1.5

1) 국가 생물종 통계 현황(2022년)을 기준으로 함.
(자료: 한국의 멸종위기종, 2023, 국립생물자원관)

3) IUCN 적색목록을 벤치마킹해 출간한 보고서로서 한국내 생물종을 대상으로 작성한 것으로 IUCN 목록과는 내용이 다르다.

나. 생물다양성협약(Convention on Biological Diversity)

(1) 체결 경위

1970년대부터 국제사회에서는 생물종 보호의 중요성을 인식하고 멸종위기에 처한 야생동식물종 보호를 위해 다양한 노력을 기울여 왔다. 그러나 1980년대 이후에도 경제개발을 이유로 다량의 산림을 훼손되고 도시화가 확대되어 생물종의 멸종속도는 더욱 가속화되었다. 이러한 여건에서 유엔환경계획(UNEP)의 주도하에 생물다양성 보전에 관한 국제규범인 생물다양성협약이 1992년 리우회의에서 채택되었다.

(2) 주요 내용

생물다양성협약은 생물다양성의 보전과 지속가능한 이용, 그리고 생물유전자원과 관련된 이익의 공정한 공유를 목적으로 한다. 구체적으로는 ① 각국의 생물자원에 대한 주도적 권리 인정, ② 생물종의 파괴행위에 대한 규제, ③ 생물다양성의 보전과 합리적 이용을 위한 국가전략의 수립, ④ 생물다양성 보전을 고려한 환경영향평가, ⑤ 유전자원 제공국과 생명공학 선진국과의 공정한 이익배분, ⑥ 유전적으로 변형된 생물체(LMOs, Living Modified Organisms)의 안전관리 등을 규정하고 있다.

협약상 각 국가의 의무는 크게 가입국의 생물다양성 보전의무와 가입국간의 협력부분으로 구분된다. 국내적 의무로는 생물다양성의 보전과 지속가능한 이용을 위한 국가전략의 수립, 생물다양성 구성요소의 조사 · 감시, 보호지역의 설정 등 현지내(in-situ) 보전조치와 종자은행 설립 등 현지외(ex-situ) 보전조치의 시행, 생물다양성 보전을 고려한 환경영향평가 수행 등이 있다. 가입국간 협력사항으로는 타국의 유전자원에 접근하는 경우 해당국의 사전승인을 받도록 하는 제도(PIC, Prior Informed Consent) 이행, 생명공학기술 등 생물다양성 보전기술을 다른 가입국에게 이전하는 것, 유전자변형생물체(LMOs, Living Modified Organisms)의 안전한 관리를 위한 의정서 검토, 개도국의 협약이행을 위한 재정지원 조항 등이 있다. 이후 생물다양성협약을 기초로 하위 협약이라 할 수 있는 "바이오안전성 의정서"와 "나고야의정서"가 제정된다.

(3) 우리나라의 대응조치

우리나라는 1994년 10월 생물다양성협약에 가입하였고, 1995년 1월부터 발효하였다. 국내 생물자원의 현황 파악을 위해 생물자원에 대한 조사 및 목록화 작업을 추진하고 보호지역을 확대하는 등의 대책을 추진하고 있다. 국가 생물자원의 효율적인 보전 · 관리를 전담할 전문기관으로 환경부 산하에 국립생물자원관을 설치하여 2008년부터 운영하고 있으며 2013년에는 생태계 전문 연구 · 교육기관인 국립생태원이 출범하였다.

다. 바이오안전성 의정서

(1) 경위

생명공학의 발전으로 1990년대 중반부터 콩, 옥수수 등 유전자변형작물이 본격적으로 상업화된 이후 인체나 환경에 미칠 수 있는 위해성에 대한 우려가 국제사회에서 본격적으로 제기되었다. 바이오안정성 의정서는 유전자변형생물체(LMO, Living Modified Organisms)가 국가간 이동할 때 생길 수 있는 위해를 사전에 방지하기 위해 제정되었다. 2000년 1월 29일 캐나다 몬트리올에서 개최된 특별당사국총회에서 생물다양성협약(Convention on Biological Diversity)의 부속의정서로 채택되었다.

비타민 A 강화 황금쌀

바이러스저항성 고추

제초제저항성 벼

제초제저항성 잔디

바이러스저항성 수박

해충저항성 양배추

그림 16.1 • 국내 LMO 개발 사례

(자료: 과학기술정보통신부)

(2) 주요 내용

정식 명칭은 '바이오안전성에 대한 카르타헤나 의정서'이다.[4] 의정서에서는 LMO의 국가간 이동, 경유, 취급, 사용에 대한 절차를 규정하고 있다, 적용 대상이 되는 LMO는 사용용도에 따라 환경 방출용 및 기타 LMO, 식품 · 사료 · 가공용 LMO, 밀폐사용 LMO로 구분되며, 각기 차별화된 무역절차를 규정하고 있다.

주요 절차적 규정으로 첫째 "사전통보동의(Advanced Informed Agreement, AIA)"를 규정하였다. 수출국이 환경방출용 LMO를 사전에 수입국에 통보하여 수입국의 동의를 얻는 절차이다. 둘째, LMO의 위해성 평가와 관리를 제시하였다. 위해성 평가는 의정서의 부속서 III에 정한 원칙에 맞도록 과학적으로 공인된 위해성 평가기술을 적용하여야 한다. 셋째, LMO의 국가간 이동시 취급, 운송, 포장, 식별방법에 대하여 규정하고 있다. 수입국은 LMO의 이동시 환경에 방출되지 않도록 안전조치를 취해야 하고 이를 위해 LMO 상품을 식별할 수 있도록 표시하여야 한다.

(3) 우리나라의 대응현황

우리나라는 2007년 10월에 의정서를 비준하였고 이에 대응하여 '유전자변형생물체의 국가간 이동에 대한 법률'을 제정하여 2008년 1월부터 시행하였다. 이 법에 의해 바이오안전성에 관한 정보를 전문적으로 취급하는 "바이오안전성정보센터"가 한국생명공학연구원에 설치되었고, 수입되는 LMO 물질에 대해 농축산업, 보건, 환경, 수산 분야별로 전문기관을 정해 위해성을 평가하는 체계를 구축하고 있다.

라. 나고야의정서

(1) 의정서 채택 경위

생물다양성협약 제15조에서 자국의 유전자원에 대한 각국의 주권을 인정하고 있다. 이에 따라 유전자원으로부터 발생되는 이익의 공정한 분배방법에 대한 국제적 합의가 필요하게 되었다. 이러한 유전자원의 접근 및 이익공유(ABS, Access and Benefit Sharing)에 관하여 규정한 국제협약으로 2010년 10월에 나고야에서 개최된 생물다양성협약 제10차 당사국

4) 1999년 2월 콜롬비아 카르타헤나에서 개최되었던 제6차 의정서 작성을 위한 실무그룹회의에서 대부분의 합의를 이끌어내 의정서 명칭에 붙였다.

총회에서 나고야의정서가 채택되었다.[5] 의정서의 정식 명칭은 "생물다양성협약 부속 유전자원에 대한 접근 및 유전자원의 이용으로부터 발생하는 이익의 공정하고 공평한 공유에 관한 나고야의정서(Nagoya Protocol on Access to Genetic Resources and the Fair and Equitable Sharing of Benefits Arising from their Utilization to the Convention on Biological Diversity)"이다.

(2) 주요 내용

의정서의 주요 내용은 첫째, 생물유전자원을 이용하려는 국가는 해당 자원을 제공하는 국가의 절차에 따라 사전통보승인을 받아야 한다. 둘째, 생물유전자원의 이용으로 발생한 이익에 대해 상호 합의한 계약조건(MAT, Mutually Agreed Terms)에 따라 제공국과 이익을 공유하여야 한다. 셋째, 생물유전자원과 관련한 전통 지식까지 MAT를 통해 접근과 이익공유가 가능하도록 하였다. 넷째, 각국은 생물유전자원 접근 및 이익공유 절차에 관한 국내 규정을 마련하도록 하고 있다. 나고야의정서가 미치는 환경적 · 경제적 영향은 다음과 같다.

① 생물자원 부국들의 유전자원 주권의식이 크게 높아지고 유전자원으로 인한 이익을 최대화하기 위한 권한을 강화할 것이다.

② 유전자원을 국가의 권리로 인정함에 따라 유전자원의 외부 반출을 규제하고 무분별한 남획 및 이용을 방지하는 등 자국내 유전자원의 보호가 강화될 것이다.

③ 유전자원을 제공한 국가와 제공자에게 이익이 돌아가야 하므로 유전자원을 이용하는 자의 이익은 감소될 것이다.[6]

④ 해외유전자원의 확보 부담으로 연구 및 활용사업이 제한될 수 있지만 유전자원의 접근과 이익공유에 대한 국제적 절차가 투명할 경우, 유전자원의 접근이 보장되기 때문에 오히려 연구개발에 긍정적으로 작용할 수 있다.

---

5) 환경부, 2013, 환경백서

6) 생물유전자원의 해외의존도가 높은 우리나라로서는 유전자원을 활용하는 바이오산업 등 유관 분야에서 ABS 이해 부족으로 피해를 입을 우려가 있다. 국내의 4조 5천억원 규모('08)에 달하는 바이오산업 시장 중 제약 · 화장품 · 식품업계의 약 70%가 외국 생물자원을 원료로 이용하고 있다.

(3) 우리나라의 대응현황

나고야의정서의 채택을 계기로 국내 생물자원에 대한 주권적 권리가 강화되는 반면, 이익공유 의무화에 따라 해외 생물자원의 이용에 따른 부담은 가중될 것으로 전망된다. 이에 대비한 국내 조치로서 "생물다양성 보전 및 이용에 관한 법률"을 2012년에 제정하였다.

이 법에서는 생물다양성의 체계적 보전과 생물자원의 지속가능한 이용을 목적으로 국가생물다양성전략의 수립 · 시행, 생물다양성 현황조사, 생물자원의 국외반출 통제, 국가생물다양성센터 운영, 생물자원에 대한 이익 공유 및 전통지식 보호, 관련 연구개발 등에 관하여 규정하고 있다.

타미플루와 유전자원에 관한 이야기

몇 해 전 우리나라에 신종플루가 창궐하여 사회적으로 큰 소동이 일어난 적이 있었다. 스위스 기업에서 만든 '타미플루' 외에는 이렇다 할 특효약이 없기 때문에 사람의 목숨을 앗아갈 수도 있다고 알려지면서 온 나라가 신종플루의 공포에 휩싸이고 말았다. 병원마다 감기환자들이 타미플루 처방을 받으려고 아우성쳤고, 정부는 타미플루 재고 확보에 촉각을 곤두세웠다. 그런데 이 타미플루는 중국 원산의 팔각회향이란 식물성분으로 제조되는 것으로 알려져 있다.

이처럼 많은 현대 의약품이 생물자원으로부터 성분을 추출하여 만들어지고 있어 생물자원은 생물산업의 잠재적인 저장고라 할 수 있다. 나고야의정서가 채택됨에 따라 앞으로 해외에서 생물자원을 이용하여 의약품 등을 개발하게 되면 그에 따른 이익을 생물자원 제공국과 나누는 것이 일반화할 것으로 전망된다. 마찬가지로 우리의 생물자원을 활용하여 외국에서 의약품 등을 개발한 경우에는 우리도 그 이익을 나누어가질 수 있는 길도 열릴 것이다.

마. 멸종위기 야생동식물의 국제거래에 관한 협약(CITES)

(1) 협약 체결 경위

1960년대부터 야생동식물이 멸종에 이를 정도로 포획되는 것을 막기 위하여 특정 야생동식물종의 국가간 교역을 금지하는 국제협약이 모색되었다. 1963년 세계자연보전연맹(IUCN) 총회에서 멸종위기에 처한 야생동식물의 보호를 위하여 국제거래를 규제할 수 있는 국제협약의 체결을 결의하고 그 대상이 될 야생동식물의 목록을 작성하였다. 이후 1973년 3월에 워싱턴에서 CITES협약(Convention on International Trade in Endangered Species of Wild Fauna and Flora)이 채택되었다. 협약은 1975년 7월에 정식으로 발효되었다.

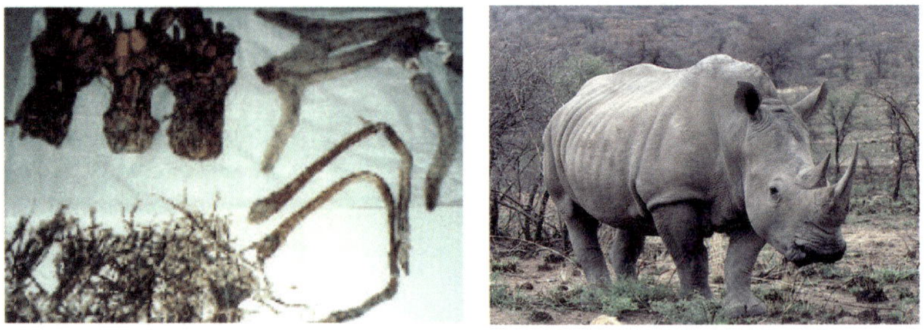

그림 16.2 • 호랑이뼈와 코뿔소

(2) 주요 내용

이 협약에서는 멸종위기 정도에 따라 규제대상 동 · 식물을 부속서 I, II, III으로 구분하여 수출입시 관리당국의 수출입 허가를 받도록 규정하고 있다. 부속서 I에는 현재 멸종위기에 처해 특별히 엄격한 규제가 필요한 생물종들로 코끼리, 코뿔소, 호랑이, 나일악어, 곰 등 약 900여종을 정하고 있다. 원칙적으로 상업적 목적의 거래가 금지된다. 부속서 II는 현재 비록 멸종위기에 있지는 않으나 거래를 엄격하게 규제하지 않을 경우 장차 멸종위기에 이를 수 있는 생물종들로 상업목적의 수출이 가능하나 관리당국의 승인이 필요하다. 천산갑, 미국산삼, 아메리카 곰 등 약 34,400여종이다. 부속서 III은 자국 내에서 특정 종에 대한 남획의 예방과 제한을 도모하기 위하여 국제거래의 통제에 당사국간의 협력이 필요하다고 지정한 생물종들로 인도의 북방살모사 등 161종이 등재되어 있다.

표 16.5 • 국제적 멸종위기종 분류

구분	부속서 I	부속서 II	부속서 III
정의	멸종위기에 처한 종 중에서 국제거래로 인해 영향을 받거나 받을 수 있는 종	현재 멸종위기에 처해 있지는 않으나 국제거래를 엄격하게 규제하지 않으면 멸종위기에 처할 수 있는 종	당사국이 자국내에서의 과도한 이용을 규제하기 위하여 타국과의 협력이 필요하다고 지정한 종
허용 범위	상업적 목적의 거래금지 (전시, 학술목적 등만 가능)	상업적, 전시 · 관람, 학술 · 연구목적 등의 국제거래 가능	
종수	약 900여종	약 34,400여종	161종

(3) 우리나라의 대응현황

우리나라는 CITES 협약에 1993년 7월 가입하였다. 현재 국내법적 조치로 "야생생물 보호 및 관리에 관한 법률"에 관련 규정을 반영하여 협약을 이행하고 있다. 협약에서 정한 국제적 멸종위기종 및 그 가공품을 수출 · 수입 · 반출 또는 반입하고자 하는 경우에는 법에서 정한 기준에 따라 환경부장관의 허가를 받도록 규정하고 있다. 협약 가입 전에 우리나라는 한약재로 이용하기 위한 코뿔소 뿔 및 호랑이 뼈의 수요와 도장 및 공예품 재료로서 상아의 수요가 많아 국제사회로부터 야생동식물의 멸종을 부추긴다는 부정적 인식이 많았으나, 협약 가입 이후 점차 실추된 국가이미지를 회복하는 것으로 보인다. 앞으로 보다 더 철저한 수출입 통제가 요구된다.

바. 습지 보전을 위한 람사르 협약

(1) 협약 경과

습지는 각종 식물을 비롯하여 곤충류, 양서류, 파충류, 조류, 포유류 등 동물의 서식처로서 생물다양성이 매우 풍부한 곳이다. 또한 홍수와 가뭄 등에 대한 조절기능뿐만 아니라 수질정화 기능도 가지고 있다. 습지의 생산성은 농지나 초지, 임야 등 육지보다 월등히 높은 것으로 보고되고 있다. 이처럼 습지가 많은 동식물이 서식하고 다양한 생태계를 유지하는 자원임에도 불구하고 개발 용지를 확보하기 위해 습지를 매립하거나, 또는 자연적인 가뭄으로 육지로 전환되어 전 지구적으로 습지가 감소하는 추세에 있다. 이에 습지 감소를 막고 생태계를 보전하기 위하여, 특히 물새 서식처로서 습지를 보호하기 위하여 1971년 이란의 람사르(Ramsar)에서 협약을 채택하였다. 정식 명칭은 "물새 서식처로서 국제적으로 중요한 습지에 관한 협약(Convention on Wetlands of International Importance Especially Waterfowl Habitat)"이다.

(2) 주요 내용

협약에서는 습지가 수계시스템(Water Regime)의 조절자로서, 그리고 동식물 특히 물새를 보호하는 서식처로서 중요한 생태학적 기능이 있음을 강조하고 있다. 또한 경제적, 문화적, 과학적, 휴양적 가치를 지니고 있으며 훼손될 경우 회복이 불가능하다는 것을 명시하고 있다. 협약에 따라 각국의 주요 습지를 람사르습지로 등재하고 있다. 당사국은 협약에 가입할 경우 최소한 한 개의 습지를 목록에 등재해야 하는데 등재습지는 생태학, 식물학, 동물학, 육수학, 수문학적으로 중요성이 있어야 한다. 당사국은 목록에 포함된 습지의 보전과 그 영토내에 있는 습지를 최대한 현명하게 이용하기 위한 보전계획을 입안하고 집행하도록 하고 있다. 이 밖에 자연보호구역(nature reserve)의 설치, 인접 국가간의 협력 규정이 포함되어 있다.

(3) 우리나라의 대응현황

우리나라는 1997년 3월 협약에 가입하면서 자연생태계보호지역으로 지정 · 관리중인 강원도 인제군 소재 "대암산 용늪"을 람사르습지로 등록하였다. 1998년 3월에는 경남 창녕의 '우포늪'을, 2005년에는 전남 신안군 장도와 순천만 갯벌을 등록하는 등 2024년 현재 총 26개의 습지목록을 등재하여 관리하고 있다. 우리나라는 "건강한 습지, 건강한 인간(Healthy Wetlands, Healthy People)"을 주제로 2008년 10월에 경남 창원시에서 제10차 람사르협약 당사국총회를 개최하기도 하였다. 세계 140여개국의 대표단이 참석하였으며 총회에서는 "인류복지와 습지에 관한 창원선언문"과 "습지시스템으로서의 논지역의 생물다양성 증진에 관한 결의문" 등 습지보호에 관한 결의문이 채택되었다.

그림 16.3 • 우포늪(좌)과 대암산 용늪(우) 전경

16.3 유해물질 및 유해폐기물 관련 국제환경협약

가. 스톡홀름협약

(1) 추진배경 및 경과

잔류성 유기오염물질(Persistent Organic Pollutants, 이하 'POPs')은 독성물질로 잔류성, 생물 농축성, 장거리 이동성을 가진 물질이다. 즉 자연 상태에서 분해되지 않고 먹이사슬을 통해 동식물 체내에 축적되어 궁극적으로 인체 면역체계를 교란시키고 중추신경계 손상을 초래하는 독성이 강한 물질을 말한다. 대부분 농약과 산업생산 공정, 폐기물 소각 과정에서 발생한다.

POPs는 분해가 잘되지 않아 생태계에 장기간 잔류하면서 환경을 오염시키는데 심각성이 있다. 국제사회는 이 문제를 해결하기 위하여 1990년대 중반부터 생산 · 사용을 규제하기 위한 국제협상을 진행하였다. 2001년 5월 스톡홀름에서 "잔류성 유기오염물질 관리에 관한 스톡홀름협약(Stockholm Convention on Persistent Organic Pollutants(POPs))"이 정식으로 채택되어 2004년 5월 발효되었다.

(2) 협약의 주요 내용

이 협약의 대상이 되는 잔류성 유기오염물질은 다이옥신(Dioxine), 폴리염화비페닐(PCBs), 디디티(DDT) 등 23개 물질이다. 협약 채택당시 12종에서 2009년에 전기 · 전자산업에서 주로 사용되는 과불화합물(PFC)과 브롬화난연제(BFR) 등 9종, 2011년에 농약류인 엔도설판(Endosulfan), 2013년에는 건축자재로 사용되는 헥사브로모사이클로도데칸(GBCD)이 추가됐다. 협약의 부속서 A에는 근절대상 물질, 부속서 B에는 DDT 등 제한물질, 부속서 C는 다이옥신, 퓨란 등 비의도적 생산물질을 명시하고 있다. 부속서 A 물질은 생산 · 사용을 원칙적으로 금지하고 극히 예외적인 경우만 허용한다.

(3) 우리나라의 대응현황

우리나라는 2001년 4월 스톡홀름협약에 서명하고, 2002년 8월에 비준하였다. 이 협약의 국내 이행을 위해 "잔류성 유기오염물질관리법"을 제정하여 시행중에 있다. 이 법에서는 잔류성 유기오염물질의 제조 · 수출입 · 사용의 금지 또는 제한, 배출규제 등에 관하여 규정하고 있다.[7] 이 법은 "수은에 관한 미나마타협약"이 체결됨에 따라 수은(화합물)을 법률 적용대상에 포함하기 위해 "잔류성 오염물질 관리법"으로 개정하여 2020년부터 시행 중이다.

나. 로테르담협약

(1) 추진배경 및 경과

1960년대 이후 맹독성 농약을 비롯한 유해화학물질의 국제교역이 증가함에 따라 인간 건강과 생태계 위험에 대한 우려도 증가하였다. 특히 화학물질이나 농약 중에서 선진국에서 금지되거나 규제되는 물질을 개도국에 수출함으로써 국가간 갈등의 원인이 되기도 하였다. 선진국을 비롯한 다수 국가에서 1980년대 들어 자발적인 사전통보승인(PIC, Prior Informed Consent procedure) 절차를 도입하였고 국제 규제를 위한 논의가 본격화되었다. UNEP와 유엔식량농업기구(FAO)가 협상을 주도하여 1998년 9월에 네덜란드 로테르담에서 협약을 채택하였다.

(2) 협약의 주요 내용

협약의 정식명칭은 "특정 유해화학물질 및 농약의 국제교역에 있어서 사전통보승인에 관한 로테르담협약(Rotterdam Convention on the Prior Informed Consent Procedure for Certain Hazardous Chemicals and Pesticides in International Trade)"이다. 협약에서는 금지 또는 엄격히 제한되는 화학물질과 위험한 농약제재를 규정하고 있다. 사전통보승인(PIC) 대상물질 목록은 부속서 III에 농약 30종, 산업용 화학물질 11종 등 41종을 명시하였으며, 향정신성 약물, 방사성물질, 폐기물, 화학무기, 의약품, 식품첨가물, 식품, 연구용 화학물질과 같은 소량 수입물질은 적용범위에서 제외하였다. 협약당사국은 부속서 III 물질과 자국에서 금지 · 제한하고 있는 물질을 수출하고자 할 때는 상대국의 수입의사를 사전에 확인한 후 수출하도록 하고 있다.

(3) 우리나라의 대응현황

우리나라는 이 협약에 2003년 8월 가입하여 2004년 2월 발효하였다. 협약 이행을 위

7) 제13장 유해화학물질과 환경호르몬편에 상술하였다.

한 취급제한 · 금지 물질의 수출승인과 관련한 사항은 “화학물질관리법”에 반영하여 시행 중에 있다. 취급 금지물질은 58종, 취급 제한물질 5종이다.

다. 바젤협약

(1) 추진배경 및 경과

산업화시대 이후 세계 각국이 다량의 유해폐기물을 배출하게 되었다. 1960~1970년대에 경제적인 이유로 선진국에서 발생한 다량의 유해폐기물이 개발도상국으로 이동하여 부적정하게 처리되었으며, 이로 인한 환경오염이 국제적인 문제로 대두되었다. 이러한 유해폐기물의 국가간 이동에 따른 환경문제를 해소하고자 1989년 3월 바젤협약을 채택하였고[8] 1992년 5월 발효되었다.

(2) 협약의 주요 내용

협약의 정식명칭은 “유해폐기물의 국가간 이동 및 그 처리의 통제에 관한 바젤협약(Basel Convention on the Control of Transboundary Movements of Hazardous Wastes and their Disposal)”이다. 협약에서는 규제대상 폐기물을 정하고 수출입 절차와 조건을 규정하고 있다. 규제대상인 ‘유해폐기물’의 범위는 부속서에서 정하고 있으며 국가간 이동 통제대상 폐기물은 유해폐기물(Hazardous Wastes)과 기타 폐기물로 구분된다. 유해폐기물은 부속서 I과 부속서 VIII에 규정하고 있으며 부속서 I은 의료폐기물 · 폐광물유 등 18개 범주의 폐기물과 구리화합물 · 유기용제류 등 27종의 성분을 함유한 폐기물 등 총 45개 범주의 폐기물이다. 부속서 VIII은 구체적인 유해폐기물 목록으로 제4차 당사국총회에서 채택한 59종이다. 부속서 II는 기타 폐기물(Other Wastes)로서 가정폐기물 및 그 소각잔재물 등 2종이다. 통제대상이 아닌 비유해폐기물은 53종으로 부속서 IX에 규정하고 있다.

각 당사국들은 부속서 I, II의 폐기물과 해당 당사국이 국내법으로 유해폐기물로 정한 폐기물의 목록과 국경간 이동에 관하여 규정한 내용을 협약 사무국에 통보토록 하고 있다. 수출입의 경우 우선 유해폐기물의 수입을 금지한 국가로의 수출은 원천적으로 금지하고, 수입을 금지하지 않은 국가에 대하여는 당해 수입에 대하여 서면으로 동의를 받지 않으면

8) 바젤협약, 유엔환경계획 한국위원회, 유넵프레스, 2002

역시 수출을 금지하도록 하였다. 아울러 당사국은 비당사국으로의 유해폐기물의 수출을 금지하는 동시에 비당사국으로부터의 수입도 금지하도록 하고 있다. 이 밖에 당사국들은 남위 60도 남쪽 지역으로의 유해폐기물 수출을 금지하도록 하고 있다.

(3) 우리나라의 대응조치

한국은 바젤협약 가입 이전인 이에 대응하기 위해 "폐기물의 국가간 이동 및 그 처리에 관한 법률"을 1992년 12월에 제정하였다. 이는 바젤협약에 따라 폐기물의 수출입 및 국내경유를 규제하는 법률이다. 폐기물의 국가간 이동으로 인한 환경오염을 방지하고 국제협력을 증진함을 목적으로 한다. 바젤협약에는 1994년 2월 가입하여, 같은 해 5월에 발효하였다.

찾아보기

한글 찾아보기

ㄱ

ㄴ

ㄷ

ㄹ

ㅁ

ㅇ

ㅈ

영문 찾아보기

A

B

C

D

E

F

김지태
- 한양대학교 공학박사
- 전) 경기대학교 사회에너지시스템공학과(환경공학전공) 교수

장순웅
- 미국 오레곤주립대 공학박사
- 현) 경기대학교 사회에너지시스템공학과(환경공학전공) 교수

환경과 인간 정가 20,000원

발 행 2024년 9월 10일 4판 1쇄
저 자 김지태 · 장순웅
발행인 정우용
발행처 도서출판 동화기술
경기도 파주시 광인사길 201(문발동, 파주출판도시)
Tel (031)955-4211~6 donghwapub@nate.com
Fax (031)955-4217 www.donghwapub.co.kr
(등록) 1977년 12월 19일/9-16호

Printed in Korea

ISBN 978-89-425-9636-2